EUL VERLAG

Dr. Jens Jany

Die Qualität von Abschlussprüfungen im Kontext der Haftung, Größe und Spezialisierung von Prüfungsgesellschaften

Mit einem Geleitwort von Prof. Dr. Annette G. Köhler,
Universität Duisburg-Essen

EUL VERLAG

Bibliografische Information der Deutschen Nationalbibliothek

Die Deutsche Nationalbibliothek verzeichnet diese Publikation in der Deutschen Nationalbibliografie; detaillierte bibliografische Daten sind im Internet über <http://dnb.d-nb.de> abrufbar.

Dissertation, Universität Duisburg-Essen, 2011

ISBN 978-3-8441-0047-1
1. Auflage Juni 2011

JOSEF EUL VERLAG GmbH
Brandsberg 6
53797 Lohmar
Tel.: 0 22 05 / 90 10 6-6
Fax: 0 22 05 / 90 10 6-88
E-Mail: info@eul-verlag.de
http://www.eul-verlag.de

Bei der Herstellung unserer Bücher möchten wir die Umwelt schonen. Dieses Buch ist daher auf säurefreiem, 100% chlorfrei gebleichtem, alterungsbeständigem Papier nach DIN 6738 gedruckt.

Geleitwort

Die Qualität von Abschlussprüfungen ist seit Jahren Gegenstand wissenschaftlicher und (berufsstands-)politischer Diskussionen und gesetzlicher Neuerungen. Aktuell wird die Bedeutung des Themas durch das im Oktober 2010 veröffentlichte sog. Grünbuch der Europäischen Kommission zur Abschlussprüfung deutlich. Darin werden verschiedene Maßnahmen, insbesondere im Hinblick auf die Erhöhung der Qualität der Abschlussprüfung und die Veränderung der gegenwärtigen Struktur des Prüfungsmarktes, vorgeschlagen und zur Diskussion gestellt. Die Beurteilung der Vorschläge setzt allerdings ein Verständnis der Einflussfaktoren auf die Qualität von Abschlussprüfungen und diesbezüglicher Strukturmerkmale des Prüfungsmarktes voraus. Eine besondere Rolle spielen hierbei die Größe und die Spezialisierung einer Prüfungsgesellschaft einerseits sowie deren Haftungsrisiko andererseits. Der empirische Befund zu möglichen Wirkungszusammenhängen ist nicht nur lückenhaft, sondern auch teilweise widersprüchlich.

An dieser Stelle setzt die von Herrn Jany vorgelegte Dissertationsschrift an. Während sich die einschlägigen Studien üblicherweise auf einen Einflussfaktor der Prüfungsqualität beschränken, dehnt Herr Jany seinen Untersuchungsgegenstand aus und greift damit ein derzeit äußerst relevantes Thema auf. Er geht sowohl theoretisch als auch empirisch der Frage nach, inwieweit nationale Haftungsregelungen potentielle Qualitätsunterschiede zwischen großen und kleinen bzw. spezialisierten und nichtspezialisierten Prüfungsgesellschaften beeinflussen. Herr Jany legt eine innovative und auch aus internationaler Sicht höchst interessante Arbeit vor, die neue Erkenntnisse über bezüglich relevanter Einflussfaktoren auf Qualitätsunterschiede bei Abschlussprüfungen bietet. Damit gelingt ihm eine Arbeit, die in der Prüfungsforschung und im Berufsstand der Wirtschaftsprüfer sicherlich eine breite Leserschaft finden wird.

Ich danke Herrn Jany für seine hervorragende Unterstützung in Lehre und Forschung während seiner Tätigkeit an meinem Lehrstuhl und wünsche der Arbeit die verdiente positive Resonanz.

Prof. Dr. Annette G. Köhler

Vorwort

Die vorliegende Arbeit entstand während meiner Tätigkeit als wissenschaftlicher Mitarbeiter am Lehrstuhl für Rechnungswesen, Wirtschaftsprüfung und Controlling an der Mercator School of Management der Universität Duisburg-Essen und meiner Tätigkeit als Fachmitarbeiter bei der PricewaterhouseCoopers AG Wirtschaftsprüfungsgesellschaft in Düsseldorf. Sie wurde von der Fakultät für Betriebswirtschaftslehre im Februar 2011 als Dissertation angenommen.

Ich möchte mich an dieser Stelle bei denjenigen bedanken, die mir bei der Anfertigung dieser Arbeit zur Seite gestanden haben. Zunächst danke ich meiner Doktormutter, Frau Prof. Dr. Annette G. Köhler, die mich bei der Forschungsarbeit von Anfang an begleitet und unterstützt hat. Die intensiven Diskussionen mit ihr haben sehr zum Erfolg des Projektes beigetragen. Ebenfalls bedanken möchte ich mich bei Herrn Prof Dr. Volker Breithecker für die freundliche Übernahme des Zweitgutachtens, Herrn Prof. Dr. Anker und Herrn Prof. Dr. Rolfes für die Mitwirkung an der Prüfungskommission sowie Herrn Prof. Dr. Kai-Uwe Marten für die gewinnbringenden Diskussionen auf den Doktorandenseminaren. Mein großer Dank gilt außerdem – stellvertretend für die PricewaterhouseCoopers AG Wirtschaftsprüfungsgesellschaft – Frau WP/StB Bibiana Bolsenkötter, die die notwendigen Voraussetzungen für die Kooperation mit der Universität geschaffen hat.

Große Unterstützung habe ich auch von meinen ehemaligen Kollegen Frau Johanna Souad Qandil, Andrea Gantzhorn und Jochen Theis durch ihre kritischen Kommentare während der Manuskripterstellung erfahren. Ihnen und meinen weiteren ehemaligen Kollegen Herrn Dr. Lars Junc, Herrn Dr. Mirko Mertensköter, Frau Dr. Miriam Rokitta, Frau Dr. Britta van den Eynden, Herrn Christian Hanke, Herrn Thilo Helpenstein, Frau Kristina Yankova sowie Frau Dr. Katharina Köhler-Braun und Frau Monika Schmock danke ich zudem für ihre moralische Unterstützung während der Promotion und eine tolle sowie unvergessliche Zeit am Lehrstuhl.

Herzlich bedanken möchte ich mich bei meiner Familie für ihre vielfältige Unterstützung, insbesondere meinem Vater Lothar Jany für die anregenden Diskussionen während der Erstellung der Dissertation.

Der größte Dank gilt jedoch meiner Lebensgefährtin Mareike Berkling, die mich während der Manuskripterstellung maßgeblich unterstützt hat. Ihre wertvollen Anmerkungen zur Arbeit haben mir sehr geholfen. Schließlich war es aber ihr moralischer Rückhalt, der mir die notwenige Kraft für den Erfolg des Projektes gegeben hat. Hierfür danke ich ihr von ganzem Herzen.

Jens Jany

Inhaltsverzeichnis

Abbildungsverzeichnis

Tabellenverzeichnis

Abkürzungsverzeichnis

AAERs	Accounting and Auditing Enforcement Releases
Abs.	Absatz
ANOVA	Analysis of Variance
Aufl.	Auflage
BDO	Binder, Dijker, Otte und Co.
BGB	Bürgerliches Gesetzbuch
BGBl.	Bundesgesetzblatt
BGH	Bundesgerichtshof
Big 2	die zwei größten Prüfungsgesellschaften
Big 4	die vier größten Prüfungsgesellschaften
Big 5	die fünf größten Prüfungsgesellschaften
Big 6	die sechs größten Prüfungsgesellschaften
Big 8	die acht größten Prüfungsgesellschaften
Big N	die N größten Prüfungsgesellschaften
BilMoG	Bilanzrechtsmodernisierungsgesetz
Bros.	Brothers
BS	Berufssatzung
bzw.	beziehungsweise
ca.	circa
CAPM	Capital-Asset-Pricing-Model
CEO	Chief Executive Officer
CFA	Chartered Financial Analysts
CFO	Chief Financial Officer
Co.	Company
CPA	Certified Public Accountant
DC	District of Columbia
DD-Model	Dechow/Dichev-Modell
d.h.	das heißt
DIN	Deutsches Institut für Normierung

DM	Deutsche Mark
Dr.	Doktor
DRS	Deutscher Rechnungslegungsstandard
DStR	Deutsches Steuerrecht
DTT	Deloitte Touche Tohmatsu
DUV	Deutscher Universitäts Verlag
E&Y	Ernst & Young
EGHGB	Einführungsgesetz zum Handelsgesetzbuch
EN	Euronorm
et al.	et alii
EU	Europäische Union
e.V.	eingetragener Verein
evtl.	eventuell
f.	folgende
F.	Framework
ff.	fortfolgende
Fn.	Fußnote
GAAP	Generally Accepted Accounting Principles
GAAS	Generally Accepted Auditing Standards
GICS	Global Industry Classification Standard
GuV	Gewinn- und Verlustrechnung
HGB	Handelsgesetzbuch
HLB	Hodgson Landau Brands
Hrsg.	Herausgeber
IAS	International Accounting Standards
IASB	International Accounting Standards Board
IDW	Institut der Wirtschaftsprüfer
IFAC	International Federation of Accountants
IFRS	International Financial Reporting Standards

Int.	International
IPO	Initial Public Offering
ISA	International Standards on Auditing
i.S.d.	im Sinne des
ISO	International Organization for Standardization
Jg.	Jahrgang
k.A.	keine Angabe
KonTraG	Gesetz zur Kontrolle und Transparenz im Unternehmensbereich
KPMG	Klynveld, Peat, Marwick, Goerdeler
KWTF	Kwan Wong Tan & Fong
LLP	Limited Liability Partnership
Ltd.	Limited
Mio.	Millionen
MIT	Massachusetts Institute of Technology
MSCI	Morgan Stanley Capital International
NAICS	North American Industry Classification System
No.	Number
Nr.	Nummer
n.s.	nicht signifikant
nwb	Verlag Neue Wirtschafts-Briefe
PKF	Pannell Kerr Forster
plc	public limited company
PS	Prüfungsstandard
PwC	PricewaterhouseCoopers
Repo	Sale and Repurchase Agreement
rer.oec.	rerum oeconomicarum
RGBl.	Reichsgesetzblatt
S&P	Standard & Poor's

S.A.	Société anonyme / Società anonima
SA	Securities Act
SEA	Securities Exchange Act
SEC	Securities and Exchange Commission
SFAC	Statement of Financial Accounting Concepts
SIC	Standard Industrial Classification
sog.	sogenannt
SOL	Soma Orkoton Logiston
SOX	Sarbanes-Oxley Act
StGB	Strafgesetzbuch
u.a.	unter anderem
UHY	Urbach Hacker Young
URL	Uniform Resource Locator
US	United States
USA	United States of America
V&R	Vandenhoeck & Ruprecht
vBP	vereidigter Buchprüfer
vgl.	vergleiche
Vol.	Volume
vs.	versus
VVF	Verlag V. Florentz
WP	Wirtschaftsprüfer
WPK	Wirtschaftsprüferkammer
WPO	Wirtschaftsprüferordnung
WWZ	Wirtschaftswissenschaftliche Fakultät der Universität Basel
WZ 98	Branchensystematik des statistischen Bundesamtes, Ausgabe 98
z.B.	zum Beispiel

Symbolverzeichnis

*	10 %-Signifikanzniveau
**	5 %-Signifikanzniveau
***	1 %-Signifikanzniveau
$	Dollar
§	Paragraf
%	Prozent
‰	Promille
&	and/und
α	Anreiz des Abschlussprüfers, die Rechnungslegung zu seinen Gunsten zu verändern
ß	standardisierter Regressionskoeffizient
δ	partielle Ableitung
Δ	Veränderung
ε	Residuum
μ	arithmetisches Mittel
π	Barwert des Gewinns
π*	erwirtschafteter Gewinn
ϑ	beliebig kleine, positive Zahl
σ	Standardabweichung
∑	Summe
τ	Anteil der Kosten, die bei einer unsorgfältigen Prüfung entstehen
φ	Anteil des aus dem Reputationsverlust geschätzten Schadens
ω	Wahrscheinlichkeit, dass ein Gericht dem Prüfer eine Schuld zuweist
a	Kosten, die von der Menge und Qualität der produzierten Leistung abhängt
A	Kosten für den Abschlussprüfer
AD	ausländische Direktinvestitionen pro Bruttosozialprodukt
AFA	Abschreibungen auf das Anlagevermögen

AS	Abschlag bei der Aufdeckung einer manipulierten Rechnungslegung
AV	Bruttoanlagevermögen
b	Prozentsatz der Honorare, die der Prüfer bei der Aufdeckung einer mangelhaften Prüfung verlieren würde
B	Bonus, den ein Manager erhält, wenn er die Rechnungslegung manipuliert und der Prüfer dies nicht aufdeckt
BIG4	Mitglied der vier größten Prüfungsgesellschaften
BS	Bilanzsumme
BSP	Bruttosozialprodukt
BV	Bestätigungsvermerk
CF	operativer Cashflow
CS	Transaktionskosten des Prüferwechsels
d	Qualität der Dienstleistung
d_h	hohe Qualität
d_{min}	minimale Qualität
D	Verlust für die Anlegerschaft
DK	Durchschnittskosten
DPA	diskretionäre Periodenabgrenzungen
DPA_{ABS}	Absolutbetrag der diskretionären Periodenabgrenzungen
E	erwartetes Ergebnis
F	Honorar des Abschlussprüfers
F*	maximales Honorar des Abschlussprüfers
FO	Forderungen
G	Überschuss, den der Abschlussprüfer bei niedrigem Prüfungsniveau erhält
GK	Grenzkosten
GKR	Gesamtkapitalrentabilität

H	Summe aller Quasirenten des Abschlussprüfers
HI	Herfindahlindex
i	Unternehmensindex
j	Branchenindex
JE	Jahresergebnis
k	Veränderung der Forderungen bei der Veränderung der Umsatzerlöse
K	Einarbeitungskosten im Rahmen einer Erstprüfung
K_f	Fixkosten
KA	kurzfristige Aktiva
KLF	kurzfristiger Anteil der langfristigen Passiva
KP	kurzfristige Passiva
KR	Konzentrationsrate
L	vom Prüfer zu zahlende Entschädigung
LEV	Verschuldungsgrad
lim	Limes
LM	liquide Mittel
LNBS	Unternehmensgröße
LPI	La Porta Index
MB	Marktanteil der Prüfungsgesellschaft
MK	Marktkapitalisierung pro Bruttosozialprodukt
n	Anzahl
NPA	nichtdiskretionäre Periodenabgrenzungen
P_A	Prozesskosten der Anleger
P_P	Prozesskosten des Prüfers
PA	gesamte Periodenabgrenzungen
PH	Prüfungshonorar
PO	Portfolioanteil der Branche

ppm	parts per million
PW	Prüferwechsel
p-Wert	Signifikanzwert
q	Wahrscheinlichkeit der Aufdeckung einer mangelhaften Prüfung
Q	Quasirente aus einem Mandat
r	Zinssatz
R	Reputationsverlust
R^2	Bestimmtheitsmaß
RS	Rechnungslegungssystem
s	durch die Prüfung verursachte Kosten
SPEZ	spezialisierte Prüfungsgesellschaft
ST	abgegrenzte Steuern
t	Zeitindex
T	Transaktionskosten
TI	Zeitraum
U_A	Nutzenfunktion der Anleger
U_P	Nutzenfunktion der Wirtschaftsprüfer
UE	Umsatzerlöse
v	Wahrscheinlichkeit, dass der Prüfer ein Mandat verliert, wenn er dem Druck des Managers nicht nachgibt
V	Vorteilsstrom
VER	Verlust
VIF	Variance Inflation Factor
W_A	Wahrscheinlichkeit für eine Klage der Anleger
W_{WP}	Wahrscheinlichkeit für eine sorgfältige Prüfung
WA	Wachstum
WC	Working Capital
WLI	Wingate Litigation Index

WR	Quasi-Renten-Fluss
x	Menge der angebotenen Leistung
Z	Basiszielerreichung des Managers
ZK	Zusatzkosten eines hohen Prüfungsniveaus

1 Einleitung

1.1 Problemstellung

Der Aspekt „Qualität" ist seit mehreren Jahrzehnten eines der am häufigsten diskutierten Themen im Bereich der Wirtschaftsprüfung. Nach *Leffson* wird eine Prüfung definiert „als ein Prozess zur Gewinnung eines vertrauenswürdigen Urteils über gegebene wirtschaftliche Sachverhalte durch Vergleich eines vom Prüfer nicht selbst herbeigeführten Istobjektes mit einem vorgegebenen oder zu ermittelnden Sollobjekt und anschließender Urteilsbildung und der Urteilsmitteilung an diejenigen, die aufgrund der Prüfung Entscheidungen fällen".[1] Das von *Leffson* eingeforderte „vertrauenswürdige Urteil" scheint in den letzten Jahren jedoch mehr und mehr an Glaubwürdigkeit eingebüßt zu haben. Zahlreiche Bilanzskandale erschütterten Anfang des 20. Jahrhunderts das öffentliche Ansehen des Abschlussprüfers.[2] Die Gesetzgeber reagierten darauf weltweit mit Gesetzesinitiativen. So wurden beispielsweise in den USA durch den Sarbanes-Oxley Act (SOX) von 2002 die Vorschriften zur Unabhängigkeit des Abschlussprüfers[3] deutlich verschärft.[4] Auch in Europa sind durch die 8. EU-Richtlinie die gesetzlichen Regelungen zur Unabhängigkeit des Abschlussprüfers ausgeweitet worden.[5] Mit dem SOX und der 8. EU-Richtlinie wurde insbesondere darauf abgezielt, die gleichzeitige Beratungs- und Prüfungstätigkeit eines Unternehmens durch ein und denselben Abschlussprüfer einzuschränken. Außerdem wurden die Vorschriften zu den Prüfungsausschüssen und zur internen Rotation des Abschlussprüfers überarbeitet.[6] Dennoch kam es auch in der jüngsten Vergangenheit zu weiteren Bi-

---

1 Leffson (1988): 13.

2 Die bekanntesten Bilanzskandale betrafen in den USA die Unternehmen Enron (2001) und Worldcom (2002), in Deutschland Flowtex (2000) und Parmalat (2003). Vgl. hierzu ausführlich Herkendell (2007): 90-95.

3 Die Unabhängigkeit ist eine Komponente von Prüfungsqualität. Vgl. Abschnitt 2.3.3.

4 Vgl. Menzies (2004): 16.

5 Vgl. Pfitzer/Oser/Orth (2006): 31 f.

6 Vgl. Strohm (2006): 53-55 und 62 f.

lanzskandalen, die den Ruf der Abschlussprüfer zusätzlich in Mitleidenschaft gezogen haben.[7]

Als weitere Reaktionen auf die Vertrauenskrise zu Anfang des Jahrtausends wurde in der EU darüber diskutiert, die Haftungsregelungen für die Mitgliedstaaten zu vereinheitlichen.[8] Hierzu gab die Europäische Kommission eine Studie in Auftrag, in der die Auswirkungen verschiedener Ausgestaltungsmöglichkeiten von Haftungsregelungen analysiert werden sollten. Ein Aspekt, der dabei untersucht wurde, war der Einfluss einer Haftungsbeschränkung auf die Qualität von Abschlussprüfungen. Die Autoren der Studie konnten diesen allerdings nicht eindeutig feststellen.[9] Daraufhin beschloss die Europäische Kommission, den Mitgliedsstaaten die Einführung einer Haftungsbeschränkung bei fahrlässigem Fehlverhalten des Abschlussprüfers lediglich zu empfehlen.[10] Das Risiko des Abschlussprüfers, verklagt zu werden, wurde in der Studie aber nicht untersucht, obwohl dieses Risiko insbesondere in Bezug auf die Dritthaftung zwischen den einzelnen Ländern der EU unterschiedlich hoch ist.[11] Des Weiteren ist eine Haftungsbeschränkung nur relevant, wenn die aus einem Haftungsfall entstehenden Reputationsverluste des Abschlussprüfers vergleichsweise gering sind.[12] In anderen Studien, in denen ebenfalls der Einfluss von Haftungsregelungen auf Prüfungsqualität untersucht wurde, kam man dagegen zu dem Ergebnis, dass strengere Haftungsregelungen zu einer höheren Prüfungsqualität führen.[13] Empirische Studien zum Einfluss von Haftungsregelungen auf die Qualität von Abschlussprüfungen sind bisher nur selten und fast ausschließlich in den USA und China durchgeführt worden.

---

[7] Zu nennen ist hier insbesondere der Skandal um die Satyam Computer Services Ltd. in Indien (2009). Vgl. Hein (2009). Dieses Unternehmen ist unter anderem an der New York Stock Exchange gelistet und unterliegt somit den Regelungen des SOX. Auch der Abschlussprüfer von Lehman Brothers steht in Verdacht, durch mangelnde Prüfungsqualität den Zusammenbruch der Bank mitzuverantworten. Vgl. Drost/Köhler/Maisch (2010). In beiden Fällen sind die Untersuchungen zum Abgabezeitpunkt dieser Arbeit noch nicht abgeschlossen.

[8] Vgl. Pfitzer/Oser/Orth (2006): 43.

[9] Vgl. London Economics (2006): 156-158.

[10] Vgl. Europäische Kommission (2008).

[11] Vgl. hierzu Kapitel 5.

[12] Vgl. Quick/Solmecke (2007): 176.

[13] Vgl. Abschnitt 5.5.

Der Abschlussprüfung wird auch in Hinblick auf die aktuelle Finanzkrise erhöhte Beachtung geschenkt. Als Folge der Finanzkrise hat die Europäische Kommission ein Grünbuch veröffentlicht, in dem verschiedene Maßnahmen vorgestellt werden, die das Umfeld der Abschlussprüfung betreffen.[14] Diese berühren insbesondere die Prüfungsqualität, die von einigen Adressaten der Abschlussprüfung als unzureichend angesehen wird.[15] Außerdem beziehen sich die Vorschläge auf die hohe Konzentration des Prüfungsmarkts, die die Europäische Kommission als großes Problem für die Finanzstabilität ansieht. Es wird befürchtet, dass ein mögliches Ausscheiden einer der großen Prüfungsgesellschaften eine Störung des gesamten Markts verursachen könnte. In etlichen europäischen Ländern werden mehr als 80 % der Unternehmen von einer Big 4 Prüfungsgesellschaft geprüft.[16] Infolge eines Bilanzskandals und der daraus entstehenden Haftungs- und Reputationsschäden könnte eine weitere der großen Prüfungsgesellschaften den Markt verlassen, so wie 2002 Arthur Andersen aufgrund des Enron-Skandals. Dadurch könnte der Zugang zu den Finanzinformationen großer Unternehmen und das Vertrauen der Anleger in die Abschlussprüfung gefährdet werden. Zudem stellt sich die Frage, ob die großen Prüfungsgesellschaften „too big to fail" sind und hieraus ein Moral-Hazard-Risiko entstehen könnte. Das heißt, die großen Prüfungsgesellschaften gehen möglicherweise, mit dem Wissen um ihre Systemrelevanz, größere Risiken ein und senken beispielsweise ihre Prüfungsqualität. Als Präventivmaßnahme schlägt die europäische Kommission unter anderem die Rückabwicklung der Konsolidierung des Prüfungsmarkts vor.[17]

---

[14] Zum Grünbuch sind in Deutschland mehrere Stellungnahmen erschienen, die die Vorschläge der europäischen Kommission zum Teil heftig kritisieren. Siehe z.B. Kämpfer/Kayser/Schmidt (2010); Winkeljohann (2010); Zülch/Detzen (2010).

[15] Im Grünbuch werden beispielsweise eine regelmäßige externe Rotation des Abschlussprüfers, eine Bestellung des Abschlussprüfers durch einen unabhängigen Dritten und eine Ausweitung des Beratungsverbotes für Wirtschaftsprüfungsgesellschaften vorgeschlagen. Vgl. Europäische Kommission (2010): 13 f. Dem Thema „Haftung" wird im Grünbuch nur wenig Beachtung geschenkt. Es wird lediglich bezüglich der Risiken eines möglichen Ausscheidens einer weiteren der großen Prüfungsgesellschaften erwähnt. Vgl. Europäische Kommission (2010): 15. Mögliche Anreizwirkungen zu einer Verbesserung der Prüfungsqualität werden dabei nicht berücksichtigt.

[16] Vgl. Abschnitt 6.2.3.2.

[17] Weitere Vorschläge sind die Einführung von Joint Audits, bei denen Unternehmen von mehreren Prüfungsgesellschaften geprüft werden, und die schon angesprochene externe Rotation. Vgl. Europäische Kommission (2010): 17-20.

Die Konzentration des Prüfungsmarkts ist aber nicht erst in den letzten Jahren, sondern bereits seit Anfang der Achtzigerjahre des vergangenen Jahrhunderts ein viel diskutiertes Thema. Nachdem DeAngelo 1981 ein theoretisches Modell zum Qualitätsunterschied zwischen großen und kleinen Prüfungsgesellschaften aufgestellt hat,[18] ist in zahlreichen Studien dieser Zusammenhang zwischen der Größe einer Prüfungsgesellschaft und der Prüfungsqualität bestätigt worden. In einigen Untersuchungen konnte dieser Nachweis jedoch nicht erbracht werden. Gleiches gilt für die Spezialisierung von Prüfungsgesellschaften. Modelltheoretisch gesehen, haben spezialisierte Prüfungsgesellschaften zwar Anreize, eine bessere Prüfungsqualität zu leisten, die empirischen Ergebnisse sind jedoch ebenfalls heterogen. Eine Ursache für die unterschiedlichen Resultate könnte das regulatorische Umfeld sein, in dem die untersuchten Abschlussprüfungen vorgenommen worden sind. Insbesondere die Haftung schafft Anreize zur Erbringung einer hohen Prüfungsqualität, die sich jedoch unterschiedlich auf große und kleine bzw. spezialisierte und nichtspezialisierte Prüfungsgesellschaften auswirken. In der Literatur fehlt es aber an Arbeiten, die sich theoretisch und empirisch mit diesem Thema befassen.

Diese Forschungslücke soll die vorliegende Arbeit schließen. Es wird sowohl theoretisch als auch empirisch der Frage nachgegangen werden, ob sich die Strenge der Haftungsregelungen auf die Qualitätsunterschiede zwischen großen und kleinen bzw. spezialisierten und nichtspezialisierten Prüfungsgesellschaften auswirkt. So kann zum einen festgestellt werden, ob Haftungsregelungen einen Einfluss auf die Prüfungsqualität haben, und zum anderen, wie die heterogenen Ergebnisse der Studien zum Qualitätsunterschied zwischen großen und kleinen bzw. spezialisierten und nichtspezialisierten Prüfungsgesellschaften zustande kommen. Im folgenden Abschnitt wird zunächst der Aufbau der Arbeit erläutert.

1.2 Gang der Untersuchung

Die vorliegende Arbeit gliedert sich in sieben Kapitel. Während im *ersten Kapitel* die Problemstellung und der Gang der Untersuchung dargestellt werden, wird in *Kapitel zwei* die Funktion der Rechnungslegung erklärt, um darauf aufbauend die Relevanz

---

[18] Vgl. hierzu Abschnitt 4.1.3.1.

der Abschlussprüfung aufzuzeigen. Weiterhin erfolgt eine Definition von Prüfungsqualität. Hierzu wird zunächst „Qualität" im Allgemeinen definiert und die Abschlussprüfung als Dienstleistung eingeordnet. Nach der Darstellung der bisher vorhandenen Definitionsversuche im deutschen und angloamerikanischen Schrifttum wird ein eigenes Qualitätsverständnis beschrieben.

Aufbauend auf dem Qualitätsbegriff werden im *dritten Kapitel* Möglichkeiten zur Qualitätsmessung dargestellt. Diese lassen sich in Konzepte zur Messung der wahrgenommenen (Abschnitt 3.2) und der tatsächlichen Prüfungsqualität (Abschnitt 3.3) unterteilen. Hierbei werden auch die jeweiligen Vor- und Nachteile der Konzepte dargestellt und es wird bestimmt, welches Verfahren im empirischen Teil dieser Arbeit verwendet werden soll.

In *Kapitel vier* werden diejenigen Determinanten einer Prüfungsgesellschaft präsentiert, bei denen ein Einfluss auf die Prüfungsqualität vermutet wird. Dies sind zum einen die Größe einer Prüfungsgesellschaft (Abschnitt 4.1) und zum anderen die Spezialisierung einer Prüfungsgesellschaft (Abschnitt 4.2). In Bezug auf die Größe einer Prüfungsgesellschaft wird zunächst aufgezeigt, wie sich der heute vorliegende hochkonzentrierte Prüfungsmarkt entwickelt hat, welche sinnvollen Abgrenzungsmöglichkeiten zwischen großen und kleinen Prüfungsgesellschaften existieren und wie die Differenzierung in große und kleine Prüfungsgesellschaften in dieser Arbeit erfolgt. Danach werden zwei Modelle beschrieben, die den Qualitätsunterschied zwischen großen und kleinen Prüfungsgesellschaften abbilden. In Abschnitt 4.1.4 erfolgt eine Zusammenfassung von empirischen Studien, die bisher zur Analyse von Qualitätsunterschieden zwischen großen und kleinen Prüfungsgesellschaften durchgeführt worden sind. Bezüglich der Spezialisierung von Prüfungsgesellschaften wird als erstes dargestellt, inwiefern Prüfungsgesellschaften motiviert sind, sich zu spezialisieren. Nachfolgend werden zwei Varianten zur Abgrenzung von spezialisierten und nichtspezialisierten Prüfungsgesellschaften beschrieben und es wird eine Wahl, was deren Abgrenzung in dieser Arbeit angeht, getroffen. Im Anschluss wird modelltheoretisch dargelegt, wieso spezialisierte Prüfungsgesellschaften eine höhere Prüfungsqualität leisten als nichtspezialisierte. Schließlich werden die empirischen Befunde über einen

Qualitätsunterschied zwischen spezialisierten und nichtspezialisierten Prüfungsgesellschaften präsentiert.

Kapitel fünf dient dazu, die Unterschiede zwischen den länderspezifischen Haftungsrisiken für Abschlussprüfer aufzuzeigen. Hierfür werden die Haftungsrisiken in Deutschland und in den USA dargestellt und direkt miteinander verglichen. Weiter wird beschrieben, wie die Länder in Bezug auf das Haftungsrisiko von Prüfungsgesellschaften eingestuft werden. Im Anschluss wird der Einfluss von Haftungsregelungen auf die Prüfungsqualität modelltheoretisch hergeleitet, insbesondere bezüglich großer und kleiner sowie spezialisierter und nichtspezialisierter Prüfungsgesellschaften. In Abschnitt 5.5 werden die bisher vorliegenden empirischen Ergebnisse zum Einfluss von Haftungsregelungen auf die Prüfungsqualität vorgelegt.

Die eigene empirische Analyse des Einflusses von Haftungsregelungen auf den Qualitätsunterschied zwischen großen und kleinen bzw. spezialisierten und nichtspezialisierten Prüfungsgesellschaften erfolgt in *Kapitel sechs*. Der hierzu verwendete Datensatz wird in Abschnitt 6.2.1 beschrieben und umfasst 214.270 Unternehmensbeobachtungen aus 34 Ländern im Zeitraum von 1999 bis 2008. Die in der multivariaten Regression zur Anwendung kommenden Variablen werden im Anschluss vorgestellt. In der folgenden multivariaten Analyse wird überprüft, ob Haftungsregelungen einen Einfluss auf den Qualitätsunterschied zwischen großen und kleinen sowie spezialisierten und nichtspezialisierten Prüfungsgesellschaften haben. In Abschnitt 6.4.3 werden anschließend Sensitivitätsanalysen durchgeführt, um die Ergebnisse zu bestätigen.

In *Kapitel sieben* erfolgt schließlich die Zusammenfassung der Ergebnisse dieser Arbeit.

Die folgende Abbildung dient dazu, den Gang der Untersuchung übersichtlich zusammenzufassen:

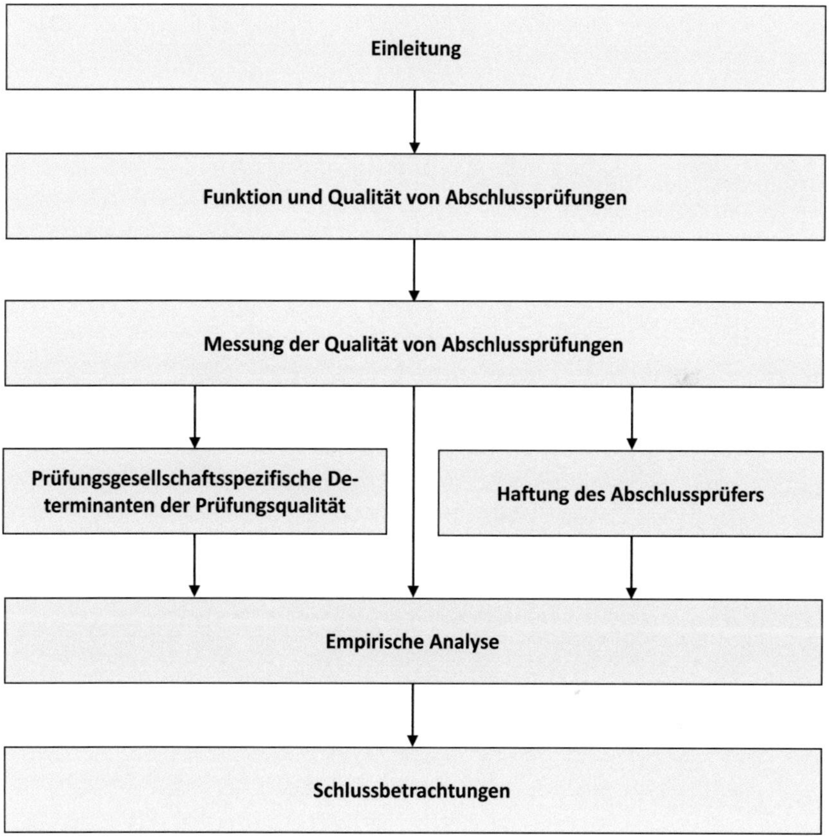

Abbildung 1: Gang der Untersuchung

2 Funktion und Qualität von Abschlussprüfungen

2.1 Funktion der Rechnungslegung

Zur Bestimmung des Begriffs „Prüfungsqualität“ ist es zunächst notwendig, die Funktion der Rechnungslegung sowie der Abschlussprüfung zu erläutern.

Der Prozess der Rechnungslegung lässt sich in einen internen und einen externen Bestandteil aufspalten: Während die interne Rechnungslegung lediglich als unternehmensinternes Informationsinstrument dient, ist die externe auch der Öffentlichkeit (z.B. Investoren, Banken, Kunden, Lieferanten und Konkurrenten) zugänglich.[19]

Ein wesentliches Ergebnis der externen Rechnungslegung ist der Jahresabschluss. Dieser soll das unternehmerische Geschehen durch eine bestimmte Codierung von Informationen zeitnah erfassen.[20] Der Jahresabschluss hat mehrere Funktionen zu erfüllen: Nach dem Handelsgesetzbuch (HGB) sind dies die Ausschüttungs-, die Steuerbemessungs- und die Informationsfunktion. Internationale Rechnungslegungsnormen beschränken die Funktion des Jahresabschlusses hingegen meist auf die der Information.[21] Ein wichtiger Aspekt ist es dabei, den im § 264 Satz 2 HGB verankerten Grundsatz, dass der Jahresabschluss „ein den tatsächlichen Verhältnissen entsprechendes Bild der Vermögens-, Ertrags- und Finanzlage zu vermitteln“ habe, zu befolgen.[22] Auch IFRS (Framework F.46) und US-GAAP (SFAC 2.58-110) fordern, dass in einem Abschluss der Grundsatz des „True and Fair View“ bzw. der „Fair Presentation“ eingehalten und die wirtschaftliche Lage des Unternehmens somit möglichst genau wiedergegeben werden solle.[23]

---

[19] Vgl. Wagenhofer/Ewert (2007): 3-5; Lück (1999): 1.

[20] Vgl. Coenenberg/Haller/Schultze (2009): 3.

[21] Vgl. Ruhnke (2008): 12-22. Infolge des BilMoG wurde aber auch die Informationsfunktion des handelsrechtlichen Abschlusses gestärkt. Vgl. Coenenberg/Haller/Schultze (2009): 14 f.; Lorson (2008): 32.

[22] Dies widerspricht zwar der Ausschüttungsbemessungsfunktion, die einen möglichst vorsichtig ermittelten Gewinn fordert. Aufgrund der konfliktären Funktionen, die der Jahresabschluss erfüllen soll, sind Widersprüche aber implizit. Vgl. Lorson (2008): 6 f.; Ruhnke (2008): 8-11.

[23] Vgl. Coenenberg/Haller/Schultze (2009): 63 f.; Wagenhofer/Ewert (2007): 4; Baetge/Roß (2000): 33 f.

2.2 Funktion der Abschlussprüfung

Damit die Informationsfunktion des Jahresabschlusses erfüllt ist, müssen die veröffentlichten Informationen sowohl entscheidungsrelevant als auch verlässlich sein. Entscheidungsrelevanz ist gegeben, wenn die Informationen einen Adressaten in seiner Entscheidungsfindung beeinflussen. Da zwischen Eigner und Management eines Unternehmens in der Regel[24] ein Prinzipal-Agenten-Konflikt besteht, der auf auseinanderfallenden Interessen[25] der beiden Parteien und einer ungleichen Informationsverteilung zuungunsten des Eigners beruht, bedarf es einer Instanz, die die Einhaltung der Rechnungslegungsnormen und somit die Verlässlichkeit des Jahresabschlusses sicherstellt.[26] Diese Aufgabe erfüllen Prüfer, die den Jahresabschluss auf wesentliche Falschdarstellungen kontrollieren.[27] Die Abschlussprüfung hat hierbei drei Funktionen: die Kontroll-, Informations- und Beglaubigungsfunktion.[28]

Unter die Kontrollfunktion fallen die Korrektur- und die Präventivfunktion. Gemäß der Korrekturfunktion soll der Prüfer vorhandene Fehler in der Rechnungslegung aufdecken und berichtigen.[29] Die Präventivfunktion soll die Manager bereits bei der Aufstellung des Jahresabschlusses dazu anhalten, in Zukunft Fehler zu vermeiden. Die Kontrollfunktion wird als die wichtigste Aufgabe des Abschlussprüfers angesehen.[30]

Die Informationsfunktion soll sicherstellen, dass neben dem Auftraggeber auch die Öffentlichkeit über das Resultat der Prüfung in Kenntnis gesetzt wird. Dabei soll sich die Berichterstattung an den Bedürfnissen der Adressaten ausrichten[31] und den ge-

---

[24] Eine Ausnahme bilden beispielsweise eigentümergeführte Unternehmen.

[25] Zu den Motiven der Manager, das Jahresergebnis zu steuern, ausführlicher in Abschnitt 3.3.5.2.

[26] Vgl. Cosserat/Rodda (2009): 43; Ruhnke (2008): 1 f.; Lück (1999): 1 f.

[27] Vgl. Müller (2006): 7-9; Ruhnke (2000): 204 f.; Leffson (1988): 62-64.

[28] Vgl. Orth (2000): 17.

[29] Vgl. Quick (1996): 2.

[30] Die Kontrollfunktion ist im deutschen Handelsrecht gesetzlich verankert. § 317 Abs. 1 Satz 2 HGB verlangt, dass die Abschlussprüfung erkennbar machen soll, „ob die gesetzlichen Vorschriften und sie ergänzende Bestimmungen des Gesellschaftsvertrags oder der Satzung beachtet worden sind". Vgl. hierzu auch Herkendell (2007): 49 f.

[31] Für das geprüfte Unternehmen gilt der geprüfte Abschluss beispielsweise als Selbstinformation über die Vermögensgegenstände und Schulden am Bilanzstichtag.

setzlichen Mindestanforderungen genügen.[32] Außerdem muss die Abschlussprüfung die Gesellschaftsorgane (beispielsweise den Prüfungsausschuss) eines Unternehmens bei ihrer Überwachungstätigkeit unterstützen. Dies gelingt, indem ein Prüfungsbericht erstellt wird, der über die Ausführungen im Bestätigungsvermerk hinausgeht, aber intern beim Unternehmen verbleibt und somit der Öffentlichkeit nicht zugänglich gemacht wird.[33]

Die Beglaubigungsfunktion besteht schließlich aus der Mitteilung des Resultats der Abschlussprüfung im Rahmen des Bestätigungsvermerks. Dieser enthält gemäß § 322 Abs. 1 Satz 2 HGB eine Beurteilung über das Prüfungsergebnis. Da dieses Urteil das Verhalten der Jahresabschlussadressaten stets beeinflussen kann, kommt dem Prüfer somit eine Rolle als „Informationsintermediär" zu.[34]

Die folgende Abbildung veranschaulicht den Zusammenhang zwischen Eigner, Manager und Abschlussprüfer.

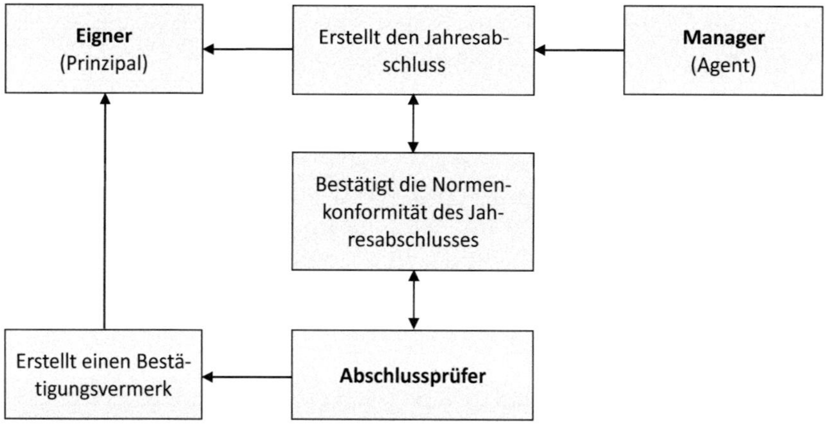

Abbildung 2: Prinzipal-Agenten-Beziehung mit Abschlussprüfer als Überwachungsorgan
Quelle: In Anlehnung an: Messier (2003): 6.

---

32 So verlangt § 17 Abs. 1 Satz 2 WPO z.B., dass der Abschlussprüfer den Prüfungsbericht gewissenhaft und unparteiisch erstellt.

33 Dies entspricht laut Herkendell dem Konzept der abgestuften Publizität. Vgl. Herkendell (2007): 50.

34 Vgl. Orth (2000): 19-21.

2.3 Definition des Begriffs „Prüfungsqualität“

2.3.1 Qualität im Allgemeinen

Obwohl das Thema „Prüfungsqualität“ seit langem eines der am häufigsten untersuchten Forschungsobjekte im Bereich der Wirtschaftsprüfung darstellt,[35] existiert hierzu kein einheitlicher Qualitätsbegriff.[36] Daher wird an dieser Stelle eine Deduktion aus anderen Quellen durchgeführt. Hierzu bietet sich zunächst eine Herleitung aus der sprachlichen Herkunft des Worts „Qualität“ an.

Der Begriff „Qualität“ hat seinen Ursprung im Lateinischen: „Qualitas“ bedeutet Beschaffenheit eines Objekts. Während diese Definition „Qualität“ als wertungsneutral beschreibt, hat die Bezeichnung im Laufe der Zeit eine Bedeutungserweiterung erfahren. Heutzutage wird der Begriff auch als Güte eines Objekts verstanden.[37] Somit fallen nicht nur objektive Aussagen über das Objekt unter den Qualitätsbegriff, sondern auch subjektive Bewertungen wie z.B. Aussagen über das Erreichen von Zielen und Zwecken. Bei der qualitativen Beurteilung wird demzufolge abgeschätzt, inwieweit ein Objekt die an es gestellten Anforderungen erfüllt.[38]

Das *Deutsche Institut für Normierung (DIN)* hat im Rahmen der Diskussion über das Qualitätsmanagement versucht, den Begriff „Qualität“ abzugrenzen. Die Norm DIN EN ISO 9000:2005 „Qualitätsmanagementsysteme – Grundlagen und Begriffe“[39] definiert Qualität als „Grad, in dem ein Satz inhärenter Merkmale Anforderungen erfüllt“. Die beiden zentralen Begriffe sind hier „Merkmale“ und „Anforderungen“. Ein „Merkmal“ wird dabei als kennzeichnende Eigenschaft beschrieben. Die „Anforderungen“ be-

---

[35] Dies veranschaulicht allein die große Anzahl an Studien, die in den Kapiteln 2.6.1 und 2.6.2 analysiert wird.

[36] Vgl. Paulitschek (2009): 12; Lück (2000): 1; Niehus (2000): 1133.

[37] Vgl. Bruhn (2008): 33; Marten (1999): 121.

[38] Vgl. Mauelshagen (2007): 36.

[39] Die DIN EN ISO 9000:2005 ersetzte im Dezember 2005 die bis dahin gültige Norm DIN EN ISO 9000:2000. Sie definiert Grundlagen und Begriffe zu Qualitätsmanagementsystemen und wird durch die Normen DIN EN ISO 9001:2008 (Qualitätsmanagementsysteme – Anforderungen), DIN EN ISO 9004:2009 (Leiten und Lenken für den nachhaltigen Erfolg einer Organisation – Ein Qualitätsmanagementansatz) und DIN EN ISO 19011:2002 (Leitfaden für Audits von Qualitätsmanagement- und/oder Umweltmanagementsystemen) ergänzt.

zeichnen die Erfordernisse oder Erwartungen der Kunden oder interessierten Parteien (und somit das Sollobjekt). Somit ist es möglich, dem Begriff „Qualität“ eine Wertung zuzuschreiben. So kann man z.B. von einer guten, mäßigen oder schlechten Qualität sprechen, in Abhängigkeit davon, ob die Erfordernisse und Erwartungen von Kunden oder interessierten Parteien durch das Istobjekt erfüllt werden. Die Definition ist dabei allgemein zweckgebunden. Eine Konkretisierung der Zwecksetzung, die darüber hinausgeht, kundenspezifische und gesellschaftliche Erfordernisse zu erfassen, bleibt aus. Auch die Frage, durch wen die Anforderungen bestimmt werden, wird nicht beantwortet.[40] Die Definition muss demnach dem jeweiligen Tatbestand angepasst werden.

Zusammenfassend lässt sich festhalten, dass die Qualität die Güte eines Objekts beschreibt und das Qualitätsurteil das Ergebnis einer subjektiven Bewertung über die objektive Beschaffenheit dieses Objektes ist. Eine Anwendung dieses Begriffsverständnisses in Hinblick auf Dienstleistungen allgemein und auf die Wirtschaftsprüfung im Speziellen erfolgt in den Abschnitten 2.3.2 und 2.3.3.

2.3.2 Dienstleistungen und Dienstleistungsqualität

Die große Heterogenität des Dienstleistungssektors macht es schwierig zu definieren, was eine Dienstleistung ist. Aus der Fülle an Definitionsversuchen lassen sich aber drei konstitutive Elemente ableiten, die sich als wesentlich für den Begriff „Dienstleistung“ herausgestellt haben.[41]

Angelehnt an einen Aufsatz von *Donabedian* aus dem Jahr 1980[42] entwickelt *Hilke* einen Ansatz, der sich auf den Ablauf bezieht, in dem eine Dienstleistung erbracht wird.[43] Die Erbringung wird dabei in drei zeitlich aufeinanderfolgende Phasen der

---

40 Vgl. Paulitschek (2009): 13.

41 Neben der Begriffserklärung über die konstitutiven Elemente existieren zwei weitere Ansätze. Zum einen wird der Dienstleistungsbegriff enumerativ durch Aufzählungen von Beispielen erfasst; zum anderen werden Dienstleistungen anhand einer Negativabgrenzung zu Sachgütern bestimmt. Der am meisten verbreitete Ansatz ist aber das Herausstellen der konstitutiven Merkmale. Vgl. Rüchardt (1995): 5; Meyer (1991): 197.

42 Vgl. Donabedian (1980): 79-125.

43 Vgl. Hilke (1989): 10-15.

Faktorkombination unterteilt: die potenzial-, prozess- und ergebnisorientierte Phase. Die potenzialorientierte Phase bezieht sich auf die Fähigkeit eines Unternehmens, eine Dienstleistung zu erbringen, die prozessuale Phase auf den Erstellungsprozess der Dienstleistung und die ergebnisorientierte Phase auf den Output beim Kunden oder das vom Kunden zur Verfügung gestellte Objekt.

Gemäß *Donabedian* besitzt eine Dienstleistung drei konstitutive Merkmale. Hierbei handelt es sich um die Immaterialität der Leistung, die Integration eines externen Faktors sowie die Simultanität von Produktion und Verwertung.[44]

Die Immaterialität von Dienstleistungen ist gleichbedeutend mit einer fehlenden Greifbarkeit der Dienstleistungstätigkeit. Dabei sind sowohl die Leistungspotenziale, die zum Einsatz kommen, als auch das Ergebnis des Erstellungsprozesses immateriell.[45] Dies hat zur Folge, dass die Qualität der Dienstleistung sowohl ex post als auch ex ante nur bedingt wahrgenommen werden kann. Eine Beurteilung kann daher nur durch das Hinzuziehen von Surrogaten erfolgen.[46]

Die Eigenschaft der Immaterialität führt mittelbar zum zweiten Element von Dienstleistungen, und zwar zur Integration eines externen Faktors. Eine Dienstleistung kann nur unter Mitwirkung des Kunden bzw. durch die Integration seines Verfügungsobjekts erbracht werden. Dies bedeutet für den Dienstleister, dass das Dienstleistungsergebnis nicht nur von seinen eigenen Einsatzfaktoren abhängt, sondern auch durch externe Faktoren mitbestimmt wird.[47] Hierdurch werden Standardisierungsprozesse stark eingeschränkt.[48]

---

[44] Vgl. Donabedian (1980): 79-85. Einen ähnlichen Ansatz verfolgt Meyer. Er definiert Dienstleistungen als „angebotene Leistungsfähigkeiten, die direkt an externen Faktoren (Menschen oder deren Objekten) mit dem Ziel erbracht werden, an ihnen gewollte Wirkungen (Veränderungen oder Erhaltung bestehender Zustände) zu erreichen". Meyer (1991): 198 f.

[45] Vgl. Meffert/Bruhn (2009): 43 f.; Hentschel (1992): 23 f.

[46] Vgl. Benkenstein (1993): 1098; Hentschel (1992): 24-26; Hilke (1989): 11.

[47] Im Fall einer Abschlussprüfung sind dies beispielsweise der vom Mandanten aufgestellte Jahresabschluss und die vom Mandanten gelieferten weiteren Dokumente wie z.B. Verträge, Rechnungen oder Protokolle, die der Prüfer zwar während der Prüfung verwenden kann, deren Erstellung er im Vorfeld aber nicht beeinflusst.

[48] Vgl. Haller (2010): 18 f.; Benkenstein (1993): 1098.

Das dritte Merkmal ist die Simultanität von Produktion und Verwertung. Dies bedeutet, dass Dienstleistungen zeitgleich erstellt und abgegeben werden müssen, da kein isolierbares Transferobjekt existiert. Sie werden in dem Augenblick zusammen mit dem Kunden erbracht und verbraucht (Uno-actu-Prinzip)[49] und sind somit nicht lagerfähig. Dies bedeutet für den Kunden, dass eine Dienstleistung weder vor der Fertigstellung geprüft noch nach der Fertigstellung nachgebessert werden kann. Das Dienstleistungsangebot stellt somit ein Leistungsversprechen dar, dass im Moment des Kaufs noch nicht existiert.[50]

Ausgehend vom Qualitäts- und Dienstleistungsbegriff wird im Folgenden eine Verknüpfung der beiden Begriffe hergestellt. Gemäß *Garvin* existieren zwei Ansätze, die sowohl auf Qualität als auch auf Dienstleistungen anwendbar sind: zum einen der produktorientierte (product-based) und zum anderen der kundenorientierte (user-based) Ansatz.[51] Nach dem produktorientierten Ansatz wird die Qualität von Dienstleistungen an der Summe der vorhandenen Eigenschaften gemessen. Diese werden durch die technische und funktionale Qualität ausgedrückt. Der produktorientierte Ansatz rückt die Betrachtung objektiver Kriterien in den Vordergrund, die vom Unternehmen bewusst gesteuert werden können. Hierbei hängt das erzielte Qualitätsniveau von zwei Faktoren ab: einerseits von der Bereitschaft ein Qualitätsniveau anzustreben und andererseits von der Fähigkeit des Unternehmens dieses Qualitätsniveau auch zu erreichen.[52]

Der kundenorientierte Ansatz hingegen geht von der subjektiven Sicht des Kunden aus und setzt den Begriff „Qualität“ mit Qualitätswahrnehmung gleich. Der Aspekt

---

[49] Ein Beispiel für die Simultanität von Produktion und Verwertung ist ein Konzert. Hierbei erbringt das Orchester zeitgleich die Leistung (es musiziert), während das Publikum die Leistung verwertet (es hört zu). Vgl. Haller (2010): 8 f.

[50] Vgl. Schade/Schott (1993): 19.

[51] Garvin beschreibt zusätzlich drei Ansätze. Den absoluten (transcendent), den herstellerorientierten (manufacturing-based) und den wertorientierten (value-based) Ansatz. Diese haben seiner Meinung nach aber wenig Relevanz für die Praxis. Vgl. Garvin (1988): 40-48.

[52] Vgl. Bruhn (2008): 34 f.

„Qualität“ wird somit hinsichtlich ihrer Eignung, Verwendungszwecke zu erreichen, betrachtet und zielt darauf ab, individuelle Präferenzen zu erfüllen.[53]

Bruhn definiert ausgehend von diesen Ansätzen Dienstleistungsqualität als „die Fähigkeit eines Anbieters, die Beschaffenheit einer primär intangiblen und der Kundenbeteiligung bedürfenden Leistung gemäß den Kundenerwartungen auf einem bestimmten Anforderungsniveau zu erstellen. Sie bestimmt sich aus der Summe der Eigenschaften bzw. Merkmale der Dienstleistung, bestimmten Anforderungen gerecht zu werden“.[54]

Diese Qualitätsdefinition folgt dem durch *Kawlath* geprägten teleologischen[55] Qualitätsverständnis, wonach in die Qualitätsbetrachtung neben den Produkteigenschaften auch die Anforderungen der Kunden einfließen. Die Produkteigenschaften bilden hierbei den objektiven Bezugspunkt des teleologischen Qualitätsverständnisses. Durch die Betrachtung der durch die Subjekte bestimmten Verwendungszwecke und deren Beurteilung werden auch subjektive Komponenten im teleologischen Qualitätsverständnis mit einbezogen.[56] Dieser Ansatz verdeutlicht, dass sich Subjektivität und Objektivität nicht ausschließen, sondern ergänzen. Eine subjektive Qualitätseinschätzung des Kunden beruht auf den objektiven Eigenschaften der Dienstleistung und kann somit nicht ausgeblendet werden.

Als Besonderheit von Dienstleistungen ist hierbei aufgrund der Integration eines externen Faktors zu berücksichtigen, dass nicht nur die Ergebnisqualität, sondern auch die Dienstleistungsprozessqualität mit einzubeziehen. Wenn der Beurteilende in den

---

[53] Vgl. Bruhn (2008): 34 f.; Bruhn (2000): 25 f.; Garvin (1988): 43 f.

[54] Bruhn (2008): 38.

[55] Der Begriff „Teleologie“ stammt vom griechischen Wort „Telos“ und bedeutet „Zweck“. In der Teleologie vertritt man die Auffassung, dass ein Vorgang durch seinen Zweck bzw. sein Ziel bestimmt wird. Vgl. Kawlath (1969): 50.

[56] Vgl. Kawlath (1969): 48-50.

Dienstleistungsprozess involviert ist, wird er auch beurteilen, wie dieser auf ihn wirkt.[57]

2.3.3 Prüfungsqualität

2.3.3.1 Begriffsverständnis im deutschen Schrifttum

Wie in Kapitel 2.3.1 erwähnt, existiert keine einheitliche Definition des Begriffs „Prüfungsqualität". Dies gilt sowohl für die Forschung als auch für die Gesetzgebung und den Berufsstand.[58] Es finden sich lediglich Ansatzpunkte dazu, was unter dem Begriff „Prüfungsqualität" verstanden werden kann. Dabei lassen sich entsprechend der Dienstleistungsqualität[59] zwei Ansätze unterscheiden: Zum einen wird Prüfungsqualität unter dem Aspekt der Erfüllung gesetzlicher und gesellschaftsrechtlicher Bestimmungen im Sinne der produktorientierten Sichtweise betrachtet. Zum anderen werden die Erwartungen der Empfänger der Abschlussprüferleistung im Sinne der kundenorientierten Sichtweise mit in die Definition aufgenommen.

Eine rein produktorientierte Sichtweise hat *Niehus*. Er definiert, dass unter „Qualität der Abschlussprüfung die Durchführung und Berichterstattung durch einen Angehörigen des Berufsstandes der Abschlussprüfer verstanden wird, der sowohl in seiner Person als auch bei der Ausführung seiner Aufgabe sämtliche für ihn geltenden Vorschriften erfüllt".[60] Denselben Ansatz verfolgen *Marti/Eberle*. Sie gehen davon aus, dass die Einhaltung der Prüfungsstandards eine hohe Qualität der Prüfung vermuten lässt. Da-

---

[57] Sowohl Grönroos wie auch Donabedian kommen unabhängig voneinander zu diesem Ergebnis. Grönroos untersucht dabei Dienstleistungsqualität unter Marketinggesichtspunkten; Donabedian beschäftigt sich mit Dienstleistungsqualität im medizinischen Bereich. Vgl. Grönroos (1984): 38-40; Donabedian (1980): 81-85.

[58] Zwar haben WPK und IDW eine gemeinsame Stellungnahme zur Qualitätssicherung in Wirtschaftsprüferpraxen herausgegeben, diese beschreibt aber lediglich, wie ein Qualitätssicherungssystem in einer Wirtschaftsprüfungsgesellschaft aufgebaut sein sollte. Es finden sich darin jedoch keine Anhaltspunkte für eine Definition des Begriffs „Prüfungsqualität". Vgl. Institut der Wirtschaftsprüfer (2006): 1-43. Es scheint, als würde der Berufsstand davon ausgehen, dass der Begriff „Prüfungsqualität" der Allgemeinheit bekannt wäre oder sich implizit aus der Einhaltung der Normen ergäbe.

[59] Ausgehend von der Definition einer Dienstleistung in Kapitel 2.3.2 ist das Produkt „Abschlussprüfung" als Dienstleistung zu verstehen, da diese immateriell ist, der Integration eines externen Faktors bedarf und die Abschlussprüfung simultan produziert und verwertet wird.

[60] Niehus (1993): 13.

bei schränken sie jedoch ein, dass die Prüfungsstandards nicht allen Situationen gerecht werden können und somit ein Teil der Verantwortung bei der Prüfungsgesellschaft verbleibt.[61] Auch neuere Arbeiten beschränken sich auf eine reine Produktorientierung. So definiert *Zimmermann* Prüfungsqualität als die Wahrscheinlichkeit, dass alle gesetzlichen und berufsrechtlichen Regelungen durch den Prüfer eingehalten werden und die Abschlüsse frei von materiellen Fehlern und Falschdarstellungen sind.[62] *Schmidt* ist der Ansicht, dass sich die subjektiven Erwartungen in den Prüfungsnormen niederschlagen. Er geht davon aus, „dass sich die typisierten Erwartungen der Adressaten von Prüfungsurteilen, die auch als ‚Erwartungen der Öffentlichkeit' bezeichnet werden können, in den bestehenden gesetzlichen und berufsständischen Anforderungen an die Qualität der Wirtschaftsprüfung konkretisieren".[63] Somit gilt für ihn eine Prüfung als qualitativ hochwertig, wenn die gesetzlichen und berufsständischen Anforderungen erfüllt werden. Er verzichtet demzufolge darauf, die Adressaten als Beurteilende der Qualität explizit einzubeziehen. Aufgrund der Tatsache, dass der Beurteilende der Qualität der Leistung gleichzeitig der Nachfragende ist, ist diese formale Betrachtungsweise als kritisch zu beurteilen.

Neben der produktorientierten Qualitätsbetrachtung wird von einigen Autoren die kundenorientierte Qualitätsbetrachtung in die Definition der Prüfungsqualität mit einbezogen. So stellt *Leffson* fest: „Die in Urteilsprozessen gewonnenen Urteile sollen Informationen liefern, oder ‚Informationen, deren Verlässlichkeit von ihren Empfängern bezweifelt werden könnte', Vertrauenswürdigkeit verleihen."[64] Letztere sieht er als gegeben an, wenn die folgenden drei Voraussetzungen erfüllt sind:

- Urteilsfähigkeit des Urteilenden,
- Urteilsfreiheit des Urteilenden,
- sachgerechte Urteilsbildung.

---

[61] Vgl. Marti/Eberle (2004): 418.
[62] Vgl. Zimmermann (2008): 12.
[63] Schmidt (2008): Q 14.
[64] Leffson (1988): 61.

Die Urteilsfähigkeit stellt hierbei auf die Kenntnisse des Prüfers in den Bereichen Wirtschafts- und Rechtswissenschaft ab. Dabei wird auch die Vertrauenswürdigkeit noch einmal hervorgehoben, da *Leffson* erwartet, dass der Prüfer seine Sachkunde durch Examina und dergleichen nachweisen kann. Auch Branchenkenntnisse zählt *Leffson* zur Qualifikation des Abschlussprüfers.

Die Urteilsfreiheit ist mit der Unabhängigkeit des Abschlussprüfers gleichzusetzen. Das Postulat der Urteilsfreiheit setzt gemäß *Leffson* voraus, dass der Prüfer frei von Weisungen ist, er das Ergebnis unabhängig von seinen eigenen Interessen oder Interessen von ihm nahestehenden Personen trifft und dass er gegenüber dem Untersuchungsobjekt nicht voreingenommen ist. *Leffson* betont an dieser Stelle, dass hier nicht die tatsächliche[65], sondern die wahrgenommene[66] Unabhängigkeit entscheidend ist, da der Adressat dem Urteil des Abschlussprüfers sonst kein Vertrauen schenkt.

Die sachgerechte Urteilsbildung bezieht sich schließlich auf den Prüfungsprozess. Eine sachgerechte Urteilsbildung ist gegeben, wenn der Prüfer die Grundsätze der Vollständigkeit, Wesentlichkeit und Objektivität beachtet. Auch an diesem Punkt bezieht *Leffson* die Empfänger der Ergebnisse der Abschlussprüfung mit ein, indem er fordert, dass die Urteilsprozesse für einen Dritten nachvollziehbar sein müssen. Dies bedeutet allerdings nicht, dass ein zweiter Prüfer zu den gleichen Ergebnissen kommen muss, da eine Prüfung ebenso Schätzungen oder das Abwägen von Argumenten beinhalten kann.[67]

Auch *Langenbucher* definiert Prüfungsqualität aus der Kundenperspektive. Ihm zufolge „sollte eine Abschlussprüfung das Qualitätsurteil sehr gut oder gut verdienen,

---

[65] Die tatsächliche Unabhängigkeit beschreibt die geistige Einstellung des Prüfers und ist erfüllt, wenn der Prüfer dem Prüfungsobjekt unvoreingenommen gegenübertreten kann. Allerdings kann sie aufgrund der mangelnden Kontrollierbarkeit des menschlichen Geistes kaum überprüft werden. Vgl. Demme (2003): 36 f.; Fleischer (1996): 759 f.; Amernic/Aranya (1981): 13.

[66] Die wahrgenommene Unabhängigkeit bezieht sich auf den äußeren Anschein der Befangenheit. Ein Prüfer gilt dann nicht mehr als unabhängig, wenn aus Sicht eines sachkundigen objektiven Dritten Umstände vorliegen, die den Abschlussprüfer in der Urteilsbildung unsachgemäß beeinflussen können. Vgl. Bormann (2002): 190 f.; Druey (1988): 92; Richter (1975): 100 f.

[67] Vgl. Leffson (1988): 61-88.

wenn sie den Erwartungen möglichst vieler Stakeholder in möglichst großem Umfang entspricht".[68] Hier sieht *Langenbucher* ein Optimierungsproblem, da die Interessen der Adressaten der Abschlussprüfung völlig unterschiedlich ausfallen.[69] *Lindgens-Strache* vertritt die Auffassung, dass der Qualitätsbegriff sowohl subjektive als auch objektive Gesichtspunkte umfassen sollte. Zum einen sollte sich Prüfungsqualität als Grad der Funktionserfüllung aus Sicht des jeweiligen Leistungsempfängers darstellen, zum anderen sollte eine qualitativ hochwertige Prüfung eine hohe Funktionserfüllung der Eigenschaften Zuverlässigkeit, Validität, Professionalität, Klarheit und Zugänglichkeit beinhalten.[70]

2.3.3.2 Begriffsverständnis im US-amerikanischen Schrifttum

Auch in der US-amerikanischen Literatur gibt es keine einheitliche Definition des Begriffs „Prüfungsqualität". Es finden sich auch hier Erklärungsansätze, die dem produkt- und dem kundenorientierten Ansatz folgen.

Die wohl am weitesten verbreitete Definition stammt dabei von *DeAngelo*: "Unter Prüfungsqualität ist die vom Markt bewertete Wahrscheinlichkeit zu verstehen, dass ein Fehler oder Verstoß in der Rechnungslegung des Mandanten durch den Abschlussprüfer entdeckt wird und der Prüfer auch darüber berichtet."[71] Diese Definition enthält zwei Komponenten: Zum einen besteht sie aus einer fachtechnischen Größe,[72] die erfüllt ist, wenn der Prüfer Unrichtigkeiten in der Rechnungslegung entdeckt. Hierbei schließt *DeAngelo* sowohl zufällige und unbeabsichtigte Fehler (Error) als auch bewusste Falschaussagen (Fraud) in die Definition mit ein. Zum anderen umfasst sie eine kognitive Größe, die gegeben ist, wenn der Prüfer einen gefundenen Fehler auch berichtet. *DeAngelos* Ansatz ist der kundenorientierten Perspektive zuzuordnen, da von der „vom Markt bewerteten Wahrscheinlichkeit" gesprochen wird. Dabei wird

---

[68] Langenbucher (1997): 64.

[69] Vgl. Langenbucher (1997): 63 f.

[70] Vgl. Lindgens-Strache (1997): 274.

[71] DeAngelo (1981): 186.

[72] Bei einem Vergleich der Ansätze von DeAngelo und Leffson würde die fachtechnische Komponente sowohl die Urteilsfähigkeit als auch die sachgerechte Urteilsbildung miteinschließen. Die kognitive Komponente wäre mit der Urteilsfreiheit gleichzusetzen.

aber nicht beschrieben, was unter „Markt" zu subsumieren ist, sodass eine exakte Bewertung der Prüfungsqualität nicht möglich ist.[73]

Palmrose hingegen formuliert ihre Definition von Prüfungsqualität im Einklang mit dem produktorientieren Ansatz. Sie deutet Prüfungsqualität als „die Wahrscheinlichkeit, dass ein Jahresabschluss keine wesentlichen Auslassungen oder Falschdarstellungen enthält"[74]. Ein hohes Maß an Sicherheit setzt sie dabei mit einer hohen Prüfungsqualität gleich.[75] Diesem Ansatz folgen auch *Copley/Doucet*. Sie halten die Definition von *DeAngelo* für nicht operationalisierbar mit der Begründung, dass die Prüfungsqualität nach *DeAngelos* Ansatz nicht messbar sei. Sie schlagen stattdessen als Definition vor: „Unter Prüfungsqualität ist der Grad der Einhaltung von Prüfungsnormen durch den Abschlussprüfer zu verstehen."[76] Anhand dieser Definition könnte ein Maßstab entwickelt werden, der Prüfungen untereinander vergleichbar macht. Eine Grenze, ab wann eine Prüfung als qualitativ hochwertig angesehen wird, lässt sich nicht ableiten.[77] *Krishnan/Schauer* schließen sich dem produktorientierten Ansatz an, definieren Prüfungsqualität aber nicht über die Prüfungsstandards, sondern über die Einhaltung der Rechnungslegungsnormen in einem geprüften Jahresabschluss.[78] Ähnlich geht *Francis* vor. Er verknüpft eine niedrige Prüfungsqualität damit, dass ein vom Abschlussprüfer verursachter Fehler vorliegt. Hierbei sind zwei Fälle zu unterscheiden: erstens, wenn der Prüfer nicht für die Einhaltung der Rechnungslegungsnormen sorgt, und zweitens, wenn der Prüfer den Bestätigungsvermerk nicht einschränkt oder versagt, obwohl Gründe hierfür vorliegen. *Francis* betont aber auch die Kundenperspektive, da er als Konsequenz dieser Verstöße die Irreführung der Adressaten nennt.[79]

---

73 Vgl. Marten (1999): 185.

74 Palmrose (1988): 199.

75 Da eine Prüfung Kosten verursacht, wird laut Palmrose auch nach den Prüfungsstandards keine vollständige Sicherheit erwartet. Vgl. Palmrose (1988): 57 f. Fn. 3 Somit können selbst bei qualitativ hochwertigen Prüfungen Fehler im Jahresabschluss vorhanden sein.

76 Copley/Doucet (1993): 89 f.

77 Vgl. Marten (1999): 186.

78 Vgl. Krishnan/Schauer (2000): 12 f.

79 Vgl. Francis (2004): 346.

2.3.4 *Zwischenfazit und Implikationen für die Arbeit*

Um die Qualität von Abschlussprüfungen analysieren zu können, wurde in den vorangegangenen Abschnitten die Aufgaben der Rechnungslegung und Abschlussprüfung sowie der Begriff der Qualität der Abschlussprüfung dargestellt. Dabei bleibt festzuhalten, dass die Rechnungslegung ein möglichst genaues Bild der wirtschaftlichen Lage eines Unternehmens widerspiegeln und der Abschlussprüfer die Ordnungsmäßigkeit der Darstellung sicherstellen soll.

Im Anschluss wurde zunächst ein allgemeines Qualitätsverständnis und ein Verständnis des Begriffs „Dienstleistungsqualität" im Besonderen geschaffen. Hiernach wurden verschiedene Definitionsversuche für den Begriff „Prüfungsqualität" aus dem deutschen und angloamerikanischen Schriftraum vorgestellt. Diese sind sehr heterogen und folgen zumeist entweder dem produkt- oder kundenorientierten Ansatz. Wie an der Erwartungslücke im Bereich der Abschlussprüfung[80] ersichtlich wird, fallen die Begriffsverständnisse dabei oftmals nicht zusammen. So hat die Reputation des Abschlussprüfers, wie in der Einleitung dargestellt, in den letzten Jahren sehr gelitten, obwohl es objektiv zu nur sehr wenigen Pflichtverstößen des Abschlussprüfers kam.[81] Dies resultiert aus einzelnen Bilanzskandalen, die auch die Qualität von Prüfungen, die ohne Fehler durchgeführt wurden, in einem negativen Licht erscheinen lassen. Auf der anderen Seite kann die Qualität von einzelnen Prüfungen auch als zu hoch von den Adressaten eingeschätzt werden, falls diese beispielsweise fehlerhaft durchgeführt wurden, diese Fehler aber unentdeckt bleiben. In der Literatur hat sich daher eine Unterscheidung zwischen der tatsächlichen, die den kundenorientierten Ansatz widerspiegelt, und der wahrgenommen Prüfungsqualität, die den kundenorientierten Ansatz zeigt, entwickelt.[82]

---

[80] Die Erwartungslücke beschreibt das Auseinanderfallen der Erwartungen der Öffentlichkeit an die Abschlussprüfung und die tatsächliche Berufsausübung durch die Abschlussprüfer. Sie besteht aus drei Komponenten: dem Öffentlichkeitsversagen, dem Prüferversagen und dem Normenversagen. Das Öffentlichkeitsversagen kennzeichnet die mangelnde oder Fehlinformation der Öffentlichkeit, das Prüferversagen das Fehlverhalten des Abschlussprüfers und das Normenversagen unzureichende gesetzliche oder berufsständische Normen. Vgl. Mauelshagen (2007): 31-35.

[81] Vgl. Francis (2004): 346-348.

[82] Vgl. Paulitschek (2009): 14.

In dieser Arbeit wird daher ebenfalls eine Unterscheidung in die tatsächliche und die wahrgenommene Qualität vorgenommen. Die tatsächliche Prüfungsqualität beschreibt hierbei, was der Prüfer faktisch leistet. Die wahrgenommene Prüfungsqualität bezeichnet dagegen das Leistungsempfinden der Adressaten der Abschlussprüfung. Diese Unterscheidung ist im nächsten Kapitel relevant, da sich die verschiedenen Möglichkeiten, Prüfungsqualität zu messen, in Indikatoren zur tatsächlichen und wahrgenommen Prüfungsqualität unterteilen lassen. Auch bei der Analyse der empirischen Studien zur Prüfungsqualität ist diese Unterscheidung relevant.

3 Messung der Qualität von Abschlussprüfungen

3.1 Problematik der Qualitätsmessung

Um die Auswirkungen von Haftungsregelungen sowie der Größe und Spezialisierung einer Prüfungsgesellschaft auf die Prüfungsqualität analysieren zu können, muss diese beobachtet werden. Die Messung von Prüfungsqualität bringt aber zwei Probleme mit sich, aufgrund derer sie für die Allgemeinheit nur schwer zu erfassen ist:[83] Erstens ist der Prüfungsprozess nicht öffentlich beobachtbar. Die durchgeführten Prüfungshandlungen werden im Bestätigungsvermerk nicht beschrieben. Zweitens ist die wahrgenommene Prüfungsqualität schwierig zu ermitteln und unterscheidet sich von Anspruchsgruppe zu Anspruchsgruppe.

Zur Messung von Prüfungsqualität wurden daher verschiedene Verfahren entwickelt. Diese versuchen zum einen, die tatsächliche Qualität, und zum anderen, die wahrgenommene Qualität zu messen. Die Verfahren verwenden entweder verschiedene Surrogate für die Prüfungsqualität oder basieren auf Experimenten oder Befragungen. Sie sollen im Folgenden, beginnend mit der tatsächlichen Prüfungsqualität, dargestellt werden.[84] Hierdurch wird verdeutlicht, welche Verfahren der Qualitätsmessung für die später folgende Untersuchung geeignet sind. Außerdem wird bei der Analyse der empirischen Studien zur Prüfungsqualität Bezug auf den verwendeten Indikator genommen. Die Ergebnisse lassen sich durch eine Vorstellung der verwendeten Verfahren besser einordnen und beurteilen.

---

[83] Die Messbarkeit der Qualität stellt dabei keine spezifische Schwierigkeit der Wirtschaftsprüfung dar. Auch bei anderen Dienstleistungen ist die Messung der Qualität ein großes Problem, was insbesondere auf die unterschiedlichen Qualitätserwartungen der Nachfrager zurückzuführen ist. Vgl. Benkenstein (1993): 1099-1101.

[84] Dabei sind nicht immer alle Verfahren eindeutig der Messung von tatsächlicher oder wahrgenommener Prüfungsqualität zuzuordnen. Beispielsweise wird die Höhe der Prüfungshonorare sowohl zur Messung der tatsächlichen als auch der wahrgenommen Prüfungsqualität genutzt. Auch Experimente können genutzt werden um das tatsächliche Verhalten der Abschlussprüfer oder das Verhalten der Adressaten abzubilden.

3.2 Gängige Messkonzepte zur wahrgenommenen Prüfungsqualität

3.2.1 Agency-Kosten beim Mandanten

Wie in Abschnitt 2.2 erläutert, besteht die Hauptaufgabe der Abschlussprüfung darin, die Informationsasymmetrie zwischen Eignern und Managern zu verringern. Dieser Zusammenhang wurde von verschiedenen Studien zur Messung der wahrgenommenen Prüfungsqualität genutzt.[85] Es wird dabei davon ausgegangen, dass der Mandant umso höhere Anreize hat, einen qualitativ hochwertigen Abschlussprüfer zu bestellen, je höher sowohl die internen als auch die externen Agency-Kosten des Unternehmens sind.[86] Diese müssen zur Ermittlung der Prüfungsqualität in einem gesonderten Modell zuvor berechnet werden. In die Berechnung der Agency-Kosten gehen beispielsweise der Anteil des vom Management gehaltenen Eigenkapitals, das Ausmaß erfolgsabhängiger Vergütungen, die Streuung des Eigenkapitals und der Anteil des langfristigen Fremdkapitals am Gesamtkapital mit ein.[87]

Kritisch an der Verfahrensweise ist jedoch die Schwierigkeit der Messung der Agency-Kosten zu sehen. Insbesondere die internen Agency-Kosten (die in der Studie von Simunic und Stein im Ergebnis bedeutsamer gewesen sind) sind nicht direkt beobachtbar und können nur geschätzt werden. Auch ist der unterstellte Anreiz des Unternehmens, einen Abschlussprüfer zu wählen, der die Agency-Kosten minimiert, nicht immer in der Realität gegeben. So haben auch andere Faktoren, wie beispielsweise die Höhe des verlangten Honorars, eine bedeutende Rolle bei der Prüferwahl. Außerdem wird angenommen, dass nur die Anteilseigner Einfluss auf die Prüferwahl nehmen. Generell wird aber davon ausgegangen, dass auch das Management großen Einfluss bei der Wahl des Abschlussprüfers hat.[88]

---

[85] Beispielweise von DeFond (1992) und Francis/Wilson (1988).

[86] Damit wird in den Studien impliziert, dass die Unternehmen auch einen Anreiz dazu haben, die Agency-Kosten zu senken und die Abschlussprüfung nicht nur als gesetzlich vorgeschriebene notwendige Bürde ansehen.

[87] Vgl. z.B. Simunic/Stein (1987): 28-33.

[88] Vgl. Kitschler (2005): 56-58.

3.2.2 *Kapitalmarktreaktionen*

Ein häufig genutztes Verfahren zur Ermittlung der wahrgenommenen Prüfungsqualität stellt die Messung der Kapitalmarktreaktionen auf einen veröffentlichten Jahresabschluss dar.[89] Diese Reaktionen werden in Abhängigkeit vom Abschlussprüfer festgestellt. Wenn der Kapitalmarkt (unter der Annahme der Ausblendung anderer Faktoren, die den Kapitalmarkt beeinflussen könnten) positiv auf den veröffentlichten Jahresabschluss reagiert, wird dies mit einer hohen Prüfungsqualität in Verbindung gebracht, da der Abbau von Informationsrisiken zu einem größeren Vertrauen der Kapitalmarktteilnehmer in den Jahresabschluss führt. Die Kapitalmarktreaktionen werden dabei auf unterschiedliche Art und Weise gemessen, beispielsweise anhand der Aktienrenditen, dem Handelsvolumen oder des Bid-Ask-Spreads. Ein gängiges Verfahren ist auch die Beobachtung des Underpricings[90] bei einem Börsengang (IPO). Als theoretische Grundlage dieses Zusammenhangs gelten die Beiträge von *Titman/Trueman* (1986) sowie von *Datar/Feltham/Hughes* (1991).

In beiden Modellen wird davon ausgegangen, dass die Unternehmenseigner grundsätzlich ein hohes Interesse daran haben, dass das Underpricing bei einem Börsengang möglichst gering ausfällt. Um dies zu erreichen, haben die Eigner die Möglichkeit, zwischen qualitativ hochwertigen und qualitativ minderwertigen Prüfern zu wählen. Bei einem qualitativ hochwertigen Prüfer sinkt das Informationsrisiko der Investoren und für den Fall, dass der Prüfer von den Investoren auch dementsprechend wahrgenommen wird, ebenfalls das Underpricing. Die Schlussfolgerung von beiden Studien fällt aber unterschiedlich aus. Während *Titman/Trueman* davon ausgehen, dass Unternehmen, die ein höheres Informationsrisiko haben, einen qualitativ minderwertigen Prüfer wählen, kommen *Datar/Feltham/Hughes* zu einem gegenteiligen

---

[89] Das Verfahren wird beispielsweise von Khurana/Raman (2004); Hagigi/Kluger/Shields (1993); Teoh/Wong (1993) genutzt.

[90] Unter Underpricing versteht man die Differenz zwischen Emissionspreis einer Aktie und dem ersten festgestellten Börsenkurs. Vgl. Kovács/Zeder (2003): 1. Da der in aller Regel höher als der Emissionspreis ist, stellt diese Differenz einen zusätzlichen Gewinn für den Investor dar. Für die Unternehmung stellt das Underpricing hingegen Opportunitätskosten dar.

Urteil. Verschiedene empirische Studien haben die Höhe des Underpricings als Maß für die wahrgenommene Prüfungsqualität verwendet.[91]

Das Modell von *Datar/Feltham/Hughes* deutet auf ein Problem für die Verwendung der Höhe des Underpricings als Qualitätsmaßstab hin. Wenn die Investoren das Kalkül der Unternehmenseigner durchschauen (also erkennen, dass Unternehmen, die ein höheres Informationsrisiko haben, einen qualitativ hochwertigen Prüfer wählen), bedeutet dies, dass die Investoren die Wahl eines Prüfers mit guter Reputation als Signal eines hohen Informationsrisikos ansehen müssten und das Underpricing damit tendenziell höher ausfallen müsste. Hinzu kommt, dass die hier verwendeten kleinen Datensamples ein Problem darstellen. Zwar gibt es zu bestimmten Zeiten (beispielsweise bei zum Dotcom Boom Ende der Neunzigerjahre) viele Börsengänge, in anderen Phasen (beispielsweise während der Finanzkrise ab 2007) wiederum nur sehr wenige.

3.2.3 Befragungen

Eine weitere Möglichkeit, um Prüfungsqualität aus Sicht der Kunden zu messen, stellen Befragungen dar. Diese verwenden keine Surrogate zur Erfassung der Prüfungsqualität, sondern basieren auf den Einschätzungen der Befragten. Hierbei werden verschiedene Zielgruppen (z.B. Finanzanalysten, Kreditsachbearbeiter oder Wirtschaftsjournalisten), bei einigen Studien aber auch Abschlussprüfer bezüglich ihrer Einschätzung der Prüfungsqualität interviewt.[92] Insbesondere in den Siebziger- und Achtzigerjahren des vorigen Jahrhunderts wurden Befragungen genutzt.[93] Aufgrund

---

91 So z.B. Albring/Elder/Zhou (2007); Lee/Taylor/Taylor (2006); Jang/Lin (1993); Beatty (1989).

92 Richter (1977) befragt z.B. Abschlussprüfer und Wirtschaftsjournalisten nach ihrer Meinung zur Vereinbarkeit von Prüfung und Beratung. Während die Abschlussprüfer von keiner Beeinträchtigung ihrer Unabhängigkeit ausgehen, beurteilen Wirtschaftsjournalisten die gleichzeitige Beratung als unabhängigkeitsgefährdend.

93 Das Instrument der Befragung zur Messung von Prüfungsqualität wurde neben Richter (1977) z.B. von Lavin/Libby (1977); Lavin (1976); Hobgood/Sciarrino (1972); Hartley/Ross (1972); Briloff (1966); Schulte (1965) genutzt.

der zahlreichen Probleme von Befragungen werden sie heutzutage kaum mehr durchgeführt.[94]

3.3 Gängige Messkonzepte zur tatsächlichen Prüfungsqualität

3.3.1 Haftungsfälle und Ermittlungsverfahren der Aufsichtsbehörde

Eine erste Möglichkeit zur Messung der tatsächlichen Prüfungsqualität bietet sich durch die Betrachtung von Haftungsfällen, die Abschlussprüfer betreffen. Kennzeichnend für einen offensichtlichen Fall einer minderwertigen Prüfung ist, dass Fehler in der Prüfung auftreten.[95] Solche Fehler können auf mehrere Arten bekannt werden: So kann ein Haftungsprozess Fehler in der Prüfung aufdecken oder es können durch externe Qualitätskontrollen Mängel aufgezeigt werden.

Palmrose hat 1988, um die Verknüpfung von Haftungsfällen mit tatsächlicher Prüfungsqualität deutlich zu machen, ein theoretisches Konstrukt entwickelt. In ihrem Modell geht sie zuerst einmal davon aus, dass Haftungsfälle Kosten für den Prüfer verursachen und als Gradmesser dienen können. Diese Kosten entstehen direkt aus dem Prozess (wie z.B. aus Schadensersatzleistungen und Bußgeldern) und indirekt aus verlorener Reputation. Allerdings: Auch höchste Prüfungsqualität anbieten zu können, verursacht Kosten.[96] Daher hat der Prüfer in einer Kosten-Nutzen-Betrachtung abzuwägen, welche Qualität er erreichen möchte und kann.

Nach Palmrose ist in mehreren Studien die relative Anzahl von Haftungsfällen als Größe verwendet worden, um Prüfungsqualität zu messen.[97] Eine Messung anhand die-

---

[94] Beispiele für die Problematik bei Befragungen sind bei Interviews eine Verzerrung aufgrund der sozialen Interaktion zwischen Interviewer und Befragtem und die relativ hohen Kosten der Durchführung. Bei schriftlichen Befragungen sind geringe Rücklaufquoten und eine Gefahr der mangelnden Repräsentativität mögliche Probleme. Vgl. Homburg/Krohmer (2009): 260.

[95] Vgl. Francis (2004): 346.

[96] Dies können zum Beispiel Kosten sein, die durch eine Erhöhung der Stichprobenumfänge bei Einzelfallprüfungshandlungen entstehen.

[97] Unter anderem die Studien von Fuerman (2006); Bajaj/Gunny/Sarin (2003); Franz/Crawford/Johnson (1998); Heninger (1998). Hottegindre/Lesage/Baker (2008) verwenden, abweichend zu Haftungsfällen, Disziplinarverfahren der französischen Aufsichtsbehörde; Lennox/Pittman (2010); Pendley/Legoria (1999) verwenden Accounting und Auditing Enforcement Releases (AAERs) der SEC. Ihr Verfahren gleicht aber ansonsten den anderen Studien.

ser Größe ist aber nicht unproblematisch. Es kann hierbei zu Fehleinschätzungen bezüglich der Qualität kommen. So werden etwa nicht nur Prüfer verklagt, die tatsächlich einen Fehler in der Prüfung begangen haben, sondern auch solche, denen nachweislich kein Fehler unterlaufen ist. Zudem: Wenn ein geprüftes Unternehmen Konkurs anmelden muss, ist der Prüfer oftmals der Einzige, von dem sich Anspruchsgruppen einen Schadensausgleich erhoffen.[98] Diese Prozesse enden oftmals mit einem Freispruch für den Prüfer und ziehen somit keine Zahlungsverpflichtungen nach sich. Da die Prozesse häufig über mehrere Jahre geführt werden, erleidet der Prüfer höchstwahrscheinlich einen Reputationsschaden. Um einen Jahre andauernden Prozess zu vermeiden, kann er deshalb sogar rasch bereit sein, das Verfahren durch einen Vergleich zu beenden. Damit wäre jedoch nicht gerichtlich die Unschuld des Prüfers bewiesen und ein Reputationsschaden die Konsequenz. Gleichzeitig kann bei Gerichtsverfahren, die mit einem Vergleich abgeschlossen werden, tatsächlich ein Verstoß des Prüfers vorliegen. Für einen Dritten ist nicht ersichtlich, welcher dieser beiden Fälle vorliegt.[99]

Neben Haftungsfällen können auch Ermittlungsaktionen der Aufsichtsbehörden ein Zeichen mangelnder Prüfungsqualität darstellen. Beispielsweise ermittelt die SEC bei Verstößen gegen Rechnungslegungsnormen und spricht Sanktionen in Form von sogenannten Accounting und Auditing Enforcement Releases (AAERs) aus. Diese umfassen Geldbußen, die Abführung von zu Unrecht vereinnahmten Gewinnen oder Berufsverbote für Personen, die für die Manipulationen verantwortlich sind. In mehren Studien wurden sie als Surrogat für Prüfungsqualität genutzt.[100]

Die eher geringe Anzahl an Rechtsstreitigkeiten führt jedoch zu einem weiteren Problem: *Palmrose* hat im Untersuchungszeitraum zwischen 1960 und 1985 lediglich 472 Rechtsstreitigkeiten in den USA identifizieren können. Ein ähnliches Ergebnis liefert eine spätere Studie von ihr aus dem Jahr 2000. Dort ermittelt sie für die USA ca. 1.000 Gerichtsfälle im Zeitraum zwischen 1960 und 1995 und zeigt einen kleinen Anstieg der

---

[98] Dies wird in der Literatur auch als „Deep Pockets" bezeichnet. Vgl. Kremer (2007): 345; Quick/Solmecke (2007): 148; Stefani (2002): 60.

[99] Vgl. Palmrose (1988): 58-60.

[100] Z.B. von Carcello/Nagy (2004); O'Keefe/King/Gaver (1994).

Haftungsfälle anzeigt. In Deutschland ist die Anzahl noch geringer. So ermittelt *Sunderdiek* (2006) in Deutschland zwischen 1954 und 2002 lediglich 24 rechtskräftige Urteile, von denen drei erfolgreich waren. Auch ist der Umfang der Ermittlungsaktionen der Aufsichtsbehörden nur gering. So stellen *Dechow/Sloan/Swee-ney* in ihrer Studie aus dem Jahr 1996 in den USA fest, dass zwischen 1982 und 1993 bei 436 AAERs nur 165 Fehler in der Prüfung vorlagen. Dies sind somit im Mittel 15 fehlerhafte Prüfungen pro Jahr. *Francis* (2004) ermittelt zwar einen Anstieg der AAERs im Zeitraum zwischen 1994 und 2003 (1.485 neue Verfahren), aber ein Großteil bezieht sich nicht auf die Prüfung.[101] Die geringe Anzahl an Haftungsfällen und Ermittlungsverfahren der Aufsichtsbehörden erschwert es, gerade bei kleinen Prüfungsgesellschaften die Prüfungsqualität zu approximieren. Außerdem ist es nicht einfach, an Daten zu kommen, da diese über Haftungsfälle vielfach manuell erhoben werden müssen.

3.3.2 Nachträgliche Jahresabschlusskorrekturen

Ein ähnliches Maß für die tatsächliche Prüfungsqualität ist die Anzahl nachträglicher Jahresabschlusskorrekturen. Ein Abschlussprüfer hat mit seiner Prüfung laut den Prüfungsnormen mit hinreichender Sicherheit dafür Sorge zu tragen, dass der Jahresabschluss keine wesentlichen Fehler enthält.[102] Falls im Nachhinein wesentliche Fehler im Jahresabschluss gefunden werden, muss also von einer schlechten Prüfungsqualität ausgegangen werden. In mehreren Studien werden daher die Jahresabschlusskorrekturen als Maß für die Prüfungsqualität herangezogen.[103]

Ein Problem bei der Messung der Qualität über nachträgliche Jahresabschlusskorrekturen ist die Tatsache, dass die Jahresabschlusskorrekturen nicht nur durch Aufsichtsbehörden, sondern auch durch den Prüfer veranlasst worden sein können. Falls dieser nach Veröffentlichung des Jahresabschlusses zusätzliche Informationen erhält oder einen Prüfungsfehler erkennt, kann er eine Richtigstellung verlangen. In diesem Fall

[101] Für andere Länder sind tendenziell geringere Zahlen zu erwarten, da die USA den größten Investorenschutz weltweit aufweisen. Vgl. LaPorta/Lopez-De-Silanes/Shleifer (2006): 15 f.

[102] Die deutschen Prüfungsstandards sprechen hierbei von einer „hinreichenden Sicherheit". Vgl. IDW PS 261.5. Die ISAs nennen eine „Reasonable Assurance", die erreicht werden soll. Vgl. ISA 200.11.

[103] Beispielsweise die Studien von Chin/Chi (2009); Agrawal/Chadha (2005); Kinney/Palmrose/Scholz (2004); Raghunandan/Read/Whisenant (2003).

wäre das Vorliegen einer Korrektur kein Zeichen für eine schlechte, sondern im Gegenteil für eine gute Qualität.[104] Bei Anwendung dieses Verfahrens muss dementsprechend auf den Initiator der Korrektur geachtet werden.[105]

3.3.3 Testatseinschränkungen

Seit geraumer Zeit werden Testatseinschränkungen als Maß zur Messung der tatsächlichen Qualität von Abschlussprüfungen herangezogen.[106] Dabei wird unterstellt, dass ein Prüfer, der qualitativ hochwertig arbeitet, häufiger das Testat einschränkt als ein Prüfer, der eine schlechte Leistung erbringt. Begründet wird dies zunächst mit der Fehleraufdeckungsfähigkeit des Prüfers, der den Bestätigungsvermerk nur dann einschränken wird, wenn er einen vorhandenen Fehler auch findet. Darüber hinaus kann die Einschränkung des Testats die Unabhängigkeit des Prüfers widerspiegeln. Eine Einschränkung des Bestätigungsvermerks hat für den Mandanten sowohl rechtlich als auch wirtschaftlich negative Folgen.[107] Bei einer Einschränkung muss der Prüfer daher damit rechnen, dass er das Mandat verlieren könnte. Schränkt der Prüfer das Testat trotzdem ein, signalisiert dies eine Unabhängigkeit vom Mandanten.

Nicht alle Studien untersuchen dabei die gesamten Testatseinschränkungen. Ein Teil betrachtet ausschließlich die Testatseinschränkungen, die aufgrund von Going-Concern-Beurteilungen erfolgen.[108]

Einschränkend wirkt die Tatsache, dass eine höhere Quote von Testatseinschränkungen eines Prüfers durch seinen Mandantenstamm begründet sein könnte. Dieser enthält unter Umständen mehr Unternehmen in risikoreichen Branchen oder Branchen, denen es im Untersuchungszeitraum finanziell schlechter geht als Unternehmen

---

[104] Vgl. Quick (2006): 52.

[105] Dies ist in den hier angegeben Studien mit Ausnahme der Studie von Chin/Chi (2009) aber nicht der Fall.

[106] Z.B. Lai/Yim (2003); Craswell/Stokes/Laughton (2002); Firth (2002); Craswell (1999); Barkess/Simnett (1994); Wines (1994).

[107] Beispielsweise kann das Vertrauen der Anleger und Kreditgeber in das Unternehmen sinken. Vgl. Marten/Quick/Ruhnke (2007): 517-519.

[108] Beispielsweise die Studien von Li (2009); Ajona/Dallo/Alegria (2008); Chuntao/Song/Wong (2008); Lim/Tan (2008); Knechel/Vanstraelen (2007); Geiger/Rama (2003); DeFond/Raghunandan/Subramanyam (2002); Sharma/Sidhu (2001).

in anderen Branchen. Außerdem könnte ein Bestätigungsvermerk auch zu Unrecht eingeschränkt werden, was das Gegenteil von guter Prüfungsqualität bedeutet.[109]

3.3.4 *Prüfungshonorare*

Prüfungshonorare wurden schon seit Anfang der Achtzigerjahre als Surrogat für die tatsächliche Prüfungsqualität verwendet.[110] Hierbei wird eine Korrelation zwischen der Höhe der Prüfungshonorare und der Qualität der Prüfung unterstellt und davon ausgegangen, dass sich die Prüfungshonorare aus dem Produkt von Preis pro Stunde und Anzahl der geleisteten Prüfungsstunden ergeben.[111] Unterschiede in der Höhe der Prüfungshonorare können demnach nur über die geleisteten Arbeitsstunden oder die Höhe des Stundensatzes begründet werden. Um mögliche Faktoren auszuschließen, die ebenfalls Einfluss auf das Prüfungshonorar haben könnten (z.B. die Größe oder Komplexität des geprüften Unternehmens) werden diese Faktoren in die Regression als Kontrollvariablen miteingeschlossen.[112]

Der Zusammenhang zwischen Prüfungshonoraren und Prüfungsqualität ist aber durchaus kritisch zu beurteilen. Die Annahme, dass sich die Prüfungshonorare aus dem Produkt von geleisteten Stunden und Stundensatz ergeben, ist zweifelhaft. Im Honorar ist auch ein Gewinnanteil des Partners der Prüfungsgesellschaft enthalten. Dieser schwankt von Gesellschaft zu Gesellschaft. Die Partner von großen Prüfungsgesellschaften erhalten meist einen höheren Gewinnanteil.[113] Prüfungshonorare wer-

---

[109] Dieser Fall wird auch als α-Fehler bezeichnet. Er tritt aber weitaus seltener als ein ß-Fehler (ein Bestätigungsvermerk wird fälschlicherweise uneingeschränkt erteilt) auf. Vgl. Link (2006): 109 f.

[110] Beispielsweise von Lowensohn et al. (2007); Ireland/Lennox (2002); DeFond/Francis/Wong (2000); Francis/Simon (1987); Palmrose (1986); Francis (1984); Simunic (1980). Die Prüfungshonorare waren im Durchschnitt bei großen Prüfungsgesellschaften um ca. 20 Prozent höher als bei kleinen Prüfungsgesellschaften.

[111] Wenn Prüfungshonorare nicht als Produkt aus Stundensatz und geleisteten Stunden berechnet werden, sondern als Zahlungsbereitschaft des Mandanten interpretiert werden, kann die Messung der Prüfungshonorare auch zur Einschätzung der wahrgenommenen Prüfungsqualität genutzt werden.

[112] Vgl. beispielsweise Köhler et al. (2010): 15-18.

[113] Bei internationalen Vergleichen kann dies ein größeres Problem darstellen, da die Gewinnanteile auch in den Ländern unterschiedlich hoch ausfallen. So erhalten z.B. die Partner der Big 4 in Großbritannien einen dreimal so hohen Gewinnanteil wie die Partner der Big 4 in Kanada. Vgl. Magnan (2008): 106.

den zudem im Regelfall vor der Prüfung ausgehandelt. Nachverhandlungen aufgrund mehr geleisteter Stunden stellen sich als schwierig dar. Des Weiteren ist es bedenklich anzunehmen, dass die Anzahl der Prüfungsstunden linear zur Mandantengröße ansteigt. Dieser Zusammenhang verläuft eher degressiv. Mehrere Studien haben darüber hinaus festgestellt, dass Prüfungsgesellschaften ein höheres Honorar verlangen, wenn sie den Mandanten als Risikokandidaten einstufen.[114] Dies muss aber nicht auf eine intensivere Prüfung zurückzuführen sein, sondern stellt nur eine Risikoprämie dar. Insbesondere große Prüfungsgesellschaften verzichten sogar auf eine Annahme risikoreicher Mandate aufgrund drohender Reputationsverluste, was zu Verzerrungen in der Datenbasis führt. Schließlich haben weitere Faktoren Einfluss auf die Prüfungshonorare, wie beispielsweise die Skaleneffekte, die sowohl von *Simunic* als auch von etlichen anderen Autoren aufgeführt werden.[115] Diese verursachen zwar geringere Prüfungshonorare, aber keine geringere Prüfungsqualität.

In neueren Studien wird teilweise kein linearer Zusammenhang mehr zwischen Prüfungshonoraren und Prüfungsqualität unterstellt. Alternativ wird zweistufig vorgegangen. Im ersten Schritt werden für einen gegebenen Datensatz mithilfe einer Regression Parameter für die Variablen ermittelt, die einen Einfluss auf die Prüfungshonorare haben.[116] Im zweiten Schritt werden die für das Unternehmen erwarteten Prüfungshonorare errechnet. Die Differenz aus den erwarteten und den tatsächlichen Prüfungshonoraren bemisst die Prüfungsqualität. Hierbei wird davon ausgegangen, dass ein von den Erwartungen abweichendes Prüfungshonorar ein Zeichen für eine fehlende Unabhängigkeit ist und somit eine Einschränkung für die Prüfungsqualität bedeutet.[117]

---

[114] Vgl. Johnstone/Bedard (2003); Bell/Landsman/Shackleford (2001). Das Risiko kann sich dabei z.B. auf die finanzielle Lage oder das Geschäftsmodell des Unternehmens beziehen.

[115] Beispielsweise von Bigus/Zimmermann (2009): 1288; Strickmann (2000): 114.

[116] Ein ähnliches Verfahren findet bei der Ermittlung der diskretionären Periodenabgrenzung im Rahmen der Bestimmung der Bilanzpolitik statt. Dieses wird in Abschnitt 3.3.5.4.5.2 ausführlich dargestellt.

[117] Das Verfahren wird beispielsweise in den Studien von Hope et al. (2009); Hope/Langli (2009); Choi/Kim/Zang (2005); Frankel/Johnson/Nelson (2002) angewendet.

3.3.5 *Bilanzpolitik*

3.3.5.1 *Grundlagen*

Das Ausmaß an Bilanzpolitik in einem geprüften Jahresabschluss wird als wichtiges Kriterium in zahlreichen Studien zur Messung der Prüfungsqualität verwendet.[118] Bilanzpolitik wird in der Literatur meist einheitlich als die zielgerichtete Gestaltung des Jahresabschlusses innerhalb des rechtlichen Rahmens verstanden, um Bilanzadressaten oder Rechtsfolgen zu beeinflussen.[119] Synonyme für den Begriff „Bilanzpolitik" sind „Jahresabschlusspolitik", „Creative Accounting", „Window Dressing" oder „Earnings Management".[120] Bilanzpolitik kann durch Sachverhaltsgestaltungen oder über die Wahl der Abbildung der Geschäftsvorfälle im Jahresabschluss ausgeübt werden.

Bilanzpolitik ist dabei von Bilanzmanipulationen (Fraud) zu trennen. Während sich die Bilanzpolitik innerhalb der einzelnen Maßnahmen stets im Rahmen des rechtlich Erlaubten bewegt, bezeichnen Bilanzmanipulationen Handlungen des Managements mit dem beabsichtigten Ziel, sich rechtswidrig Vorteile zu verschaffen.[121] Wie in Abschnitt 2.1 allerdings erläutert wurde, verlangen das HGB, die IFRS und die US-GAAP, dass der Jahresabschluss die Finanz-, Vermögens- und Ertragslage eines Unternehmens gemäß den tatsächlichen Verhältnissen abbildet.[122] Bilanzpolitik kann dazu ge-

[118] Ein Überblick über aktuelle Studien, die Bilanzpolitik zur Messung von Prüfungsqualität nutzen, findet sich in Abschnitt 3.3.5.4.5.4.

[119] So definieren Fischer/Haller Bilanzpolitik als „das Gestalten des Jahresabschlusses im Rahmen des rechtlich Zulässigen zur Erreichung unternehmerischer Zielsetzungen". Fischer/Haller (1993): 36. Eine ähnliche Definition wählen Wagenhofer/Ewert: „Unter Bilanzpolitik versteht man das gezielte Ergreifen von Maßnahmen, die Auswirkungen auf den Jahresabschluss haben, um damit Bilanzadressaten oder Rechtsfolgen zu beeinflussen." Wagenhofer/Ewert (2007): 237. Healy/Wahlen hingegen bewerten in ihrer Definition „Bilanzpolitik" negativ, indem sie das Wort „mislead" verwenden: „Earnings management occurs when managers use judgment in financial reporting and in structuring transactions to alter financial reports to either mislead some stakeholders about the underlying economic performance of the company or to influence contractual outcomes that depend on reported accounting numbers." Healy/Wahlen (1999): 368.

[120] Vgl. Wagenhofer/Ewert (2007): 237.

[121] Vgl. Whittington/Pany (2006): 421.

[122] Auch das 2010 erschienene Grünbuch der Europäischen Kommission betont die Bedeutung, dass ein geprüfter Jahresabschluss mit der Finanz-, Vermögens- und Ertragslage eines Unternehmens in Einklang steht. Vgl. Europäische Kommission (2010): 6 f.

nutzt werden, diese Lage in einem besseren oder schlechteren Bild erscheinen zu lassen.[123] Ferner ist die Grenze zwischen legalen bilanzpolitischen Maßnahmen und Bilanzmanipulationen unscharf. Es existieren viele Graubereiche, in denen es meinungsabhängig ist, ob der Jahresabschluss als gesetzeskonform ausgelegt werden kann oder nicht.[124] Auch steigt die Wahrscheinlichkeit für Bilanzmanipulationen, wenn Rechnungslegungsspielräume aggressiv ausgenutzt werden. Dieser Zusammenhang konnte auch in empirischen Studien nachgewiesen werden. Es wurde von den Autoren festgestellt, dass ein großes Ausmaß an Bilanzpolitik in einem geprüften Jahresabschluss die Wahrscheinlichkeit einer Bilanzmanipulation vergrößert.[125]

Träger von Bilanzpolitik sind generell alle Personen, die daran mitwirken, den Jahresabschluss zu erstellen.[126] Gesteuert wird die Bilanzpolitik im Regelfall durch das Topmanagement des Unternehmens. Diesem unterliegt auch rechtlich die Verantwortung, den Jahresabschluss aufzustellen.[127] Die Interessen des Managements decken sich nicht immer mit denen der anderen Mitarbeiter im Unternehmen, die Einfluss auf die Erstellung des Jahresabschlusses haben.[128]

Die Bilanzadressaten lassen sich in drei Gruppen unterteilen: Zur ersten, der finanzwirtschaftlichen Gruppe, gehören Eigenkapitalgeber, Banken und Finanzbehörden. In der zweiten, leistungsorientierten Gruppe, sind Kunden, Lieferanten, Mitarbeiter und die Konkurrenz vertreten. Die dritte Gruppe der sog. Meinungsbilder umfasst schließlich Finanzanalysten, Presse und die Öffentlichkeit. Diese Gruppe ist sehr heterogen

---

[123] Vgl. Zimmermann (2008): 64; Kirsch (2006): 1266; Clemm (1989): 365 f.

[124] Vgl. Wagenhofer/Ewert (2007): 238; Dechow/Skinner (2000): 238 f. Heintges formuliert den Zusammenhang folgendermaßen: „Bilanzpolitik kann auch Elemente von Täuschen und Manipulation enthalten; die Grenze zwischen legalen und illegalen Maßnahmen ist fließend und die Wahl einer Bilanzierungsform kann sich in einer Grauzone bewegen." Heintges (2005): 184.

[125] Vgl. Jones/Krishnan/Melendrez (2008); Heninger (2001); Heninger (1998).

[126] Streng genommen sind alle Mitarbeiter eines Unternehmens für die Bilanzpolitik verantwortlich, da die sachverhaltsgestaltende Bilanzpolitik von sämtlichen Mitarbeitern betrieben werden kann. Allerdings wird die Möglichkeit der Mitarbeiter, Einfluss zu nehmen, auf den unteren Hierarchieebenen sehr gering ausfallen und kann daher vernachlässigt werden.

[127] In Deutschland wird dies durch die §§ 224 und 264 HGB vorgegeben. In anderen Ländern gelten ähnliche Vorschriften. In den USA müssen seit dem Sarbanes-Oxley Act CEO und CFO eines Unternehmens den Jahresabschluss persönlich unterschreiben und somit garantieren, dass keine wesentlichen Fehler enthalten sind.

[128] Dies wird auch als Heterogenität der Entscheidungsträger bezeichnet. Vgl. Boecker (2010): 122.

mit entsprechend unterschiedlichen Erwartungen der Einzelnen. Um eine zielgerichtete Bilanzpolitik betreiben zu können, muss das Management die Erwartungen der Gruppen kennen. Nur so kann es die Adressaten zu einem bestimmten Verhalten bewegen.[129]

Das Ausüben von Bilanzpolitik wird durch mehrere Gegebenheiten eingeschränkt. Da sie laut Definition immer normenkonform sein muss, ergibt sich eine erste Beschränkung aus den Vorschriften des Normensystems. Dabei lassen unterschiedliche Rechnungslegungsnormen ein unterschiedliches Maß an Bilanzpolitik zu. Je weniger die Wahlrechte und Spielräume in der Bilanzierung ausgeprägt sind, desto geringer ist der Spielraum für Bilanzpolitik.[130] Eine weitere Begrenzung erfolgt durch die Bilanzanalyse. Bilanzpolitik kann nur dann ihren Sinn entfalten, wenn sie nicht erkannt wird. Ansonsten wird sie vom Adressaten in seiner Entscheidungsfindung berücksichtigt. Es besteht sogar die Gefahr, dass der Adressat durch das Erkennen von Bilanzpolitik weitere (eventuell gar nicht vorliegende) bilanzpolitische Aktionen vermutet.[131] Schließlich sorgen die genannten Generalnormen und der Abschlussprüfer für eine Begrenzung. Der Abschlussprüfer hat die Aufgabe, opportunistische Einflussnahmen des Managements zu verhindern. Dementsprechend ist er auch für die Einhaltung der Generalnormen verantwortlich.[132]

---

[129] Vgl. Küting/Weber (2009): 33-35.

[130] Hofmann beschreibt in seiner Arbeit, dass eine aktive Bilanzpolitik insbesondere im HGB, aber auch nach den französischen Rechnungslegungsstandards, leichter möglich sei. Die angloamerikanischen Rechnungslegungsnormen und die IFRS lassen weniger Bilanzpolitik zu. Die deutschen und französischen Rechungslegungsnormen begünstigen dabei eher eine nivellierende, die anderen Rechungslegungsnormen eine progressive Bilanzpolitik. Vgl. Hofmann (1997): 242-246. Zum selben Schluss kommt auch Heintges in einem Vergleich der bilanzpolitischen Spielräume in Deutschland und den USA. Vgl. Heintges (2005): 239 f. Durch das BilMoG wurden mittlerweile aber auch in Deutschland die Möglichkeiten zur Bilanzpolitik eingeschränkt. Vgl. Petersen/Zwirner/Künkele (2009): V. Anderer Meinung sind Bieg et al. Sie gehen davon aus, dass durch die Einführung des Fair Values ein größeres Ausmaß an Bilanzpolitik ermöglicht wird. Vgl. Bieg et al. (2008): 2550.

[131] Vgl. Küting/Lam/Mojadadr (2010): 2290; Küting/Weber (2009): 47 f.

[132] Vgl. EU-Kommission (2010): 6 f.; Coenenberg/Haller/Schultze (2009): 1008 f.; Heintges (2005): 227 f.; Küting (1994): 17. Hoffmann stellt allerdings fest, dass die Korrekturfunktion des Abschlussprüfers oftmals nicht erfüllt wird und die Prüfer die Bilanzpolitik des Managements nicht monieren. Vgl. Hoffmann (1997): 41. Dies birgt für den Abschlussprüfer Risiken, da er so mögliche Haftungsfälle in Kauf nimmt.

3.3.5.2 *Ziele*

Um die bilanzpolitischen Ziele eines Unternehmens zu betrachten, ist es zunächst notwendig, zu unterscheiden, ob es sich um ein eigentümer- oder ein managementgeführtes Unternehmen handelt. In einem managementgeführten Unternehmen treten zusätzliche Zielkonflikte zwischen den Eigentümern und dem Management auf.[133] In eigentümergeführten Unternehmen dient Bilanzpolitik meist einzig dazu, die Unternehmensziele zu erreichen. Dies können entweder finanz- oder publizitätspolitische Ziele sein.

Ein finanzpolitisches Ziel ist es beispielsweise, die Zahlungsströme des Unternehmens zu steuern.[134] Dies soll eine stete Zahlungsfähigkeit sicherstellen. Außerdem kann das Unternehmen die Absicht haben, die Höhe der Ausschüttung zu steuern oder die Steuerbelastung zu minimieren. Die Ziele können dabei konträr zueinander stehen. So benötigt eine möglichst hohe Ausschüttung den Ausweis eines hohen Gewinns, während eine Steuerminimierungsstrategie einen möglichst niedrig ausgewiesenen Gewinn erfordert.[135]

Die Publizitätspolitik hat das Ziel, das Verhalten der Stakeholder eines Unternehmens zu beeinflussen. Wie im vorherigen Abschnitt ausgeführt, sind die Interessen der Stakeholder vielfältig, aus denen sich für das Unternehmen verschiedene bilanzpolitische Ziele ergeben. Diese sind in Tabelle 1 dargestellt.

Die Interessen der Stakeholder lassen eine stringente Bilanzpolitik aufgrund ihrer Vielseitigkeit meist nicht zu. Daher muss das Unternehmen Entscheidungen darüber treffen, welche Publizitätsziele verfolgt werden sollen. Mögliche Strategien sind:

---

[133] Vgl. Wagenhofer/Ewert (2007): 245.

[134] Beispielsweise indem Rücklagen gebildet werden.

[135] Die Steuerung der Ausschüttungshöhe und die Strategie der Steuerminimierung werden in Deutschland mit dem Einzelabschluss verfolgt, da über diesen die Höhe der Ausschüttung und die Steuerbelastung bestimmt werden. Konzernabschlüsse sowie Abschlüsse nach IFRS und US-GAAP weisen zwar auch einen Gewinn aus, dieser dient aber nur der Information und nicht der Zahlungsbemessung. Vgl. Coenenberg/Haller/Schultze (2009): 18-23.

Stakeholder	Interessen der Stakeholder	Resultierende bilanzpolitische Ziele
Aktuelle und potenzielle Anteilseigner	• Sicherheit der Anteile • Geringe Kursschwankungen • Angemessene Rendite	• Positives Bild der Vermögens-, Finanz- und Ertragslage • Stetig wachsendes Ergebnis • Bessere Bilanzkennzahlen als die Konkurrenz
Gläubiger	• Sicherheit der Kredite • Pünktliche Tilgungen	• Günstige Darstellung der wirtschaftlichen Lage, insbesondere der Finanzlage • Gute Liquiditätskennzahlen • Geringe Gewinnvolatilität
Arbeitnehmer	• Arbeitsplatzsicherheit • Einkommen • Günstige Arbeitsbedingungen	• Public Relations im Anhang und Lagebericht
Konkurrenten, Lieferanten und Kunden	• Allgemeine Informationen über das Unternehmen • Kosten-, Leistungs- und Umsatzkennzahlen	• Möglichst geringe Informationspreisgabe
Finanzbehörden	• Hohe Steuerzahlung	• Geringer Ergebnisausweis
Öffentlichkeit	• Allgemeine Informationen über das Unternehmen	• Public Relations im Anhang und Lagebericht

Tabelle 1: Ziele innerhalb der Publizitätspolitik
Quelle: In Anlehnung an Heintges (2005): 194.

- Durchschnittsbildung.

  Falls keines der einzelnen Ziele vernachlässigt werden darf und diese in etwa gleichgewichtig einzuschätzen sind, kann sich eine Durchschnittsbildung anbieten, sodass jedem Ziel teilweise entsprochen wird.

- Objektivierungsthese.

  Es werden zuerst die Ziele angestrebt, deren Realisierung am wahrscheinlichsten ist.

- Doppelstrategie.

  Durch zusätzliche verbale oder quantitative Angaben sowie unterschiedliche Strategien in Einzel- und Konzernabschluss kann versucht werden, verschiedene Ziele zu erreichen.[136]

In managementgeführten Unternehmen existieren im Vergleich zu eigentümergeführten Unternehmen zusätzliche Ziele, die vom Management angestrebt werden. Persönliche Ziele des Managements können beispielsweise die eigene Arbeitsplatzsicherheit, die Höhe der Vergütung, die Größe und das Ansehen des Unternehmens und damit verbunden auch das eigene Ansehen sein. Die Ziele können sich dabei mit denen des Unternehmens decken, situationsbedingt aber auch davon abweichen. So hängt die angestrebte Bilanzpolitik des Managements häufig von der Phase in der Amtszeit im Unternehmen ab.[137]

Laut *Heintges* wir das Management zu Beginn der Amtszeit (erste Phase) versuchen, das ausgewiesene Ergebnis zu minimieren, da hierfür noch die vorherige Unternehmensleitung als verantwortlich dargestellt wird (Big Bath Hypothese). Hiermit wird ein möglichst kleiner Referenzwert zu Beginn angestrebt, der in den Folgeperioden verhältnismäßig leicht übertroffen werden kann. In der Mitte der Amtszeit (zweite Phase) wird die Bilanzpolitik durch den Vergütungsplan bestimmt. In diesem sind im Regelfall Grenzwerte festgelegt, die das Management erreichen soll. Falls der untere Grenzwert nicht erreicht werden kann, wird das Management wie in der ersten Phase einen möglichst geringen Gewinn anstreben. Es forciert ebenfalls eine Ergebnisschmälerung, wenn das Ergebnis über der oberen Grenze liegt. Es wird versucht, diesen Grenzwert zu erreichen (Income Smoothing Hypothese), um die Grenzwerte für die nächste Periode zu minimieren. Liegt ein Ergebnis innerhalb der Grenzen oder existie-

[136] Vgl. Küting/Weber (2009): 37 f. Sie führen weiter eine Gewinnglättungsstrategie und eine Strategie der Verschleierung der bilanzpolitischen Maßnahmen an. Die Gewinnglättungsstrategie ist dabei aber eher als bilanzpolitische Maßnahme und nicht als Ziel zu verstehen. Die Verschleierung der bilanzpolitischen Maßnahmen stellt auch keine eigene Strategie dar, sondern wird bei jeder bilanzpolitischen Maßnahme angewendet, da eine bilanzpolitische Maßnahme, wie in Abschnitt 3.3.5.1 erläutert wurde, ihre Wirkung nicht entfalten kann, wenn der Adressat sie als solche durchschaut.

[137] In der Literatur wird dies als Bonus-Plan-Hypothese bezeichnet. Vgl. Heintges (2005): 22.

ren keine Grenzwerte, wird ein möglichst hoher Gewinn angestrebt (Bonus Plan Hypothese). Auch am Ende der Amtszeit (dritte Phase) wird das Management schließlich beabsichtigen, ein maximales Ergebnis zu erzielen, um bei einem Managementwechsel letztmals die Vergütung zu steigern oder aber gute Argumente für eine Amtsverlängerung darlegen zu können und damit einen möglichst gut ausgestalteten Folgevertrag zu erhalten (Cover-up Hypothese).[138] Die folgende Abbildung soll die verschiedenen Verhaltensweisen darstellen.

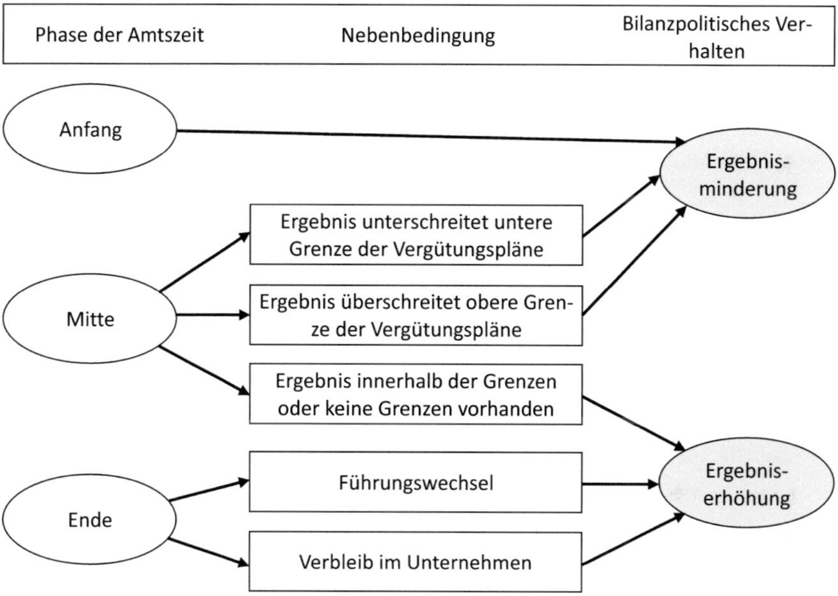

Abbildung 3: Bilanzpolitisches Verhalten des Managements
Quelle: In Anlehnung an Heintges (2005): 204.

[138] Die Verhaltensweisen in den ersten beiden Phasen konnten in verschiedenen empirischen Studien nachgewiesen werden. In der ersten Phase beispielsweise von Pourciau (1993); Zucca/Campbell (1992); Dechow/Sloan (1991); Elliot/Shaw (1988) sowie in der zweiten Phase von McNichols/Wilson (1988); Healy (1985). Das Verhalten in der dritten Phase konnte hingegen nicht empirisch bewiesen werden, was mit dem Verhalten des neuen Managements zu Beginn der Amtszeit erklärt werden kann. Vgl. Heintges (2005): 203.

Um die bilanzpolitischen Ziele des Unternehmens und des Managements zu verwirklichen, wird demnach versucht, das Ergebnis im geprüften Jahresabschluss zu beeinflussen. Es lassen sich anhand der Literatur vier Grundtypen ableiten:[139]

- Maximierung des ausgewiesenen Ergebnisses.

  Eine ergebnismaximierende Bilanzpolitik wird dann vom Unternehmen angestrebt, wenn die wirtschaftliche Lage des Unternehmens möglichst gut dargestellt werden soll. Sie wird vornehmlich betrieben, wenn das Unternehmen börsennotiert ist, da das Ergebnis den Aktienkurs des Unternehmens beeinflusst.[140] Auch bei geplanten Unternehmensverkäufen ist eine ergebniserhöhende Bilanzpolitik wahrscheinlich. Ein weiterer Grund sind Verhandlungen über neue Kreditlinien, da bei positiven Finanzkennzahlen die Zinsen niedriger sind und Kennzahlen, die in den Kreditverträgen festgelegt wurden, so erreicht werden können.[141] Schließlich geben auch die beschriebenen Vertragsausgestaltungen zur Vergütung des Managements Anlass für eine ergebniserhöhende Bilanzpolitik.

- Minimierung des ausgewiesenen Ergebnisses.

  Für eine Bilanzpolitik zur Minimierung des Ergebnisses kann es folgende Gründe geben: Verhandlungsstarke Gläubiger können verlangen, dass der Gewinn möglichst vorsichtig ermittelt wird. Weiter können anstehende Verhandlungen über Gehälter der Belegschaft dazu führen, dass eine Minimierung angestrebt wird, um eine nur geringe Gehaltserhöhung zu rechtfertigen.[142] Auch an dieser Stelle

[139] Vgl. Zimmermann (2008): 68-70; Wagenhofer/Ewert (2007): 245-247.

[140] Insbesondere bei IPOs und Kapitalerhöhungen muss mit einer ergebniserhöhenden Bilanzpolitik gerechnet werden. Dies wurde in verschiedenen Studien festgestellt. Unter anderem bei Shivakumar (2000); Erickson/ Wang (1999); Rangan (1998).

[141] Dieser Zusammenhang konnte empirisch von DeFond/Jiambalvo (1994) nachgewiesen werden. In den Kreditverträgen wurde insbesondere im Jahr vor der Verletzung der festgelegten Schwellenwerte ergebniserhöhende Bilanzpolitik in großem Umfang durchgeführt. Dies deutet darauf hin, dass mithilfe der Bilanzpolitik eine Verletzung noch verhindert werden konnte und diese erst im darauffolgenden Jahr eintrat als die bilanzpolitischen Maßnahmen nicht mehr ausreichten.

[142] So haben DeAngelo/DeAngelo/Skinner (1994) ermittelt, dass bei 87 % der Unternehmen mit einer ergebnisminimierenden Bilanzpolitik Verhandlungen mit Gewerkschaften, Gläubigern oder der Regierung stattgefunden hatten. Bei den untersuchten Unternehmen handelte es sich allerdings sämtlich um Unternehmen in wirtschaftlichen Schwierigkeiten, sodass dies nicht verallgemeinert werden sollte.

besitzt das Management eigene Anreize zur Minimierung. Hier zu nennen sind erneut die Vergütungspläne, ebenso wie die Gefahr einer Klage durch die Shareholder bei einem späteren Unternehmenszusammenbruch. Auch ein geplantes Management Buyout könnte eine Minimierung des Gewinns veranlassen. Ebenso sind Abschlüsse, die Einfluss auf die Höhe der Steuern haben, aufgrund von Zinseffekten ebenfalls für eine ergebnisminimierende Bilanzpolitik anfällig.[143]

- Glättung des ausgewiesenen Ergebnisses über die Zeit.

  Die Glättung von Ergebnissen hat insbesondere publizitätstechnische Gründe. So werden Unternehmen mit relativ gleichbleibenden Ausschüttungen von Anlegern besser bewertet als hoch volatile. Kreditgeber werden durch eine Glättung außerdem die Insolvenzwahrscheinlichkeit des Unternehmens als geringer einschätzen. Auch für Manager ist eine Gewinnglättung vorteilhaft. Ein schlechtes Ergebnis birgt stets die Gefahr eines Arbeitsplatzverlustes. Somit haben Manager einen Anreiz, in wirtschaftlich guten Zeiten Rücklagen zu bilden, die sie in schlechten Zeiten auflösen können.[144]

- Erreichung von Zielgrößen.

  Von besonderer Bedeutung bei der Erreichung von Zielgrößen sind die Vorjahreswerte, die übertroffen werden sollen, und Analystenprognosen, deren Verfehlung vom Markt meist abgestraft wird.[145] Ein Übererfüllen hat hingegen oftmals nur einen geringen Effekt. Ebenso wird Bilanzpolitik häufig angewandt, um einen negativen Jahresüberschuss zu vermeiden.[146] Für das Management ist es erstrebenswert, die zuvor im Vertrag festgelegten Zielgrößen zu erreichen, wenn dies zu bestimmten positiven Konsequenzen führt (z.B. Erhalt eines Bonus). Das Mana-

[143] Dies gilt allerdings nur, wenn der Steuersatz nicht progressiv ansteigt. Ist der Steuersatz progressiv, müssen die Zinseffekte und Steuereffekte gegeneinander abgewogen werden und eine Gewinnglättung könnte die optimale Strategie darstellen. Vgl. Wagenhofer/Ewert (2007): 247.

[144] Dass Unternehmen Bilanzpolitik zur Gewinnglättung verwenden, wurde in mehreren Studien nachgewiesen. Einen Überblick hierzu bieten Fischer/Haller (1993).

[145] Dies wurde mehrfach in Studien nachgewiesen. Beispielsweise bei Matsumoto (2002); Skinner/Sloan (2002); Barth/Elliott/Finn (1999).

[146] So weisen, wie die Studien von Dechow/Richardson/Tuna (2003); Burgstahler/Dichev (1997); Hayn (1995) belegen, weit mehr Unternehmen einen kleinen Jahresüberschuss als einen kleinen Jahresfehlbetrag auf.

gement wird aber versuchen, die Zielgröße nicht zu weit zu übertreffen, damit im Folgejahr die Zielgröße nicht zu hoch angesetzt wird.

Wie gezeigt wurde, ist die Wirkungsrichtung von Bilanzpolitik situationsabhängig. Da es viele Einflussfaktoren gibt, kann nicht genau vorausgesagt werden, welche Art der Bilanzpolitik in einem Jahr angewandt wird. Die aktuelle wirtschaftliche Situation eines Unternehmens kann hierzu Anhaltspunkte liefern.

3.3.5.3 Instrumente

So wie die Ziele der Bilanzpolitik sind auch die möglichen Instrumente vielfältig. Die in der Literatur übliche Unterteilung wird in folgender Abbildung dargestellt:

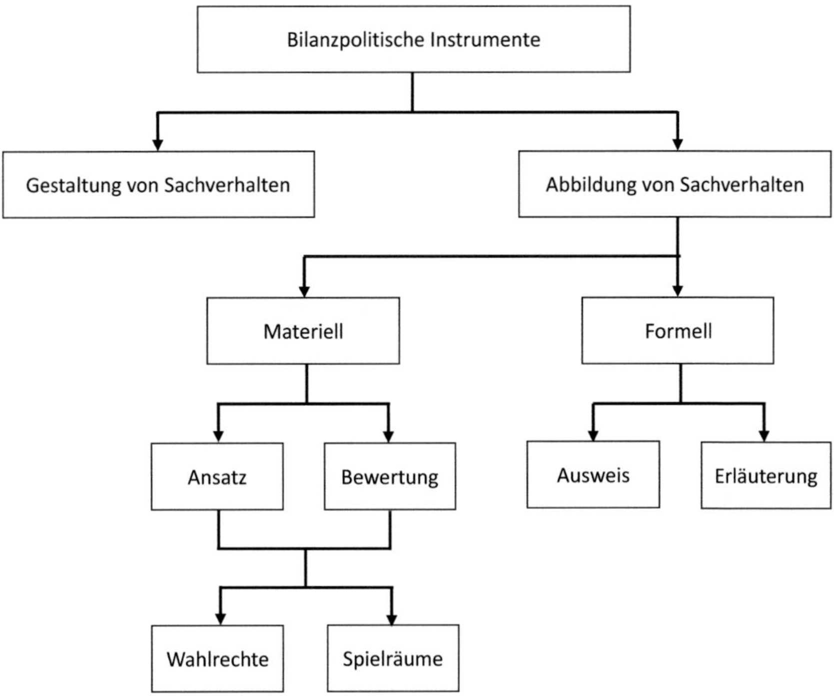

Abbildung 4: Instrumente der Bilanzpolitik
Quelle: In Anlehnung an Küting/Weber (2009): 40; Zimmermann (2008): 71; Heintges (2005): 39.

Die Instrumente der Bilanzpolitik können zunächst in die Bereiche „Sachverhaltsgestaltung" und „Sachverhaltsabbildung" unterteilt werden. Die sachverhaltsgestaltenden Maßnahmen finden dabei vor dem Bilanzstichtag statt. Da diese tatsächliche Geschäftsvorfälle sind, hat das Management hier erhebliche Spielräume. Ein Beispiel für sachverhaltsgestaltende Maßnahmen ist die Erhöhung oder Verringerung von sofort erfolgswirksamen Auszahlungen; dies ist z.B. bei Werbung oder Weiterbildung, der Veräußerung oder dem Kauf von Vermögensgegenständen sowie Sale-und-Lease-Back-Geschäften möglich.[147] Zu den sachverhaltsgestaltenden Maßnah-men sind außerdem zeitliche Verschiebungen von geplanten Geschäftsvorfällen zu zählen. Diese können so verlagert werden, dass sie entweder noch in das alte oder schon in das neue Geschäftsjahr fallen. Auch Geschäftsvorfälle, die im folgenden Jahr wieder rückgängig gemacht werden, können der sachverhaltsgestaltenden Bilanzpolitik dienen.[148] Kritisch muss bei den sachverhaltsgestaltenden Maßnahmen das Risiko gesehen werden, dass die getroffenen Maßnahmen in der Regel nicht das betriebswirtschaftliche Optimum darstellen, sondern insbesondere langfristig Nachteile für das Unternehmen nachsichziehen.[149]

Sachverhaltsabbildende Maßnahmen werden hingegen meist nach dem Bilanzstichtag durchgeführt.[150] Hierbei steht die buchmäßige Abbildung der erfolgten Geschäftsvor-

---

[147] Vgl. Küting/Weber (2009): 40; Zimmermann (2008): 71 f.; Wagenhofer/Ewert (2007): 240. Diese Art der Bilanzpolitik ist für den Bilanzleser nur schwer erkennbar, da er meist nicht durchschauen kann, ob eine Handlung betriebs- oder bilanzpolitisch motiviert ist. Vgl. Sieben (1998): 21.

[148] Vgl. Sieben (1998): 21 f. Ein Beispiel hierfür wären Kredite, die kurzfristig von Gesellschaftern oder Tochterunternehmen gewährt werden. Ein aktuelles Beispiel bietet der Zusammenbruch von Lehman Brothers. Infolge der Insolvenz wird auch gegen den Abschlussprüfer Ernst & Young in Großbritannien ermittelt, da Lehman Brothers mithilfe des sog. Repo 105 kurz vor Quartalsende ihre Bilanz verschönerte, indem sie einen Teil ihrer Kredite gegen Bargeld verkaufte und dies nach Quartalsbeginn wieder rückgängig machte. Vgl. Drost/Köhler/Malsch (2010).

[149] Dass die Motivation für sachverhaltsgestaltende Maßnahmen trotzdem groß ist, zeigen die Ergebnisse einer empirischen Studie von Graham/Harvey/Rajgopal (2005). Von über 400 befragten Finanzverantwortlichen in US-Unternehmen gaben 80 % an, dass sie Aufwendungen für Forschung & Entwicklung, Werbung und Instandhaltung reduzieren würden, um bilanzpolitische Ziele zu erreichen. 53 % würden neue Projekte verzögern, auch wenn dies ökonomische Nachteile brächte und 39 % würden Kunden Anreize bieten, in einem bestimmten Quartal Produkte zu kaufen. Insgesamt nähmen 78 % der Befragten geringe bis hohe ökonomische Nachteile dafür in Kauf.

[150] Hierbei gibt es wenige Ausnahmen, wie beispielsweise die Wahl der Abschreibungsdauer, die in der Regel schon während des Geschäftsjahrs getroffen wird. Vgl. Coenenberg/Haller/Schultze (2009): 1002.

fälle im Vordergrund. Man unterscheidet bei den sachverhaltsabbildenden Maßnahmen zwischen der materiellen und der formalen Bilanzpolitik. Auf diese beiden Instrumentarien wird im Folgenden näher eingegangen werden. Die materiellen Instrumente beeinflussen die Höhe der ausgewiesenen Bilanz- sowie GuV-Positionen und somit meist das Jahresergebnis sowie die Bilanzsumme. Sie lassen sich unterteilen in Möglichkeiten, die beim Ansatz und bei der Bewertung zum Tragen kommen. Sowohl beim Ansatz als auch bei der Bewertung lassen die Rechnungslegungsnormen Wahlrechte und Spielräume zu.

Wahlrechte liegen dann vor, wenn es mehrere Möglichkeiten gibt, einen Sachverhalt zu bilanzieren. Die Wahl kann entweder zwischen Aktivierung und Nichtaktivierung bzw. Passivierung und Nichtpassivierung oder der Verwendung verschiedener Bewertungsmethoden und Wertansätze getroffen werden. Die Wahlrechte können dabei entweder explizit in Gesetzen oder Normen vorgegeben sein (offene Wahlrechte) oder faktisch vorliegen, wenn die Regelungen nicht hinreichend spezifiziert sind.[151]

Spielräume[152] ergeben sich, wenn der Ansatz oder die Bewertung durch eine Norm zwar geregelt ist, die Methode zum Ansatz oder zur Bewertung aber nicht vorgegeben wurde. Für Rechnungslegungssysteme ist es faktisch nahezu unmöglich, die gesamte ökonomische Realität zu erfassen, sodass sich immer auch Ermessensspielräume ergeben. Aufgrund unvollkommener Informationen und der Ungewissheit über zukünftige Ereignisse müssen subjektive Einschätzungen vom Bilanzersteller getroffen werden. Dies trifft insbesondere auf Prognosen über zukünftige Zustände zu.[153] Da meist nicht im Jahresabschluss darüber berichtet wird, ob Spielräume ausgenutzt wurden

[151] Das HGB enthält im Gegensatz zu den IFRS mehr offene Wahlrechte, beispielsweise bei den Abschreibungen. Die offenen Wahlrechte beim Ansatz wurden durch das BilMoG aber stark eingeschränkt. Die IFRS bieten hingegen zahlreiche faktische Wahlrechte, wie z.B. bei der Bilanzierung von Finanzinstrumenten. Vgl. Küting/Weber (2009): 41-44.

[152] Aufgrund der Nähe zu den Wahlrechten werden bilanzpolitische Spielräume oftmals auch als implizite Wahlrechte bezeichnet. Vgl. Coenenberg/Haller/Schultze (2009): 1001; Küting/Weber (2009): 41.

[153] Beispielsweise dabei, die Nutzungsdauer von Gegenständen des Anlagevermögens zu bestimmen oder Rückstellungen zu bilden.

(im Gegensatz zur Entscheidung über ein Wahlrecht), ist es für den Adressaten sehr schwierig, dies zu erkennen.[154]

Im Gegensatz zur informellen Bilanzpolitik bezieht sich die formelle Bilanzpolitik auf den Ausweis und die Erläuterungen im Jahresabschluss. Das Jahresergebnis wird hierbei nicht berührt. Möglichkeiten, die formelle Bilanzpolitik auszuüben, sind, den Bilanzausweis zu gestalten und die Darstellungsmöglichkeiten im Anhang sowie Lagebericht auszunutzen. Der Bilanzausweis kann beispielsweise dadurch beeinflusst werden, dass Posten dort miteinander verrechnet werden.[155] Ein weiterer Weg, um formelle Bilanzpolitik auszuüben, ist es, die Pflichtangaben zu verlagern, die wahlweise in Bilanz, GuV oder Anhang enthalten sein müssen.[156] Die Gestaltung der Erläuterungen in Anhang und Lagebericht kann dazu dienen, die Bilanzadressaten zu beeinflussen und somit Bilanzpolitik zu betreiben.[157] Dies trifft insbesondere auf Prognosen zu.

3.3.5.4 Messung

Wie in den vorigen Abschnitten dargestellt wurde, wird Bilanzpolitik insbesondere dazu betrieben, um auf das Verhalten der Abschlussadressaten einzuwirken. Dies soll in den meisten Fällen durch eine Steuerung des Jahresergebnisses erfolgen.[158] In der Literatur wurden im Laufe der Zeit verschiedene Möglichkeiten erforscht, um Bilanzpolitik zu messen. Bis auf wenige Ausnahmen lassen sich die Methoden in fünf Gruppen unterteilen.

3.3.5.4.1 Analyse einzelner Bilanzpositionen

Eine Variante, um Bilanzpolitik zu messen, ist es, eine oder wenige bestimmte Positionen in einem Jahresabschluss zu analysieren, die von Bilanzpolitik betroffen sein

[154] Vgl. Küting/Weber (2009): 41 f.; Sieben (1998): 22.

[155] Dies ist natürlich nur möglich, wenn nicht gegen das Saldierungsverbot verstoßen wird.

[156] Vgl. Küting/Weber (2009): 42.

[157] Vgl. Coenenberg/Haller/Schultze (2009): 1001.

[158] Mehrere Studien haben herausgefunden, dass insbesondere die Vorräte, Forderungen, liquiden Mittel und Rückstellungen von Bilanzpolitik betroffen sind. Vgl. Dechow/Schrand (2004); Turner et al. (2001); Dechow/Sloan/Sweeney (1996); Entwistle/Lindsay (1994); Loebbecke/Eining/Willingham (1989).

können. Studien,[159] die diese Art der Messung nutzen, konzentrieren sich oftmals auf einzelne Branchen, da zunächst genau abgeschätzt werden muss, welche Form der Bilanzpolitik betrieben wird.[160] In einem Großteil der Studien werden dabei Unternehmen aus der Versicherungsbranche untersucht. Als Maß für die Höhe der Bilanzpolitik wird die Differenz zwischen der Höhe der gebildeten Schadenreserve[161] und der tatsächlich in Anspruch genommenen Schadenreserve ermittelt. Es wird angenommen, dass das Ausmaß an Bilanzpolitik umso höher ist, je größer die Differenz ausfällt.

3.3.5.4.2 Erreichung von Schwellenwerten

Eine zweite Methode zur Messung von Bilanzpolitik knüpft an den Anreiz für das Unternehmen an, bestimmte Schwellenwerte zu erreichen. Wie in Abschnitt 3.3.5.2 erwähnt, wurde in empirischen Studien beispielsweise festgestellt, dass Unternehmen seltener kleine Verluste als kleine Gewinne ausweisen. Dementsprechend gelten Abschlüsse von Unternehmen, die einen geringen Gewinn ausweisen, als mehr von Bilanzpolitik geprägt als Abschlüsse von Unternehmen mit einem geringen Verlust. Andere Schwellenwerte stellen der Vorjahresgewinn und Analystenschätzungen dar. In mehreren Studien wird daher die Erreichung von Schwellenwerten zur Messung der Bilanzpolitik genutzt.[162]

---

[159] Beispielsweise Stubben (2010); Beaver/McNichols/Nelson (2003); Nelson (2000); Petroni/Ryan/Wahlen (2000); Beaver/McNichols (1998); Penalva (1998); Petroni (1992); Moyer (1990); McNichols/Wilson (1988).

[160] Vgl. Bissessur (2008): 66; McNichols (2000): 333.

[161] Mit der Schadenreserve wird in der Versicherungsbranche der Betrag bezeichnet, der vom Versicherer bei der Meldung eines Schadens für dessen Begleichung zurückgestellt wird. Vgl. Kann (1988): 126.

[162] Beispielweise in den Studien von Francis/Wang (2008); Payne (2008); Burgstahler/Hail/Leuz (2006); Daske/Gebhardt/McLeay (2006); Coppens/Peek (2005); Glaum/Lichtblau/Lindemann (2004); Davidson/Neu (1993).

3.3.5.4.3 *Volatilität des Ergebnisses*

Im Fokus einiger Studien steht ebenfalls das Ergebnis. Es wird versucht, Bilanzpolitik an der Höhe der Gewinnglättung zu messen.[163] Wie in Abschnitt 3.3.5.2 erläutert, kann es der Zielsetzung der Unternehmen entsprechen, geglättete Gewinne auszuweisen. Hohe Schwankungen des Ergebnisses werden daher mit einer geringeren Bilanzpolitik gleichgesetzt. Eine Möglichkeit, um die Schwankungen zu bestimmen, ist es, das Verhältnis aus der Standardabweichung des Ergebnisses und der Standardabweichung des Cashflows zu berechnen. Um die Ergebnisschwankung festzustellen, existieren weitere Varianten, wie beispielsweise die Ermittlung der Korrelation zwischen den Änderungen der Periodenabgrenzungen und den Änderungen der Cashflows. Falls eine Gewinnglättung erfolgen soll, werden die Periodenabgrenzungen so eingesetzt, dass sie gegenläufig zu Änderungen der Cashflows wirken. Folglich zeigt eine stark negative Korrelation zwischen den Änderungen in den Periodenabgrenzungen und den Änderungen der Cashflows ein hohes Maß an Bilanzpolitik an.

3.3.5.4.4 *Qualität der operativen Periodenabgrenzungen*

Eine weitere Möglichkeit zur Messung der Bilanzpolitik, die vielfach Einzug in die Literatur gefunden hat, haben *Dechow/Dichev* im Jahr 2002 entwickelt (DD-Modell). Sie betrachten in ihrem Ansatz den Zusammenhang aus Cashflows und Periodenabgrenzungen. Letztere dienen ihnen zufolge dazu, Zufallsschwankungen der Cashflows zu neutralisieren. Die Qualität der Periodenabgrenzung ergibt sich aus einer Regression, die misst, inwieweit diese Neutralisierung gelingt. Hierzu betrachten *Dechow/Dichev* Veränderungen des Working Capitals[164] und analysieren, inwieweit die operativen Cashflows aus der vorherigen, der aktuellen und der Folgeperiode diese erklären. Sämtliche Variablen werden dabei mit der Bilanzsumme des Vorjahrs skaliert:

---

[163] Beispiele für Studien, in denen Gewinnglättung als Indikator für Bilanzpolitik angesetzt wird: Barth et al. (2010); Goncharov/Zimmermann (2007); Myers/Myers/Skinner (2007); Burgstahler/Hail/Leuz (2006); Daske/Gebhardt/McLeay (2006); Leuz/Nanda/Wysocki (2003); Eckel (1981); Ronen/Sadan (1975); Copeland (1968).

[164] Das Working Capital wird im Deutschen auch als Betriebskapital bezeichnet. Es stellt den Teil des kurzfristigen Vermögens dar, der nicht zur Deckung der kurzfristigen Schulden benötigt wird und wird als Liquiditätsmaß verwendet. Die Berechnung wird im folgenden Abschnitt dargestellt.

$$\frac{\Delta WC_t}{BS_{t-1}} = ß_1 + ß_2 \frac{CF_{t-1}}{BS_{t-2}} + ß_3 \frac{CF_t}{BS_{t-1}} + ß_4 \frac{CF_{t+1}}{BS_t} + \varepsilon_t$$

Wobei:

ß	Standardisierter Regressionskoeffizient
ε	Standardabweichung der Residuen
BS	Bilanzsumme
CF	Operativer Cashflow
t	Zeitindex
WC	Working Capital

Die Qualität der Periodenabgrenzungen wird über die Standardabweichung der Residuen ε gemessen. Je geringer die Standardabweichung ist, desto höher ist die Qualität und als umso geringer wird das Ausmaß an Bilanzpolitik angenommen. Das Modell wurde in mehreren Studien erweitert. So haben *McNichols* (2002) und *Francis et al.* (2005) zusätzlich die Veränderungen der Umsatzerlöse und das Anlagevermögen in die Regression mit aufgenommen und die Parameter nicht wie im Originalmodell unternehmens-, sondern branchenspezifisch geschätzt:[165]

$$\frac{\Delta WC_{i,t}}{BS_{i,t-1}} = ß_1 + ß_2 \frac{CF_{i,t-1}}{BS_{i,t-2}} + ß_3 \frac{CF_{i,t}}{BS_{i,t-1}} + ß_4 \frac{CF_{i,t+1}}{BS_{i,t}} + ß_5 \frac{\Delta UE_{i,t}}{BS_{i,t-1}} + ß_6 \frac{AV}{BS_{i,t-1}} + \varepsilon_{i,t}$$

Wobei:

AV	Bruttoanlagevermögen
i, t	Unternehmen i im Jahr t
UE	Umsatzerlöse

3.3.5.4.5 Diskretionäre Periodenabgrenzungen

Die in der Forschung am häufigsten verwendete Methode, um Bilanzpolitik zu messen, ist es, die diskretionären (von der Bilanzpolitik geprägten) Periodenabgrenzungen

[165] Damit haben sie Elemente des im nächsten Abschnitt vorgestellten Jones-Modells mit dem ursprünglichen DD-Modell kombiniert.

zu berechnen.[166] Dieses Vorgehen soll in den nächsten Abschnitten dargestellt und im Anschluss kritisch reflektiert werden.

3.3.5.4.5.1 Gesamte Periodenabgrenzungen

Um die Bilanzpolitik anhand der diskretionären Periodenabgrenzungen zu ermitteln, werden zunächst die gesamten Periodenabgrenzungen berechnet. Diese entsprechen der Differenz aus Jahresergebnis und Cashflow aus der operativen Geschäftstätigkeit:

$$PA = JE - CF$$

Wobei:

JE Jahresergebnis
PA Gesamte Periodenabgrenzungen

Das Ergebnis wird somit um zahlungsunwirksame Erträge und Aufwendungen bereinigt. Diese gelten als besonders stark durch Bilanzpolitik beeinflussbar.[167] Eine Möglichkeit, um den operativen Cashflow zu berechnen, ergibt sich aus der indirekten Methode der Kapitalflussrechnung (z.B. nach DRS 2):

1.		**Periodenergebnis vor außerordentlichen Posten**
2.	+/-	Abschreibungen/Zuschreibungen auf das Anlagevermögen
3.	+/-	Zunahme/Abnahme der Rückstellungen
4.	+/-	Sonstige zahlungsunwirksame Aufwendungen/Erträge
5.	+/-	Verlust/Gewinn aus dem Abgang von Anlagevermögen
6.	+/-	Abnahme/Zunahme der Vorräte, Forderungen aus Lieferungen und Leistungen sowie anderer Aktiva, die nicht der Investitions- oder Finanzierungstätigkeit zuzuordnen sind
7.	+/-	Zunahme/Abnahme der Verbindlichkeiten aus Lieferungen und Leistungen sowie anderer Passiva, die nicht der Investitions- oder Finanzierungstätigkeit zuzuordnen sind
8.	+/-	Ein- und Auszahlungen aus außerordentlichen Positionen
9.	=	**Cashflow aus der operativen Geschäftstätigkeit**

Tabelle 2: Ermittlung der gesamten Periodenabgrenzungen
Quelle: In Anlehnung an DRS 2.

[166] Vgl. Bissessur (2008): 57; Zimmermann (2008): 88.

[167] Vgl. Reinholdt/Schmidt (2010): 99; Zimmermann (2008): 74; Wagenhofer/Ewert (2007): 252 f.

Aufgrund des Kongruenzprinzips muss die Summe der Cashflows der Summe der Jahresergebnisse entsprechen.[168] Da hier allerdings nur der operative Cashflow betrachtet wird, in dem zwar die Ab- und Zuschreibungen auf das Anlagevermögen, aber nicht die Investitionen in das Anlagevermögen miteingerechnet werden, ist ein im Durchschnitt leicht negativer Betrag der Periodenabgrenzungen zu erwarten.[169]

In einigen empirischen Studien wird statt der Differenz aus Jahresergebnis und operativem Cashflow die Veränderung des Working Capital betrachtet. Dieses errechnet sich als Differenz der kurzfristigen Aktiva und kurzfristigen Passiva. Dabei wird versucht, diejenigen Veränderungen zu eliminieren, die nicht auf Abgrenzungen zurückzuführen sind, wie z.B. die Veränderungen der liquiden Mittel oder die Veränderungen des kurzfristigen Anteils am langfristigen Fremdkapital:[170]

$$PA = (\Delta KA - \Delta LM) - (\Delta KP - \Delta KLF)$$

Wobei:

KA	Kurzfristige Aktiva
KLF	Kurzfristiger Anteil der langfristigen Passiva
KP	Kurzfristige Passiva
LM	Liquide Mittel

Die Berechnungsform wird in einigen Studien leicht verändert, indem dort zusätzlich die abgegrenzten Steuern von den kurzfristigen Passiva abgezogen werden.[171] In anderen Studien werden zusätzlich die Abschreibungen subtrahiert, um die Periodenabgrenzungen zu ermitteln:[172]

---

[168] Das Kongruenzprinzip sagt aus, dass die Summe der Periodengewinne langfristig der Summe der Zahlungsüberschüsse entspricht. Vgl. Coenenberg/Haller/Schultze (2009): 498.

[169] Vgl. Wagenhofer/Ewert (2007): 253. Dies wurde durch mehrere empirische Studien bestätigt. Etwa bei Thomas/Zhang (2000).

[170] Das Fremdkapital wird zwar den kurzfristigen Schulden zugerechnet, basiert aber auf Kreditverträgen mit langer Laufzeit und bietet daher nur sehr geringer Spielraum für Bilanzpolitik.

[171] Dies wird beispielweise in den Studien von Leuz/Nanda/Wysocki (2003); Kim/Chung/Firth (2003); Jones (1991) durchgeführt.

[172] Beispielsweise Leuz/Nanda/Wysocki (2003); Callaway Dee/Lulseged/Nowlin (2002); Dechow/Sloan/Sweeney (1995); Jones (1991).

$$PA = (\Delta KA - \Delta LM) - (\Delta KP - \Delta KLF - \Delta ST) - AFA$$

Wobei:

AFA	Abschreibungen auf das Anlagevermögen
ST	Abgegrenzte Steuern

Bei einem Vergleich der beiden Ermittlungsverfahren zur Bestimmung der Periodenabgrenzungen haben *Hribar/Collins* (2002) festgestellt, dass die Berechnungsmethode, die mit dem Working Capital arbeitet, zu größeren Messfehlern führt. Dies trifft insbesondere dann zu, wenn es im betrachteten Zeitraum Fusionen und Übernahmen gab oder Geschäftsbereiche aufgegeben wurden.

3.3.5.4.5.2 Modelle zur Bestimmung der diskretionären Periodenabgrenzungen

Da nicht sämtliche Periodenabgrenzungen von Bilanzpolitik betroffen sind, wird in einem zweiten Schritt versucht, den Teil der Periodenabgrenzungen zu ermitteln, der sich aus der gewöhnlichen Geschäftstätigkeit des Unternehmens ergibt (nichtdiskretionäre Periodenabgrenzungen). Diese werden dann von dem Gesamtwert der Periodenabgrenzungen subtrahiert. Zur Schätzung der nichtdiskretionären Periodenabgrenzungen wurden verschiedene Modelle entwickelt. Diese sollen im Folgenden dargestellt werden.

Durchschnittsbildung

Das Modell der Durchschnittsbildung wurde 1985 von *Healy* entwickelt.[173] Er geht dabei davon aus, dass die nichtdiskretionären Periodenabgrenzungen einem Durchschnittswert folgen. Daher werden zur Ermittlung der nichtdiskretionären Periodenabgrenzungen die gesamten Periodenabgrenzungen aufsummiert und durch die Anzahl der betrachteten Jahre dividiert. Dabei werden die Periodenabgrenzungen jeweils mit der Bilanzsumme des Vorjahrs gewichtet:

[173] Healy (1985) untersucht in der Studie die Auswirkungen von Bonuszahlungen an Manager auf die Bilanzierungsentscheidungen von Unternehmen. Er stellt fest, dass Unternehmen, deren Vergütungspläne keine Grenzen enthalten, mehr Bilanzpolitik betreiben als Unternehmen, die festgelegte Grenzen für die Boni haben.

$$NPA_t = \frac{1}{TI} \sum_{t=1}^{TI} \frac{PA_t}{BS_{t-1}}$$

Wobei:

NPA	Nichtdiskretionäre Periodenabgrenzungen
t, TI	Zeitindex

Die diskretionären Periodenabgrenzungen, die die Höhe der Bilanzpolitik darstellen sollen, können für jede Periode berechnet werden, indem die nichtdiskretionären Periodenabgrenzungen von den gesamten Periodenabgrenzungen der jeweiligen Periode subtrahiert werden:

$$DPA_t = PA_t - NPA_t = \frac{PA_t}{BS_{t-1}} - \frac{1}{TI} \sum_{t=1}^{TI} \frac{PA_t}{BS_{t-1}}$$

Wobei:

DPA	Diskretionäre Periodenabgrenzungen

Random-Walk-Modell

Einen ähnlichen Ansatz verfolgt *DeAngelo* im Jahr 1986.[174] Sie unterstellt, dass sich die Periodenabgrenzungen eines Unternehmens mit der Zeit wie ein Random-Walk[175] entwickeln. Sie nimmt daher an, dass die gesamten Periodenabgrenzungen des Vorjahres die beste Prognose für die nichtdiskretionären Periodenabgrenzungen in der aktuellen Periode darstellen. Auch hier werden die Periodenabgrenzungen mit der Bilanzsumme skaliert:

[174] DeAngelo (1986) untersucht in ihrer Studie den Zusammenhang zwischen einem Management Buyout und der Bilanzpolitik. Sie prognostiziert eine konservative Bilanzpolitik seitens des Managements, um so den Kaufpreis möglichst gering zu halten. Ihre empirischen Ergebnisse können dies aber nicht bestätigen.

[175] Die wesentliche Eigenschaft eines Random-Walks (im Deutschen „Zufallsbewegungen“ oder auch „Irrfahrt“) ist die Unabhängigkeit mit der die einzelnen Schritte ausgeführt werden. Jeder Schritt hängt nur von seiner aktuellen Position (Gegenwart) und nicht von den bereits besuchten Plätzen (Vergangenheit) ab. Jeder Teilschritt ist somit ein neuer Ursprung. Der Begriff des Random-Walks wurde von Karl Pearson in 1905 geprägt. Vgl. Pearson (1905): 294, 318 und 342.

$$NPA_t = \frac{PA_{t-1}}{BS_{t-2}}$$

Die diskretionären Periodenabgrenzungen berechnen sich demnach folgendermaßen:

$$DPA_t = PA_t - NPA_t = \frac{PA_t}{BS_{t-1}} - \frac{PA_{t-1}}{BS_{t-2}}$$

Branchenmodell

Im Gegensatz zu den beiden bisher vorgestellten Modellen verlassen *Dechow/Sloan* (1991) die Unternehmensebene.[176] Sie unterstellen, dass sich die nichtdiskretionären Periodenabgrenzungen proportional zum Median der gesamten Periodenabgrenzungen in der Branche verhalten:

$$NPA_t = \beta_1 + \beta_2 \, median_t(\frac{PA_t}{BS_{t-1}})$$

Die Parameter $ß_1$ und $ß_2$ werden hierbei mithilfe einer Regression geschätzt. Die diskretionären Periodenabgrenzungen sind demnach:

$$DPA_{i,t} = PA_{i,t} - NPA_t = \frac{PA_{i,t}}{BS_{i,t-1}} - (\beta_1 + \beta_2 \, median_t\left(\frac{PA_t}{BS_{t-1}}\right))$$

Jones-Modell

Während in den bisherigen Modellen lediglich Vorjahres- oder Durchschnittswerte als Maß für die nichtdiskretionären Periodenabgrenzungen genutzt werden, schätzt *Jones* (1991) in ihrem Modell mithilfe von Regressionen unternehmensspezifische Parameter, die die nichtdiskretionären Periodenabgrenzungen wiedergeben sollen.[177]

---

[176] Dechow und Sloan (1991) untersuchen, ob sich die Amtsphase, in der sich das Management eines Unternehmens befindet, auf die Investitionen in Forschung & Entwicklung auswirkt. Sie stellen fest, dass die Investitionen am Ende der Amtszeit signifikant sinken. Falls das Management Aktien des Unternehmens hält, wird dieser Effekt allerdings gemildert.

[177] Ziel der Studie von Jones (1991) ist eine Analyse des bilanzpolitischen Verhaltens von Unternehmen, die Mittelpunkt von Untersuchungen der United States International Trade Commission wegen wettbewerbsbeschränkender Maßnahmen waren. Ihre Ergebnisse deuten darauf hin, dass während solcher Untersuchungen ergebnismindernde Bilanzpolitik von Unternehmen betrieben wurde.

Sie nimmt an, dass sich das normale Ausmaß der nichtdiskretionären Periodenabgrenzungen, welche das Betriebskapital betreffen, aus der Veränderung der Umsätze ableiten und sich das normale Ausmaß an Abschreibungen auf das Anlagevermögen aus der Höhe des ausgewiesenen Bruttoanlagevermögens schätzen lässt. Der Wert der Parameter, die zur Bestimmung der nichtdiskretionären Periodenabgrenzungen benötigt werden, wird mithilfe einer Regressionsanalyse basierend auf der Zeitreihe vergangener Jahresabschlussdaten für jedes Unternehmen individuell geschätzt. Neben einer Konstanten werden die Veränderung des Umsatzes zum Vorjahr und das aktuelle Bruttoanlagevermögen in die Schätzgleichung aufgenommen. Alle Variablen werden mit der Bilanzsumme skaliert, um Heteroskedastizitäts-probleme – also systematisch mit der Unternehmensgröße verzerrte Residuen – zu vermeiden:

$$NPA_t = ß_1 \frac{1}{BS_{t-1}} + ß_2 \frac{UE_t - UE_{t-1}}{BS_{t-1}} + ß_3 \frac{AV_t}{BS_{t-1}}$$

Die geschätzten Parameter der Regression werden anschließend herangezogen, um auf Basis der aktuellen Umsatzveränderung und des aktuellen Bruttoanlagevermögens das vermutlich normale Ausmaß an Periodenabgrenzungen zu berechnen. Die Differenz aus den gesamten und den so ermittelten nichtdiskretionären Periodenabgrenzungen entspricht den diskretionären Periodenabgrenzungen:

$$DPA_t = PA_t - NPA_t = \frac{PA_t}{BS_{t-1}} - (ß_1 \frac{1}{BS_{t-1}} + ß_2 \frac{UE_t - UE_{t-1}}{BS_{t-1}} + ß_3 \frac{AV_t}{BS_{t-1}})$$

Modified-Jones-Modell

Dechow/Sloan/Sweeney entwickeln 1995 das Modell von *Jones* weiter, indem sie zusätzlich die Veränderungen der Forderungen in die Regression mit aufnehmen.[178] Sie unterstellen, dass Verkäufe auf Ziel ein bilanzpolitisches Instrument darstellen und

[178] Ziel der Studie von Dechow/Sloan und Sweeney (1995) war die Überprüfung der Messleistung der Modelle von DeAngelo, Healy, Dechow/Sloan, Jones und ihres eigenen Modells. Sie fanden heraus, dass alle gut dafür geeignet sind, Bilanzpolitik zu messen. Bei Unternehmen mit außergewöhnlicher Performance sind die Ergebnisse allerdings verzerrt. Von den fünf untersuchten Modellen lieferte insgesamt das Modified-Jones-Modell die besten Ergebnisse.

somit nicht im Rahmen der Veränderung der Umsatzerlöse den nichtdiskretionären Periodenabgrenzungen zugerechnet werden dürfen:

$$NPA_t = ß_1 \frac{1}{BS_{t-1}} + ß_2 \left(\frac{UE_t - UE_{t-1}}{BS_{t-1}} - \frac{FO_t - FO_{t-1}}{BS_{t-1}}\right) + ß_3 \frac{AV_t}{BS_{t-1}}$$

Wobei:

FO Forderungen

Während *Dechow/Sloan/Sweeney* die Parameter unternehmensspezifisch schätzen, werden die Parameter in nachfolgenden Studien zumeist branchenspezifisch ermittelt:[179]

$$NPA_{i,t} = ß_1 \frac{1}{BS_{i,t-1}} + ß_2 \left(\frac{UE_{i,t} - UE_{i,t-1}}{BS_{i,t-1}} - \frac{FO_{i,t} - FO_{i,t-1}}{BS_{i,t-1}}\right) + ß_3 \frac{AV_{i,t}}{BS_{i,t-1}}$$

Die Höhe der Bilanzpolitik wird hier ebenfalls als Differenz aus den gesamten und den nichtdiskretionären Periodenabgrenzungen errechnet:

$$DPA_{i,t} = PA_{i,t} - NPA_{i,t} =$$

$$\frac{PA_{i,t}}{BS_{i,t-1}} - (ß_1 \frac{1}{BS_{i,t-1}} + ß_2 \left(\frac{UE_{i,t} - UE_{i,t-1}}{BS_{i,t-1}} - \frac{FO_{i,t} - FO_{i,t-1}}{BS_{i,t-1}}\right) + ß_3 \frac{AV_{i,t}}{BS_{i,t-1}})$$

Forward-Looking Modified-Jones-Modell

Zusätzliche Erweiterungen hat das Jones-Modell im Jahr 2003 durch *Dechow/Richardson/Tuna* erfahren, um den Anteil der nichtdiskretionären Periodenabgrenzungen noch genauer ermitteln zu können.[180] Hierzu nehmen *Dechow/Richadson/Tuna* an, dass nicht sämtliche Forderungsveränderungen durch

---

[179] Auch in Studien, in denen das ursprüngliche Jones-Modell verwendet wird, werden die Parameter zumeist branchenspezifisch berechnet. Beispielsweise bei Ettredge et al. (2008); Herbohn/ Ragunathan (2008); Tendeloo, van/Vanstraelen (2005).

[180] Dechow/Richardson/Tuna (2003) versuchen in ihrer Studie nachzuweisen, dass der Bruch („Kink“) in der Ergebnisverteilung bei Unternehmen durch Bilanzpolitik erzeugt wird. Dabei messen sie die Bilanzpolitik sowohl bei Unternehmen, die einen kleinen Verlust angeben, als auch bei solchen, die einen kleinen Gewinn ausweisen. Sie können zwischen den beiden Gruppen aber keine signifikanten Unterschiede in der Bilanzpolitik feststellen.

Bilanzpolitik verursacht werden, sondern dass die Forderungen ebenfalls aufgrund von einer Veränderung der Umsatzerlöse schwanken. Um den Zusammenhang zwischen der Umsatz- und der Forderungsänderung zu messen, wenden die Autoren eine Regression an:

$$\Delta FO = ß_1 + k\Delta UE$$

Wobei:

k Veränderung der Forderungen bei der Veränderung der Umsatzerlöse[181]

In einer Erweiterung des Modells werden zudem die gesamten Periodenabgrenzungen der Vorperiode miteinbezogen. Dem geht die Annahme voraus, dass ein Teil der Periodenabgrenzungen durch die Periodenabgrenzung des Vorjahrs begründet wird.[182] Schließlich integrieren *Dechow/Richadson/Tuna* (2003) das zukünftige Wachstum der Umsatzerlöse in ihr Modell. Sie möchten damit einer notwendigen Erhöhung des Vorratsvermögens Rechnung tragen, die im ursprünglichen Modell als Bilanzpolitik erkannt wurde, in der Realität aber für ein zukünftiges Umsatzwachstum notwendig ist. Die nichtdiskretionären Periodenabgrenzungen berechnen sich dementsprechend wie folgt:

$$NPA_{i,t} = ß_1 \frac{1}{BS_{i,t-1}} + ß_2 \left((1+k) \frac{UE_{i,t} - UE_{i,t-1}}{BS_{i,t-1}} - \frac{FO_{i,t} - FO_{i,t-1}}{BS_{i,t-1}} \right) + ß_3 \frac{AV_{i,t}}{BS_{i,t-1}} + ß_4 \frac{PA_{i,t-1}}{BS_{i,t-2}} + ß_5 \frac{UE_{i,t+1} - UE_{i,t}}{UE_{i,t}}$$

181 In der Studie von Dechow/Richardson/Tuna (2003) nahm k eine Größe von 0,07 an. Somit wuchsen in ihrer Stichprobe die Forderungen um 7 US $ bei einer Umsatzerhöhung von 100 US $. Vgl. Dechow/Richardson/Tuna (2003): 359.

182 Dieser Zusammenhang beruht auf einer Studie von Chambers (1999). Er geht davon aus, dass die Periodenabgrenzung im Folgejahr vermutlich umgekehrt wird. Vgl. Chambers (1999): 1 f.

Für die diskretionären Periodenabgrenzung gilt daher:

$$DPA_{i,t} = PA_{i,t} - NPA_{i,t} =$$

$$\frac{PA_{i,t}}{BS_{i,t-1}} - (ß_1 \frac{1}{BS_{i,t-1}} + ß_2 \left((1+k) \frac{UE_{i,t} - UE_{i,t-1}}{BS_{i,t-1}} - \frac{FO_{i,t} - FO_{i,t-1}}{BS_{i,t-1}} \right) + ß_3 \frac{AV_{i,t}}{BS_{i,t-1}} + ß_4 \frac{PA_{i,t-1}}{BS_{i,t-2}} + ß_5 \frac{UE_{i,t+1} - UE_{i,t}}{UE_{i,t}})$$

3.3.5.4.5.3 Konzeptionelle Beurteilung der Modelle

Modelle zur Berechnung der diskretionären Periodenabgrenzungen gelten dann als geeignet, wenn es ihnen gelingt, die Periodenabgrenzungen in ihre diskretionären und nichtdiskretionären Bestandteile möglichst fehlerfrei aufzuteilen.[183] Falls die Abgrenzung ungenau vorgenommen wird, wird das Ausmaß der Bilanzpolitik entweder über- oder unterschätzt. Insbesondere die Modelle, die vor dem Jones-Modell entwickelt worden sind, werden in der Literatur stark kritisiert, da sie die nichtdiskretionären Periodenabgrenzungen lediglich auf Basis der Vorjahres- und Durchschnittswerte berechnen.[184]

Der Vorteil des Modells von *DeAngelo* ist die geringe Anzahl an Jahren, die benötigt wird, um die nichtdiskretionären Periodenabgrenzungen zu berechnen. Da die Höhe der Bilanzpolitik lediglich durch einen Vergleich der aktuellen mit den Vorjahres-Periodenabgrenzungen ermittelt werden kann, reicht hierfür bereits ein Datenbestand von zwei Jahren aus. Die Annahme, dass es im Vorjahr keine diskretionären Periodenabgrenzungen gegeben hat, ist aber als unrealistisch zu beurteilen.[185] Insbesondere Sondereffekte führen bei einem Vergleich von zwei Jahren zu großen Messfehlern. Dieses Problem wird im Modell von *Healy* durch eine Durchschnittsbildung gemindert. Allerdings besteht hier das Problem, dass die nichtdiskretionären Perio-

[183] Vgl. Bisseur (2008): 58; Zimmermann (2008): 82.

[184] Vgl. Szczesny (2007): 106; Dechow (1994): 18.

[185] Vgl. Szczesny (2007): 106. Für den Fall, dass im Vorjahr die Bilanzpolitik in dieselbe Richtung betrieben wurde, wird die Bilanzpolitik als zu hoch eingeschätzt. Falls die Bilanzpolitik im Vorjahr das Ergebnis in die andere Richtung beeinflusst hat, wird die Bilanzpolitik hingegen als zu gering eingestuft.

denabgrenzungen mit einer steigenden Anzahl an betrachteten Jahren gegen null tendieren.[186] Dementsprechend werden sämtliche Periodenabgrenzungen einer Periode als diskretionär und somit als Bilanzpolitik deklariert, was nicht der Realität entspricht. Dasselbe Problem tritt beim Branchenmodell auf, da auch hier die nichtdiskretionären Periodenabgrenzungen anhand des Medians ermittelt werden. Aus den genannten Gründen werden die drei Modelle in der Forschung mit wenigen Ausnahmen[187] nicht mehr verwendet.

Das Jones-Modell und die darauf aufbauenden Modelle umgehen diese Probleme. Aber auch bei ihnen besteht die Gefahr, dass diskretionäre Periodenabgrenzungen als nichtdiskretionäre Periodenabgrenzungen et vice versa gekennzeichnet werden. Um die nichtdiskretionären vollständig von den diskretionären Periodenabgrenzungen zu trennen, würde eine Vergleichsperiode bzw. würden Jahresabschlüsse von Vergleichsunternehmen ohne Bilanzpolitik benötigt werden. Da diese nicht verfügbar sind, kommt es zu Verzerrungen in der Messung.[188]

Ein weiteres Problem, welches das Jones-Modell betrifft, ist die Annahme, dass sämtliche Umsatzerlöse nicht von Bilanzpolitik beeinflusst sind. Bei einem zielgerichteten Einsatz von Bilanzpolitik ist dies aber zu erwarten. Daher werden unbeabsichtigt diskretionäre Anteile der Periodenabgrenzungen den nichtdiskretionären Periodenabgrenzungen zugerechnet.[189] Dem wird jedoch im Modified-Jones-Modell Rechnung getragen, indem die Änderungen im Forderungsbestand miteinbezogen werden.

---

[186] Dieser Effekt ergibt sich aus dem Kongruenzprinzip. Vgl. Fn. 168. Da die Summe der Periodenabgrenzungen aufgrund des Kongruenzprinzips null ergibt, ist auch der Durchschnitt der Periodenabgrenzungen gleich null. Da im Modell unterstellt wird, dass die nichtdiskretionären Periodenabgrenzungen dem Durchschnitt der gesamten Periodenabgrenzungen entsprechen, sind auch diese gleich null.

[187] Beispielsweise berechnet Zimmermann (2008) in ihrer Studie zum Zusammenhang zwischen Prüferunabhängigkeit und Bilanzpolitik das Ausmaß an Bilanzpolitik anhand der Modelle von Healy und DeAngelo. Abgesehen davon dienen die Modelle oftmals nur noch als Vergleichsmaßstab zur Performancemessung für nachfolgende Modelle.

[188] Vgl. McNichols (2000): 324; Thomas/Zang (2000): 350.

[189] Vgl. Dechow/Sloan/Sweeney (1995): 199. Sie führen ein Beispiel an, bei dem das Management am Ende eines Geschäftsjahrs Umsatzerlöse bilanziert, die noch nicht bezahlt wurden. Hierdurch erhöhen sich die gesamten Periodenabgrenzungen; das Modell erkennt dies aber nicht als Bilanzpolitik, sondern weist die Umsatzerhöhung als nichtdiskretionäre Periodenabgrenzungen aus.

Dechow/Richadson/Tuna zweifeln allerdings an, dass sämtliche Forderungsveränderungen durch Bilanzpolitik verursacht sind.[190]

Weiter hat eine unternehmensspezifische Berechnung der Parameter den Nachteil, dass es notwendig ist, ein Unternehmen über viele Jahre zu beobachten.[191] Dies ist zwar nicht erforderlich, wenn die Parameter branchenweit ermittelt werden, jedoch wird unterstellt, dass sich die Unternehmen innerhalb einer Branche ähneln, was in der Realität nicht immer gegeben ist. Der Vorteil einer branchenspezifischen Berechnung ist aber, dass keine Unternehmen ausgeschlossen werden müssen, für die nicht genügend Jahre verfügbar sind, um eine unternehmensspezifische Berechnung durchzuführen. Die branchenspezifische Berechnung erhöht somit die Repräsentativität der Stichprobe.

Letztlich könnte auch die in den Modellen unterstellte Linearität zwischen den nichtdiskretionären Periodenabgrenzungen und den exogenen Variablen die Ergebnisse verzerren. Möglich sind jedoch auch nicht lineare Zusammenhänge, die dazu führen, dass die Parameter nicht genau geschätzt werden und das Ausmaß an Bilanzpolitik somit fehlerhaft bestimmt wird.[192]

3.3.5.4.5.4 Empirische Beurteilungen der Modelle

Aufgrund der zahlreichen konzeptionellen Kritikpunkte an den verschiedenen Modellen ist es sinnvoll, die empirische Befunde auf Basis der einzelnen Modelle zu betrachten.

Dechow/Sloan/Sweeney (1995) untersuchen das Durchschnitts-, das Random-Walk-, das Branchen-, sowie das Jones- und das Modified-Jones-Modell (beide unternehmensspezifisch). Um diese zu beurteilen, analysieren sie, wie oft Fehler erster Art (d.h., es ist keine Bilanzpolitik im Abschluss feststellbar, aber das Modell zeigt sie

---

[190] Vgl. Dechow/Richadson/Tuna (2003): 358 f.

[191] In der Literatur werden oftmals mindestens zehn Jahre gefordert. Vgl. McNichols (2000): 324 f.

[192] Studien haben gezeigt, dass sich bei Unternehmen mit außergewöhnlicher Performance die Bilanzpolitik oftmals rasch wieder umkehrt und dass bei Unternehmen mit durchschnittlicher Performance die Bilanzpolitik wenig schwankt. Beispielsweise Ball/Shivakumar (2006); Basu (1997); Freeman/Tse (1992).

fälschlicherweise an) und zweiter Art (d.h., es ist Bilanzpolitik im Abschluss vorhanden, aber das Modell erkennt dies nicht) bei den verschiedenen Modellen auftreten. Um diese Fehler zu generieren, manipulieren sie reale Abschlüsse. Außerdem vergleichen sie Unternehmen, die Ziel einer Untersuchung durch die SEC geworden sind und bei denen Bilanzpolitik festgestellt wurde, mit Unternehmen, bei denen man keine Untersuchung durchführte. Ihre Ergebnisse deuten darauf hin, dass alle Modelle bei einer Zufallsstichprobe gute Ergebnisse liefern. Bei Unternehmen mit außergewöhnlicher Performance schneiden sämtliche Modelle jedoch schlecht ab.[193] Im Vergleich der verschiedenen Modelle schneidet insgesamt das Modified-Jones-Modell am besten ab. Für die anderen Modelle hängt die Güte der Vorhersage von dem durchgeführten Test ab. Aggregiert lässt sich aber sagen, dass das Jones- und das Branchenmodell bessere Ergebnisse liefern als das Durchschnitts- und das Random-Walk-Modell.

Aufbauend auf der Studie von *Dechow/Sloan/Sweeney* analysiert *Young* (1999) dieselben Modelle (mit Ausnahme des Branchenmodells), zusätzlich betrachtet er das Jones- und das Modified-Jones-Modell, bei denen die Parameter branchenspezifisch geschätzt werden, allerdings wählt er hierfür ein anderes Vorgehen.[194] Dazu regressiert er alle Variablen, die seiner Meinung nach die Bilanzpolitik beeinflussen, auf die diskretionären Periodenabgrenzungen. Eine hohe Korrelation zwischen den Variablen wertet er dann als Missspezifikation des Modells mit der Begründung, dass die Ergebnisse systematisch verzerrt sind. Seine Studie zeigt, dass das Durch-

---

[193] Dies begründen die Autoren zum einen damit, dass die nichtdiskretionären Periodenabgrenzungen, die nicht vom Modell erkannt werden, mit der Unternehmensperformance korreliert sein könnten und zum anderen damit, dass andere Faktoren, die mit der Unternehmensperformance korreliert sind, dazu führen, dass das Unternehmensergebnis systematisch beeinflusst wird. Vgl. Dechow/Sloan/Sweeney (1995): 195, Fn. 3.

[194] Außerdem nimmt er ein Modell von Friedlan (1994) auf, das das Random-Walk-Modell modifiziert. Da dem Modell von Friedlan in der Literatur sonst kaum Beachtung geschenkt wird, wird hier auf eine Darstellung verzichtet. Vgl. Young (1999): 833-862.

schnittsbildungsmodell die schlechtesten Resultate erzielt. Die anderen Modelle bilden die Bilanzpolitik besser ab, weisen aber trotzdem hohe Messfehler auf.[195]

Bartov/Gul/Tsui (2001) wählen dieselben Modelle für eine Untersuchung aus wie *Dechow/Sloan/Sweeney*, schätzen die Parameter beim Jones- und beim Modified-Jones-Modell aber sowohl unternehmens- als auch branchenspezifisch. Hierzu betrachten sie Unternehmen mit eingeschränktem sowie mit uneingeschränktem Bestätigungsvermerk. Sie beobachten, dass bei allen Modellen mit Ausnahme des Random-Walk-Modells das Ausmaß an Bilanzpolitik mit der Wahrscheinlichkeit eines eingeschränkten Bestätigungsvermerks positiv korreliert ist und die Modelle somit dafür geeignet sind, Bilanzpolitik anzuzeigen. Die Jones- bzw. Modified-Jones-Modelle, bei denen die Parameter branchenspezifisch bestimmt wurden, weisen die besten Ergebnisse auf.

In einer jüngeren Studie untersuchen *Jones/Krishnan/Melendrez* (2008) zehn verschiedene Modelle (darunter das Jones-, das Modified-Jones-, das DD- und das modifizierte DD-Modell). Ihr Anliegen ist es, die Modelle dahingehend zu überprüfen, ob sie ein hohes Ausmaß an Bilanzpolitik aufdecken können. Dies ermitteln sie anhand von Untersuchungen der SEC zu Fraud-Fällen, bei denen Unternehmen das ausgewiesene Ergebnis zu hoch bilanziert haben. Die Autoren stellen fest, dass alle untersuchten und hier dargestellten Modelle in der Lage sind, das offensichtlich hohe Ausmaß an Bilanzpolitik zu erkennen.[196] Die besten Ergebnisse erzielen dabei das DD- und das modifizierte DD-Modell.

---

[195] Young (1999) stellt bei allen Modellen eine hohe Korrelation zwischen den diskretionären Periodenabgrenzungen und dem operativen Cashflow, dem Umsatzwachstum und der Struktur des Sachanlagevermögens fest.

[196] Die von Kothari/Leone/Wasley (2005) sowie von Larcker/Richardson (2004) entwickelten Modelle konnten diesen Zusammenhang allerdings nicht messen. Vgl. Jones/Krishnan/Melendrez (2008): 524.

Auch wenn umfangreiche Kritik an den genannten Modellen zur Messung der Bilanzpolitik geübt worden ist, werden diese weiterhin mit Abstand am häufigsten zur Qualitätsmessung genutzt.[197]

3.3.6 *Experimente*

Experimente zur Messung der Prüfungsqualität versuchen das tatsächliche Verhalten der Abschlussprüfer in einem vorgegebenen Rahmen nachzubilden und unterscheiden sich daher grundlegend von den anderen hier vorgestellten Verfahren, da sie, wie auch die Befragungen, keine Surrogate zur Qualitätsmessung verwenden. Ein Vorteil von Experimenten ist die Kontrollierbarkeit. In der Realität wirkt eine Vielzahl von Einflussfaktoren auf das Verhalten des Abschlussprüfers. In Experimenten lassen sich viele davon gezielt ausblenden. Während die Kontrollvariablen konstant gehalten werden, kann durch eine Variation einer unabhängigen Variable ihr Einfluss auf die Prüfungsqualität ohne Verzerrungen gemessen werden.[198] Nachteilig wirkt sich die geringe externe Validität aus. Eine Generalisierbarkeit der Ergebnisse von Experimenten ist aufgrund der vielen in der realen Welt vorkommenden anderen Einflussfaktoren häufig nur schwer möglich.[199] Außerdem agieren die Probanden in Experimenten nicht so, wie sie es in der Realität tun würden.[200]

Bei Experimenten im Bereich der Wirtschaftsprüfung sind meist entweder Abschlussprüfer oder hilfsweise Studenten die Probanden. Der Einsatz von Studenten als Probanden in Experimenten mit Bezug zur Wirtschaftsprüfung ist als kritisch anzusehen, da diese nicht über dieselben Kenntnisse und Erfahrungen wie examinierte Ab-

---

[197] So beispielsweise in den Studien von Choi et al. (2010); Chi et al. (2009); Davis/Soo/Trompeter (2009); Chen/Lin/Lin (2008); Francis/Wang (2008); Zimmermann (2008); Chen et al. (2007); Srinidhi/Gul (2007); Antle et al. (2006); Larcker/Richardson (2004); Menon/Williams (2004); Reynolds/Deis/Francis (2004); Ashbaugh/LaFond/Mayhew (2003); Chung/Kallapur (2003); Myers/Myers/Omer (2003); Dee/Lulseges/Nowlin (2002); Frankel/Johnson/Nelson (2002); Johnson/Khurana/Reynolds (2002); Reynolds/Francis (2001).

[198] Vgl. Villeval (2007): 2; Stefani (2003): 245-247; Roth (1988): 974.

[199] Vgl. Treviño/Weaver (2003): 310; Brewer (2000): 4; Loewenstein (1999): F 26. Dieser Kritikpunkt trifft insbesondere auf Laborexperimente zu. Bei Feldexperimenten ist die externe Validität in der Regel höher. Für die praktische Durchführung von Experimenten in der Wirtschaftsprüfung kommen für die meisten Untersuchungsfragen aber lediglich Laborexperimente in Frage.

[200] Hierfür sind insbesondere Anreizprobleme ursächlich. Vgl. Quick (2006): 48.

schlussprüfer verfügen und daher möglicherweise untypisch handeln. Die Probanden bekommen bei einem Experiment meist ein Szenario vorgelegt, bei dem sie sich für Handlungsalternativen entscheiden müssen. Anhand dieser Entscheidungen wird gemessen, ob sich die vorgegebenen Rahmenbedingungen positiv oder negativ auf die tatsächliche Prüfungsqualität auswirken.[201]

3.4 Zwischenfazit und Implikationen für die Arbeit

In den vorangegangenen Abschnitten wurden verschiedene Möglichkeiten dargestellt, um Prüfungsqualität zu messen. Für das weitere Vorgehen ist eine Wahl des Indikators bzw. der Methode zur Qualitätsmessung notwendig. Dabei stellt sich grundsätzlich die Frage, ob die tatsächliche oder die wahrgenommene Prüfungsqualität gemessen werden soll. Wie in Abschnitt 2.3.4 dargestellt wurde, können sich die Ergebnisse oftmals unterscheiden. Für die vorliegende Arbeit wurde die tatsächliche Prüfungsqualität gewählt. Die in den folgenden Kapiteln dargestellten theoretischen Modelle zielen allesamt auf die tatsächliche Prüfungsqualität ab, sodass diese Entscheidung sinnvoll ist.

Wie aus den Ausführungen dieses Kapitels ersichtlich wurde, hat jede der Varianten zur Messung der Prüfungsqualität Vor- und Nachteile. In einem internationalen Vergleich von Prüfungsqualität treten weitere Probleme auf. So sind viele der hier angegebenen benötigten Daten nicht in allen Ländern verfügbar (beispielweise die Prüfungshonorare)[202]. Außerdem wäre bei einigen Modellen der Datenerhebungsaufwand nicht forschungsökonomisch. Die Daten über Haftungsfälle und Jahresabschlusskorrekturen müssten z.B. manuell erhoben werden. Dies würde einen sehr

[201] Beispielweise messen die Studien von Davis/Hollie (2008); Joe/Vandervelde (2005); Dopuch/King/Schwartz (2003); Davidson/Emby (1996); Dopuch/King (1991); Corless/Parker (1987), ob sich Beratungsleistungen, die vom Abschlussprüfer beim Mandanten erbracht werden, auf die Prüfungsqualität auswirken. Neben Studien, in denen das Handeln des Abschlussprüfers simuliert werden soll, existieren außerdem Studien, in denen das Handeln der Adressaten dargestellt werden soll, um so die wahrgenommene Prüfungsqualität zu messen. Auch hier werden sowohl tatsächliche Adressaten als auch Studenten eingesetzt. Beispiele hierfür sind die Studien von Hill/Booker (2007); Swanger/Chewing (2001); Patel/Psaros (2000); Lowe/Pany (1995); Lindsay (1989); McKinley/Pany/Reckers (1985); Reckers/Stagliano (1981).

[202] Im vorliegenden Datensample waren nur für 19.336 Unternehmen Angaben zur Höhe der Prüfungshonorare enthalten, was einem Anteil von knapp 9 % entspricht.

großen Aufwand bedeuten und wäre aufgrund der Sprachbarrieren nicht trivial, weshalb die Anzahl der Länder eingegrenzt werden müsste. Dasselbe gilt für Experimente: Länderspezifische Besonderheiten können nur dann unter authentischen Bedingungen berücksichtigt werden, wenn ein Experiment auch im jeweiligen Land durchgeführt werden kann. Die Messung über die Anzahl der Testatseinschränkungen scheidet ebenfalls aus, da in einigen Ländern nur selten Testate eingeschränkt werden.[203] Als aussagekräftige und handhabbare Messmethode bleibt die Bestimmung der Prüfungsqualität anhand der Höhe der Bilanzpolitik, die somit im empirischen Teil dieser Arbeit zur Anwendung kommt.

[203] Siehe hierzu Abschnitt 6.2.3.3.

4 Prüfungsgesellschaftsspezifische Determinanten der Prüfungsqualität

4.1 Größe

Der Einfluss der Größe einer Prüfungsgesellschaft ist schon seit den Siebziger- und Achtzigerjahren des vergangenen Jahrhunderts ein Thema im Bereich der Wirtschaftsprüfung. Während in den Siebzigerjahren die hohe Marktkonzentration des Prüfungsmarkts Befürchtungen um eine Monopolstellung der großen Prüfungsgesellschaften aufkommen ließ,[204] erstellte *DeAngelo* im Jahr 1981 ein theoretisches Modell, das die Größe einer Prüfungsgesellschaft positiv mit Prüfungsqualität verband. Dieses Modell soll in Abschnitt 4.1.3.1 vorgestellt werden. Da sich das Modell von *DeAngelo* nur auf die Berichterstattung des Abschlussprüfers, nicht aber auf den Prüfungsprozess bezieht, wird außerdem ein Modell von *Ewert* betrachtet, das ebenfalls den Einfluss der Größe einer Prüfungsgesellschaft auf die Prüfungsqualität analysiert, aber den Prüfungsprozess in den Fokus der Betrachtung setzt (Abschnitt 4.1.3.2). Zuvor wird die Entstehung der Big 4 in ihrer heutigen Form und die Abgrenzung von großen und kleinen Prüfungsgesellschaften in den Abschnitten 4.1.1 und 4.1.2 dargestellt. Der Qualitätsunterschied zwischen großen und kleinen Prüfungsgesellschaften war häufig Gegenstand empirischer Untersuchungen in den vergangenen Jahrzehnten. Die Ergebnisse der wichtigsten Studien werden in Abschnitt 4.1.4 dargestellt.

4.1.1 Entwicklung der großen Prüfungsgesellschaften

Die frühesten Prüfungen, die der heutigen Abschlussprüfung ähnlich sind, hat es infolge der industriellen Revolution seit dem 19. Jahrhundert gegeben.[205] Die jetzigen Big 4, Deloitte Touche Tohmatsu (DTT), Ernst & Young (E&Y), Klynveld, Peat, Marwick, Goerdeler (KPMG) und PricewaterhouseCoopers (PwC), wurden in ihren Ursprüngen

---

[204] Vgl. Simunic (1980): 161.

[205] Diese dienten vor allem dazu, die Anteilseigner und Banken vor dolosen Handlungen zu schützen. Sie umfassten damals nahezu alle Geschäftsvorfälle eines Unternehmens. Vgl. Cosserat/Rodda (2009): 3 f.; Whittington/Pany (2006): 8.

Mitte des neunzehnten Jahrhunderts in Großbritannien gegründet.[206] Die britischen Prüfungsgesellschaften besaßen auch in den USA Niederlassungen, um zu kontrollieren, was mit dem Geld geschah, das Anleger aus Großbritannien in den USA investierten. Die Anzahl der Niederlassungen stieg Anfang des zwanzigsten Jahrhunderts in Großbritannien sowie den USA stark an und die Prüfungsgesellschaften eröffneten auch in Süd- und Mittelamerika Büros. Während des zwanzigsten Jahrhunderts, speziell nach dem Zweiten Weltkrieg, investierten US-amerikanische und britische Unternehmen verstärkt in Kontinentaleuropa, Lateinamerika, Australien und Südostasien. Diese multinationalen Unternehmen erforderten auch multinationale Prüfungsgesellschaften, was zu einer Internationalisierung der Prüfungsgesellschaften in den Fünfziger- und Sechzigerjahren führte.[207] Der Terminus „Big 8" entstand in dieser Zeit als Synonym für die größten acht Prüfungsgesellschaften in den USA.[208] Durch Fusionen reduzierte sich die Anzahl im Jahr 1989 auf die Big 6 und 1998 auf die Big 5. Seitdem Arthur Andersen im Jahr 2002 infolge des Enron-Skandals ausgeschieden ist, gibt es die Big 4 in ihrer heutigen Ausprägung.[209] Die folgende Darstellung soll die Entwicklung von den Big 8 zu den Big 4 veranschaulichen.[210]

Neben den Big 4 haben sich auch andere kleinere internationale Netzwerke von Prüfungsgesellschaften gebildet. Diese werden als Second-Tier-Prüfungsgesellschaften bezeichnet. Zu diesen gehören BDO Int., RSM Int., Grant Thornton Int., Baker Tilly Int.,

---

[206] Deloitte Touche Tohmatsu wurde 1845 von W. W. Deloitte, Ernst & Young 1848 von R. Palmer und E. Pullein, PricewaterhouseCoopers 1849 von S. H. Price und KPMG 1870 von W. B. Peat gegründet. Vgl. Heer (2001): 11.

[207] Beispielsweise eröffnete die britische Prüfungsgesellschaft Cooper Bros. Niederlassungen in Brüssel sowie Paris und die US-amerikanische Prüfungsgesellschaft Lybrand, Ross Bros. & Montgomery Büros in Berlin, London und Paris. Vgl. Markus (1996): 201.

[208] Die Prüfungsgesellschaften nahmen insbesondere im stark wachsenden US-Prüfungsmarkt eine dominierende Stellung ein, weshalb die großen Prüfungsgesellschaften zunehmend als US-amerikanische Unternehmen angesehen wurden. Vgl. Heer (2001): 11 f.

[209] Arthur Andersen wurde dabei von keiner der übrigen Big 4 komplett übernommen, sondern länderspezifisch aufgeteilt. Den Großteil übernahmen Deloitte Touche Tohmatsu und Ernst & Young. Vgl. Jehle (2007): 51.

[210] Klynveld, Main, Goerdeler gehörten damals nicht zu den Big 8, hatten aber eine vergleichbare Größe. Für eine ausführliche Darstellung der Geschichte der großen Prüfungsgesellschaften siehe Heer (2001): 12-26.

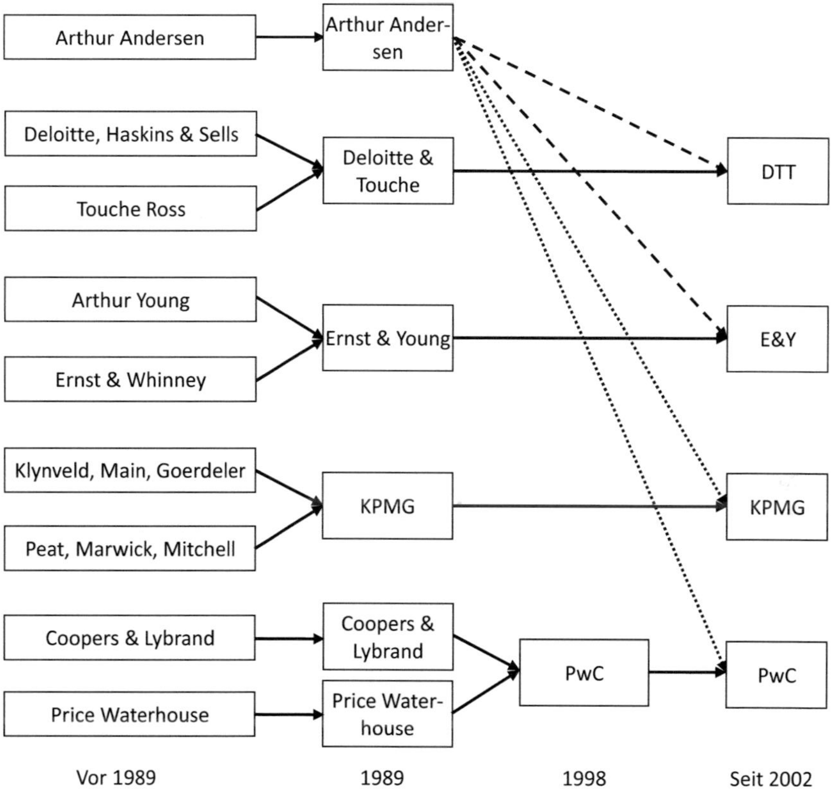

Abbildung 5: Die Entwicklung der Big 8 zu den Big 4
Quelle: In Anlehnung an Heer (2001): 26.

Crowe Horwarth Int., Nexia Int., PKF Int., HLB Int., Kreston Int. und Mazars. Die Entstehung von großen Prüfungsgesellschaften ist auf folgende Faktoren zurückzuführen:

1. Aufträge, die eine bestimmte Größe überschreiten, können nur von entsprechenden Prüfungsgesellschaften mit ausreichenden Kapazitäten übernommen werden.[211]

[211] Dies ist auch auf gesetzliche Regelungen zurückzuführen. So dürfen beispielsweise in Deutschland gemäß § 319 HGB Prüfungsgesellschaften maximal 30 % ihrer Umsätze aus einem einzelnen Mandat beziehen. Bei Prüfungen von kapitalmarktorientierten Unternehmen reduziert sich der Anteil, den ein einzelnes Mandat am Gesamtumsatz ausmachen darf, gemäß § 319a HGB auf 15 %.

2. Bei großen Konzernen wird für sämtliche Konzernunternehmen meist der identische Abschlussprüfer gewählt.[212] Dies gilt häufig auch für Unternehmen, die zwar kein Konzernverhältnis bilden, aber anderweitig wirtschaftlich verflochten sind.
3. Bei einer steigenden Unternehmensgröße können Skaleneffekte realisiert werden.
4. Personen, die Einfluss auf mehrere Unternehmen haben (z.B. Großaktionäre und Banken), präferieren oftmals eine große Prüfungsgesellschaft.[213]

4.1.2 Messung

Eine Abgrenzung der Prüfungsgesellschaften bezüglich ihrer Größe erfolgt in der Literatur meist in Big 4 und Nicht-Big 4 Prüfungsgesellschaften. Darüber hinaus differenzieren wenige Studien die Nicht-Big 4 Prüfungsgesellschaften in Second-Tier-Prüfungsgesellschaften und restliche Prüfungsgesellschaften.[214] Um den Unterschied zwischen den Big 4 und den Nicht-Big 4 zu verdeutlichen, werden die wichtigsten Kennzahlen der größten Prüfungsgesellschaften[215] für das Geschäftsjahr 2009 (mit Vergleichswerten aus 1999, soweit verfügbar, in Klammern) tabellarisch dargestellt:[216]

Wie aus der Tabelle ersichtlich wird, heben sich die Big 4 sowohl im Umsatz als auch bei der Mitarbeiterzahl deutlich von den Second-Tier-Prüfungsgesellschaften ab. Die Anzahl der Länder, in denen Prüfungsleistungen angeboten werden, variiert dagegen nicht ganz so stark. Auffällig ist, dass die Second-Tier-Prüfungsgesellschaften den Abstand zu den Big 4 relativ gesehen verkleinern konnten. Die Zuwächse beruhen bei allen Gesellschaften nicht nur auf organischem Unternehmenswachstum, sondern sind auch auf Zukäufe und Fusionen zurückzuführen.

---

[212] Durch die Neufassung des ISA 600 hat dies weiter an Bedeutung gewonnen. ISA 600 verschärft die Anforderungen an den Konzernabschlussprüfer und könnte dazu führen, dass die Mandanten aus Kostengründen nur noch einen Abschlussprüfer für alle Konzernunternehmen beauftragen.

[213] Vgl. Leffson (1988): 32.

[214] Selten wird sogar bis hin zu Third-Tier-Prüfungsgesellschaften kategorisiert. Vgl. Ziegler (1994): 35.

[215] Es werden die Prüfungsgesellschaften aufgeführt, die einen Umsatz von mindestens einer Milliarde US $ haben. Die nächstgrößte Prüfungsgesellschaft ist UHY mit 630 Mio. US $.

[216] Die Daten sind dem International Accounting Bulletin und den jeweiligen Homepages der Prüfungsgesellschaften entnommen. Die Werte aus 1999 stammen von Heer (2001): 10.

Prüfungsgesellschaft	Umsatz in Mio. US $	Mitarbeiter	Mitgliedsländer
Big 4			
PricewaterhouseCoopers	26.171 (17.595)	163.545 (157.015)	151 (150)
Deloitte Touche Tohmatsu	26.100 (10.600)	168.651 (82.087)	140 (130)
Ernst & Young	21.400 (12.400)	144.441 (95.800)	140 (124)
KPMG	20.110 (12.200)	140.235 (103.500)	146 (151)
Second-Tier			
BDO Int.	5.026 (1.763)	46.035 (18.515)	110 (88)
RSM Int.	3.875 (1.317)	32.492 (17.118)	76 (66)
Grant Thornton Int.	3.592 (1.617)	30.379 (20.670)	95 (61)
Baker Tilly Int.	3.129 (k.A.)	25.892 (k.A.)	114 (k.A.)
Crowe Horwath Int.	2.747 (1.293)	26.747 (17.686)	>100 (70)
Nexia Int.	2.110 (896)	20.600 (11.189)	105 (76)
PKF Int.	1.905 (766)	17.614 (9.814)	125 (98)
HLB Int.	1.771 (767)	15.679 (10.280)	>100 (90)
Kreston Int.	1.642 (k.A.)	19.523 (k.A.)	95 (k.A.)
Mazars	1.057 (k.A.)	11.314 (k.A.)	56 (k.A.)

Tabelle 3: Kennzahlen der größten Prüfungsgesellschaften

Eine andere Möglichkeit, die Prüfungsgesellschaften nach ihrer Größe zu differenzieren, erfolgt über Kennzahlen wie Bilanzsumme, Umsatzerlöse oder Mitarbeiterzahl der Prüfungsgesellschaften.[217] Hierbei ist dann auch ein stetiger Maßstab möglich. In der Literatur kommt dies aber nur selten zur Anwendung.[218]

4.1.3 Theoretische Modelle zur Erklärung von Qualitätsunterschieden zwischen großen und kleinen Prüfungsgesellschaften

Um den Einfluss der Größe einer Prüfungsgesellschaft auf die Qualität von Abschlussprüfungen zu veranschaulichen, soll dieser Zusammenhang in den nächsten Abschnitten modelltheoretisch untersucht werden. Wie in Abschnitt 2.3.3 erläutert wurde, sind für die Prüfungsqualität zwei Faktoren entscheidend: Erstens muss der Prüfer den Prüfungsprozess so gestalten, dass er Fehler im Jahresabschluss aufdeckt. Aus Kostengründen könnte es für den Abschlussprüfer aber sinnvoll sein, die Prüfungsintensität gering zu halten. Zweitens muss der Prüfer über festgestellte Fehler berichten. Dagegen könnte die Gefahr eines Mandatsverlusts sprechen. Im Folgenden werden exemplarisch zwei Modelle vorgestellt: Während das Quasirentenmodell von *DeAngelo* die Berichterstattung analysiert, betrachtet das spieltheoretische Modell von *Ewert* den Prüfungsprozess.

4.1.3.1 Quasirentenmodell

Das Quasirentenmodell von *DeAngelo* aus dem Jahr 1981 geht auf die Berichterstattung von Fehlern des Prüfers ein. Es stellt das in der Literatur am häufigsten genannte Modell zu Quasirenten dar. Kernpunkt von *DeAngelos* Ausführung ist es, die Vorteilhaftigkeit einer erneuten Auftragsübernahme durch den amtierenden Abschlussprüfer aufzeigen. Dies wird durch sogenannte Quasirenten begründet, die als Teil des Modells entstehen. Mit ihnen ist der Gewinn des Abschlussprüfers gemeint.[219] Ein weiteres wichtiges Element des Modells ist Low Balling. Es bezeichnet das Angebot des Prüfers für eine Erstprüfung, das unterhalb der ihm tatsächlich entstehenden Kos-

---

[217] Falls diese Kennzahlen nicht verfügbar sein sollten, können auch Surrogate wie die Bilanzsumme oder Umsatzerlöse der Mandanten verwendet werden.

[218] Von den 64 betrachteten Studien in Abschnitt 4.1.4 verwenden lediglich sechs Studien einen stetigen Maßstab.

[219] Quasirenten stellen dabei gemäß dem Modell allerdings keine echten Gewinne, sondern nur den Ausgleich des Low Ballings dar, was im Folgenden beschrieben wird.

ten liegt.[220] Zu diesem Preisnachlass ist der Prüfer aufgrund des Wettbewerbs gezwungen. Durch die erwarteten Quasirenten aus Folgeprüfungen kann er die Anfangsverluste später wieder ausgleichen.[221]

DeAngelo geht von einem mehrperiodischen Modell mit unbegrenztem Zeithorizont $(t = 1,2,\ldots,\infty)$ aus. In Periode 1 liegt ein vollkommener Wettbewerb vor, in dem sämtliche Anbieter dieselbe Prüfungstechnologie nutzen.[222] Ab Periode 2 ist der Wettbewerb nicht mehr vollkommen, da der amtierende Prüfer Kostenvorteile gegenüber der Konkurrenz hat. Dies liegt zum einen an den Transaktionskosten[223], die der Mandant bei einem Wechsel zu tragen hätte, und zum anderen daran, dass die Erstprüfungskosten höher sind als die Kosten der Folgeprüfungen.[224]

Die Kosten pro Periode betragen für den amtierenden Abschlussprüfer ab der zweiten Periode: $A_2 = A_3 = A_4 = \ldots = A_\infty = A$. In der ersten Periode müssen zusätzlich die Einarbeitungskosten K addiert werden: $A_1 = A + K$. Abbildung 6 zeigt beispielhaft vier Perioden:

In jeder Periode erhält der amtierende Prüfer ein Honorar F für seine Arbeit, das ab der zweiten Periode als konstant angenommen wird. In Periode 1 beträgt es F_1, in den Folgeperioden $F_2 = F_3 = F_4 = \ldots = F_\infty = F$.

[220] Das Vorhandensein eines Low-Balling-Effekts haben mehrere Studien nachgewiesen. Beispielsweise Simon/Francis (1988), die einen Preisnachlass von 24 % nach einem Prüferwechsel festgestellt haben. Weitere Nachweise für ein Low Balling bei einer Erstprüfung finden sich bei Calegari/Schatzberg/Sevcik (1998); Schatzberg/Sevcik (1994); Schatzberg (1994).

[221] Vgl. Gelter (2005): 488; Ballwieser (2001): 106; Marten (1994a): 122.

[222] Diese Annahmen werden in der Literatur als nicht realitätsnah kritisiert, insbesondere die Annahme, dass die Prüfer dieselben Technologien nutzen. Vgl. Ballwieser (2001): 106. Allerdings ist zumindest bei den großen und mittelgroßen Prüfungsgesellschaften zu erwarten, dass diese ähnliche Prüfungsansätze verwenden.

[223] Transaktionskosten sind z.B. Such- und Informationskosten, Verhandlungs- und Entscheidungskosten sowie Überwachungs- und Durchsetzungskosten. Vgl. Marten (1999): 50.

[224] Diese sog. Anlaufkosten (im Englischen „Start-up Costs“) resultieren daraus, dass sich der Prüfer vor bzw. während der Prüfung mit den Besonderheiten des Mandanten, wie z.B. dem Umfeld, der Geschäftstätigkeit, der Rechnungslegung sowie dem implementierten Internen Kontrollsystem, vertraut machen muss. Ridyard/De Bolle (1992) haben festgestellt, dass dies durchschnittlich ein bis zwei Jahre dauert.

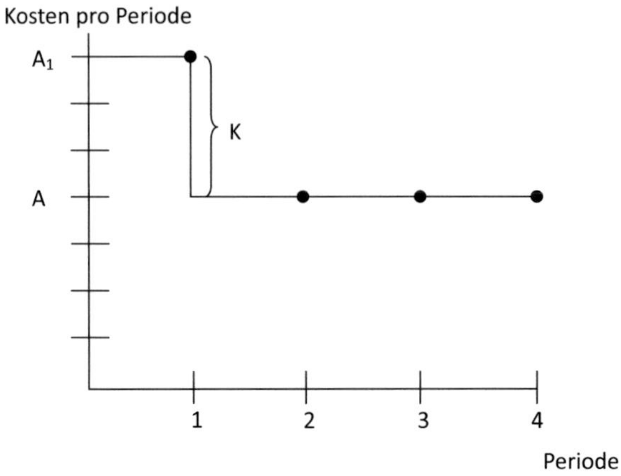

Abbildung 6: Entwicklung der Kosten im Zeitablauf
Quelle: In Anlehnung an DeAngelo (1981): 119.

Unter der Annahme, dass der Prüfer das Mandat in Zukunft nicht verliert, beträgt der Barwert des Gewinns π bei Erteilung des Prüfungsauftrags in Periode $t = 1$ und bei einem Zinssatz von r $(r > 0)$:

$$\pi = \underbrace{F_1 - A_1}_{\text{Gewinn der Erstprüfung}} + \underbrace{(F - A)\frac{1}{r}}_{\text{Diskontierte Quasirenten aus Folgeprüfungen}}$$

Der Prüfer nimmt Anlaufverluste $(A_1 > F_1)$ in Periode 1 in Kauf, da er mit Profiten in den nächsten Perioden rechnet. Aufgrund der Annahme, dass F und A in Zukunft konstant bleiben, wäre es für ihn aber nicht sinnvoll, das Mandat aufrechtzuerhalten, wenn gilt $A > F$. Die Kosten A stellen somit die Untergrenze für das Honorar F der Folgeprüfungen dar.

Die Obergrenze des Honorars für den amtierenden Prüfer hängt von den Angeboten seiner Konkurrenten und den Transaktionskosten des Prüferwechsels CS ab, die der Mandant zu tragen hat. Unter den Konkurrenten herrscht in den folgenden Perioden weiterhin ein vollkommener Wettbewerb. Daher werden sie in Bezug auf ihre gesamte Mandatsdauer keine Gewinne erwirtschaften; die diskontierten Honorare $\frac{F}{r}$ entsprechen somit den diskontierten Kosten $(A + K + \frac{A}{r})$. Es wird angenommen, dass auch Konkurrenten ihr Mandat unendlich lange fortführen könnten. Ein Mandant wird den Prüfer so lange nicht wechseln, wie der Barwert der Entlohnung des amtierenden Prüfers kleiner als die Summe aus dem Barwert der Kosten eines konkurrierenden Prüfers und dem Barwert der Transaktionskosten des Mandanten ist:

$$\underbrace{\frac{F}{r}}_{\text{Honorar des amtierenden Prüfers}} < \underbrace{\underbrace{\frac{A}{r}}_{\text{Laufende Kosten der Prüfung}} + \underbrace{\frac{K}{1+r}}_{\text{Einmalige Kosten der Erstprüfung}}}_{\text{Kosten des konkurrierenden Prüfers}} + \underbrace{\underbrace{\frac{CS}{1+r}}_{\text{Transaktionskosten}}}_{\text{Kosten des Mandanten}}$$

Die obere Grenze des Honorars für Folgeprüfungen des amtierenden Prüfers ist somit:

$$F < A + r\frac{CS + K}{1 + r}$$

Die Bandbreite des Honorars für den Prüfer beträgt unter Berücksichtigung von Unter- und Obergrenze demnach:

$$A \leq F < A + r\frac{CS + K}{1 + r}$$

Daraus ergibt sich ein Verhandlungsspielraum in Höhe von $r\frac{CS+K}{1+r}$. Wenn $CS = 0$ und $K = 0$ wären, entsprächen die Kosten dem Honorar. Dann würde ein vollkommener Wettbewerb vorliegen und der Prüfer könnte jederzeit gewechselt werden. Quasirenten und Low Balling gäbe es in diesem Fall nicht. Wenn jedoch gilt: $CS > 0$ und/oder $K > 0$, dann kann der Prüfer einen Wechsel verhindern, indem er sein Honorar geringfügig unter der Summe $(A + r\frac{CS+K}{1+r})$ ansetzt. Das maximale Honorar F^* beträgt dann:

$$F^* = A + r\frac{CS + K}{1 + r} - \vartheta$$

wobei ϑ eine beliebig kleine positive Zahl sein kann. Der Prüfer erhält somit positive Quasirenten in abgezinster Höhe von:[225]

$$\frac{F^*}{r} = \frac{CS + K}{1 + r} - \frac{\vartheta}{r}$$

Im Wettbewerb um ein Mandat beziehen die Prüfer die zukünftig zu erwartenden Quasirenten mit in ihre Honorarforderungen für die erste Periode ein. Die Forderungen liegen dann unter den ihnen tatsächlich entstehenden Kosten und es entsteht Low Balling. Aufgrund des angenommenen vollkommenen Wettbewerbs in der ersten Periode ist der Preisdruck bereits so hoch, dass die Prüfer ihre Forderung so niedrig ansetzen, dass die Gewinne in den Folgeperioden die Verluste in der ersten Periode knapp ausgleichen. Die erwirtschafteten Gewinne π^* sind somit nur Quasirenten und keine echten Renten:

$$\pi^* = \underbrace{F_1^* - A_1}_{< 0} + \underbrace{(F^* - A)\frac{1}{r}}_{> 0} = 0$$

DeAngelos Modell zeigt demnach, wie Quasirenten und Low Balling entstehen können. Auf die Unabhängigkeit des Prüfers wirken sich aber lediglich die Quasirenten aus. Um sie realisieren zu können, muss der Prüfer das Mandat behalten. Der Mandant weiß darüber Bescheid und kann dem Prüfer mit einer Beendigung der Vertragsbeziehung drohen, wenn dieser seinem Druck bei Meinungsverschiedenheiten nicht nachgeben sollte.[226] Hierbei muss aber beachtet werden, dass der Abschlussprüfer formell nicht vom Management gewählt wird. Insbesondere in den letzten Jahren dürfte der Einfluss des Managements eher geringer geworden sein, da durch die Einführung von Audit Committees die Aufsichtsorgane der Unternehmen stärker in die

---

[225] Vgl. hierzu auch Bauer (2005): 133.

[226] Der Zusammenhang zwischen dem Versagen des Testats und der Abwahl wurde mehrfach empirisch nachgewiesen. Beispielsweise haben Citron/Taffler (1992); Craswell (1988); Chow/Rice (1982) festgestellt, dass Unternehmen, die ein eingeschränktes Testat erhielten, signifikant öfter den Abschlussprüfer wechselten.

Arbeit des Abschlussprüfers involviert sind. Beim Modell wird ebenfalls nicht beachtet, dass auch der Abschlussprüfer Druck auf den Mandanten ausüben kann. Eine Mandatsniederlegung seitens des Prüfers würde für den Mandanten Kosten verursachen, die dieser verhindern möchte. Dies erhöht die Unabhängigkeit des Prüfers gegenüber dem Mandanten.[227] Im Gegensatz zu Quasirenten gefährdet Low Balling die Unabhängigkeit des Prüfers nicht. Der Preisnachlass in der ersten Periode ist nur die wettbewerbliche Reaktion auf Quasirenten. Es handelt sich um Sunk Costs, die somit für den Prüfer ab der zweiten Periode nicht mehr entscheidungsrelevant sind.[228] Wenn regulative Maßnahmen getroffen werden, um Low Balling zu verhindern, wandeln sich die Quasirenten in echte Renten. Die Unabhängigkeit wird dadurch jedoch nicht gestärkt. Denn der Anreiz, die Renten weiterhin zu realisieren, wird nicht geschmälert.

DeAngelo stellt darüber hinaus fest, dass für den Prüfer nicht nur die Quasirenten aus dem Vertragsverhältnis mit einem einzelnen Mandanten entscheidend sind. Auch der Verlust von Quasirenten aus weiteren Prüfungsaufträgen stellt für ihn eine finanzielle Bedrohung dar. Falls bekannt wird, dass ein Prüfer dem Druck eines Managers nachgegeben hat, wirkt sich dies negativ auf die Reputation des Prüfers aus und kann dazu führen, dass andere Unternehmen ihm die Mandate entziehen.[229] Es besteht also ein Trade-off für den Prüfer, einerseits die Quasirenten aus einem bestimmten Mandat erhalten zu wollen und andererseits bei einem möglichen Bekanntwerden eines Fehlverhaltens die Quasirenten aus anderen Mandaten zu verlieren.

Mathematisch kann dies folgendermaßen beschrieben werden: H bezeichnet die Summe aller Quasirenten des Prüfers, b den Prozentsatz von H, den der Prüfer bei

[227] Vgl. Bauer (2005): 50; Stefani (2002): 113; Arruñada (1999): 50.

[228] Vgl. z.B. Marten/Quick/Ruhnke (2007): 158. Diese Annahme ist nicht unumstritten. Mehrere Forscher geben zu bedenken, dass Sunk Costs die Kundenbindung zusätzlich verstärken, da der Prüfer in Erwartung von Quasirenten bereits einen bestimmten Aufwand bei der Akquisition in das Mandat mit der Erwartung von Quasirenten betrieben hat. Diese Auffassung teilen z.B. Kitschler (2005): 75 oder Francis/Simon (1987): 266 f.

[229] Dies hat auch der Skandal um Enron gezeigt, aufgrund dessen Arthur Andersen als Mitglied der damaligen Big 5 komplett vom Markt verschwunden ist. Zuvor hatten die Mandanten von Arthur Andersen als Folge des Skandals negative Kursreaktionen hinnehmen müssen. Vgl. Cahan/ Emanuel/Sun (2009): 199-226.

Bekanntwerden einer mangelhaften Prüfung einbüßen würde, q die Wahrscheinlichkeit der Aufdeckung eines Fehlverhaltens, Q die Quasirenten aus einem bestimmten Mandat und v die Wahrscheinlichkeit, dass der Prüfer das Mandat verliert, wenn er dem Druck des Mandanten nicht nachgibt. Ein risikoneutraler Prüfer wird standhaft bleiben und somit seine Unabhängigkeit behalten, wenn gilt:[230]

$$\underbrace{H \times b \times q}_{\text{Erwartete Kosten potenzieller Verluste anderer Mandate}} \geq \underbrace{Q \times v}_{\text{Erwartete Kosten bei Nichtnachgeben}}$$

$$\Leftrightarrow \qquad \frac{b \times q}{v} \geq \frac{Q}{H}.$$

Daraus folgt, dass das Verhältnis aus einer einzelnen Quasirente zur Summe aller Quasirenten einen gewissen Betrag nicht überschreiten darf, da es sich sonst für den Prüfer lohnt, dem Druck des Mandanten nachzugeben. Bei großen Prüfungsgesellschaften ist das Verhältnis aus der Summe der Quasirenten H zu einer einzelnen Quasirente Q höher als bei kleinen Gesellschaften. Daraus folgt, dass bei großen Gesellschaften die Gefahr nachzugeben und die Unabhängigkeit zu verlieren kleiner ist.

4.1.3.2 *Spieltheoretischer Ansatz*

Während das Quasirentenmodell von *DeAngelo* die Berichterstattung des Prüfers in den Mittelpunkt stellt, beschäftigt sich *Ewert* 1993 mit dem Prüfungsprozess und entwickelt einen spieltheoretischen Ansatz, um zwischen der Prüfungsintensität von kleinen und großen Prüfungsgesellschaften zu differenzieren.[231] Ausgangspunkt ist das Verhalten von Managern und Abschlussprüfern in einem zweistufigen Szenario. Beide haben laut *Ewert* zwei Handlungsmöglichkeiten. Der Manager kann in der ersten Stufe den Jahresabschluss korrekt aufstellen oder ihn manipulieren. Der Prüfer wählt in der zweiten Stufe, ohne die Entscheidung des Managers zu kennen, entwe-

[230] Vgl. Ewert/Wagenhofer (2003): 616 f.

[231] Das Modell wird von ihm später teils modifiziert, um den Effekt von Beratungsleistungen auf die Prüfungsqualität untersuchen zu können. Vgl. Ewert/Wagenhofer (2003). Das Grundmodell bleibt jedoch dasselbe, nur die Ergebnismatrix ändert sich.

der ein geringes oder ein hohes Prüfungsniveau. Dabei wird davon ausgegangen, dass der Prüfer bei einer geringen Prüfungsintensität die Fehler im Jahresabschluss nicht findet. Bei einer hohen Intensität findet er jedoch stets die Manipulationen.[232] Die beiden Stufen sind zwar sequenzieller Natur (zunächst stellt der Manager den Jahresabschluss auf und anschließend prüft der Abschlussprüfer diesen), aufgrund der vorausgesetzten Unbeobachtbarkeit ist dies aber für das Ergebnis unbedeutend. Der Ablauf wird in folgender Abbildung dargestellt:

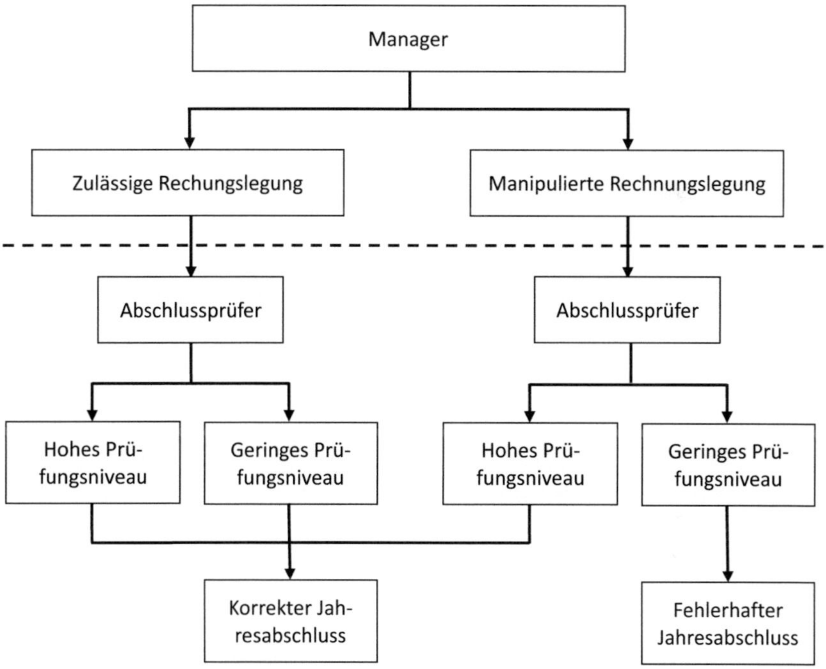

Abbildung 7: Zweistufiges Entscheidungsszenario
Quelle: In Anlehnung an Ewert (1993): 723.

---

[232] Ewert geht somit von einer perfekten Prüfungstechnologie aus. Da eine Abschlussprüfung allerdings stets (von seltenen Ausnahmefällen abgesehen) eine Stichprobenprüfung darstellt, wird ein Abschlussprüfer keine hundertprozentige Prüfungssicherheit erreichen können. Nichtsdestotrotz ist Ewerts Annahme zumindest dahingehend begründbar, dass ein hohes Prüfungsniveau das Risiko eines fehlerhaften Jahresabschlusses verringert.

Die Motivation zur Manipulation der Rechnungslegung ist, wie in Abschnitt 3.3.5.2 dargestellt, vielfältig. In dem Modell von *Ewert* wird der Einfachheit halber angenommen, dass der Vorteil, den der Manager erhält, ein Bonus B ist. Diesen erhält er zusätzlich zu seiner Basiszielerreichung Z, wenn er die Rechnungslegung manipuliert und der Prüfer dies nicht aufdeckt. Falls der Prüfer jedoch die Manipulation berichtet, erhält der Manager eine um einen Abschlag AS verminderte Zahlung.[233] Für den Prüfer wird angenommen, dass er unabhängig von seiner Arbeitsintensität ein vor der Prüfung ausgehandeltes Honorar erhält. Die Prüfungskosten sind dabei abhängig vom Prüfungsniveau. Falls der Prüfer ein niedriges Niveau ansetzt, erzielt er einen Überschuss G. Für den Fall, dass er ein hohes Niveau wählt, sind die Kosten um ZK höher. Er erhält somit $(G - ZK)$. Wenn die Rechnungslegung manipuliert ist, ergeben sich für den Prüfer weitere Konsequenzen. Bei einer niedrig gewählten Prüfungsintensität muss der Prüfer aus den bereits genannten Gründen mit dem Verlust von Quasirenten aus anderen Mandaten rechnen $(H \times b \times q)$. Wenn der Prüfer eine hohe Prüfungsintensität gewählt hat, muss er ebenfalls fürchten, dass er das Mandat nicht halten kann,[234] was zum Verlust von zukünftigen Gewinnen aus diesem Mandat führen wird $(Q \times v)$.[235] Die Zusammenhänge lassen sich durch folgende Ergebnismatrix (Tabelle 4) verdeutlichen:

Aus der Matrix wird ersichtlich, dass sich kein reines Nash-Gleichgewicht[236] ergibt.[237] Für den Manager ist dem Modell nach die Kombination von einer manipulierten

[233] Ewert erwähnt zwar die Möglichkeit, dass sich Manager und Prüfer bei einer entdeckten Manipulation einfach auf eine Korrektur einigen könnten, jedoch ergäben sich trotzdem negative Konsequenzen für den Manager. Zum einen verursachten die Nachverhandlungen zusätzliche Kosten – und möglicherweise auch Terminverschiebungen –, was zu Reputationsschäden für das geprüfte Unternehmen führen könnte. Zum anderen würden die Geschehnisse mit großer Wahrscheinlichkeit im Prüfungsbericht vermerkt werden, was zu weiteren Nutzeneinbußen für den Manager führen könnte.

[234] Auch Ewert geht wie DeAngelo dabei davon aus, dass der Mandant das Vertragsverhältnis mit dem Prüfer beendet, falls dieser das Testat einschränkt. Vgl. Ewert (1993): 731.

[235] Im Modell von 1993 erwartet Ewert zusätzlich Reputationsgewinne bei anderen Mandanten. Vgl. Ewert (1993): 732. Dies berücksichtigt er im späteren Modell allerdings nicht mehr. Die weiteren Aussagen beziehen sich auf das modifizierte Modell von Ewert/Wagenhofer aus dem Jahr 2003.

[236] Reine Nash-Gleichgewichte bezeichnen Situationen, in denen sich kein Spieler durch eine einseitige Änderung seiner Strategie verbessern kann. Vgl. Berninghaus/Ehrhart/Güth (2010): 29.

Manageraktionen / Prüfungsniveau	Zulässige Rechnungslegung		Manipulierte Rechnungslegung	
	Manager	Prüfer	Manager	Prüfer
Hoch	Z	$G-ZK$	$Z-AS$	$G-ZK-Q\times v$
Niedrig	Z	G	$Z+B$	$G-H\times b\times q$

Tabelle 4: Ergebnismatrix
Quelle: In Anlehnung an Ewert (1993): 733.

Rechnungslegung und einem niedrigen Prüfungsniveau optimal, da er zusätzlich zu seinem Basislohn noch einen Bonus erhält. Falls der Abschlussprüfer allerdings eine hohe Prüfungsintensität wählt, resultiert daraus das für den Manager schlechteste Ergebnis. Er erhält keinen Bonus und von seinem Basislohn wird ihm ein Abschlag abgezogen. Für den Fall, dass er den Jahresabschluss korrekt aufstellt, wird seine Entlohnung unabhängig von der Prüfungsintensität in der Mitte der beiden Extreme liegen. Die Erzielung des Maximallohns hängt somit von dem Verhalten des Abschlussprüfers ab.

Der Abschlussprüfer erreicht das für ihn beste Ergebnis bei der Kombination eines niedrigen Prüfungsniveaus und einer zulässigen Rechnungslegung. Wenn der Manager die Rechnungslegung allerdings manipuliert und der Prüfer dies nicht aufdeckt, verliert dieser folglich einen Teil der Quasirenten aus seinen anderen Mandaten. Deckt er die Manipulation dagegen durch eine intensive Prüfung auf, büßt er zwar die Quasirenten des betroffenen Mandats ein und muss höhere Prüfungsaufwendungen in Kauf nehmen; dafür behält er aber die Quasirenten aus den anderen Mandaten, die er bei einem niedrigen Prüfungsniveau verloren hätte.

[237] Hierbei setzen Ewert/Wagenhofer voraus, dass der Verlust aus den Quasirenten der übrigen Mandate stets größer ist als die Summe aus den zusätzlichen Prüfungskosten und dem Verlust der Quasirente aus dem geprüften Mandat (also $H\times b\times q > ZK+Q\times v$). Ansonsten wäre es für den Prüfer stets vorteilhaft, ein niedriges Prüfungsniveau zu wählen, was zu einer permanenten Manipulation der Rechnungslegung führen würde. Vgl. Ewert/Wagenhofer (2003): 618.

Somit ergibt sich ein gemischtes Nash-Gleichgewicht, das von den jeweiligen Wahrscheinlichkeiten der gewählten Strategien bestimmt wird.[238] Der Prüfer macht seine Entscheidung von der Wahrscheinlichkeit, dass der Manager die Rechnungslegung manipuliert, abhängig. Er nimmt an, dass der Manager einen Anreiz von

$$\alpha = \frac{B}{B + AS}$$

besitzt,[239] die Rechnungslegung zu seinem Vorteil zu verändern. Darauf aufbauend wägt der Prüfer sein erwartetes Ergebnis *E* ab für den Fall, dass er nur ein niedriges Prüfungsniveau ansetzt:

$$\begin{aligned} E &= (1 - \alpha)G + \alpha(G - H \times b \times q) = G \times (1 - \frac{B}{B + AS}) + (G - H \times b \times q)\frac{B}{B + AS} \\ &= G - H \times b \times q\frac{B}{B + AS} \end{aligned}$$

Außerdem ermittelt er den Erwartungswert für ein hohes Prüfungsniveau:

$$\begin{aligned} E &= (1 - \alpha)(G - ZK) + \alpha(G - ZK - Q \times v) \\ &= (G - ZK) \times \left(1 - \frac{B}{B + AS}\right) + (G - ZK - Q \times v)\frac{B}{B + AS} \\ &= G - ZK - Q \times v\frac{B}{B + AS} \end{aligned}$$

Anschließend wählt er für die Prüfung das Niveau mit dem größten Erwartungswert. Die Bedingung für eine intensive Prüfung lautet damit:

$$G - ZK - Q \times v\frac{B}{B + AS} \geq G - H \times b \times q\frac{B}{B + AS}$$

$$\Leftrightarrow H \times b \times q \geq ZK\frac{B + AS}{B} + Q \times v$$

Daraus lässt sich ableiten, dass die Wahrscheinlichkeit einer intensiven Prüfung umso größer ist, je kleiner die Zusatzkosten und die potenziellen Kosten aus dem Mandatsverlust sind. Außerdem steigt das Prüfungsniveau, wenn der Prüfer damit rechnet,

[238] Vgl. hierzu auch Ewert/Stefani (2001): 181-183.

[239] AS und B kann der Prüfer hierbei nur schätzen.

dass der Manager die Rechnungslegung manipuliert. Dies wird durch den Bonus und die Abschlagszahlung bedingt. Je höher der Prüfer den Bonus und je geringer er die Abschlagszahlung einschätzt, desto größer ist die Wahrscheinlichkeit einer intensiven Prüfung.

Maßgeblich ist zudem insbesondere, wie hoch die Kosten einer nicht aufgedeckten Bilanzmanipulation für den Prüfer sind. Wenn diese höher eingeschätzt werden als die Kosten einer umfangreichen Prüfung und infolgedessen des Mandatsverlusts, wird der Prüfer eine hohe Prüferintensität wählen. Da größere Prüfungsgesellschaften mehr Mandate betreuen und demnach der Verlust von Quasirenten hier schwerer wiegt, wird auch nach diesem Modell ein höheres Prüfungsniveau für große Prüfungsgesellschaften angenommen.[240] Je größer das Mandatsportfolio ist, desto wahrscheinlicher wird eine umfangreiche Prüfung bei den Einzelmandaten, da die Gefahr von erheblichen Reputationsverlusten – sollte ein Fehlverhalten des Prüfers aufgedeckt werden – einen signifikanten Einfluss auf das Prüfungsverhalten haben würde.

Im Gegensatz zum Ansatz von *DeAngelo* wird bei *Ewert* nicht die Berichterstattung des Prüfers betrachtet, sondern die Intensität der Prüfungsleistung. Es wird vorausgesetzt, dass der Prüfer die Zusatzkosten für ein hohes Prüfungsniveau nicht auf sich nehmen würde, wenn er die wesentlichen Falschdarstellungen nicht auch berichten will. Dagegen erkennt der Prüfer bei dem Ansatz von *DeAngelo* die Manipulationen, zeigt diese allerdings nicht an. Beide Modelle haben aber gemeinsam, dass hierin die Qualität von großen Prüfungsgesellschaften höher als die von kleinen Prüfungsgesellschaften eingeschätzt wird.

4.1.4 Empirischer Befund

Es wurde mehrfach versucht, durch empirische Studien den theoretisch hergeleiteten Unterschied in der Prüfungsqualität zwischen großen und kleinen Prüfungsgesellschaften nachzuweisen. Die Studien konzentrierten sich meist entweder auf die wahrgenommene oder auf die tatsächliche Prüfungsqualität. Einige Studien gingen

---

[240] Dabei geht Ewert davon aus, dass die Zusatzkosten eines hohen Prüfungsniveaus (ZK) und die Kosten des potenziellen Mandatsverlust ($Q \times v$) für kleine und große Prüfungsgesellschaften gleich hoch sind. Vgl. Ewert (1993): 742.

auch auf beide Seiten ein. Falls eine Studie mehrere Surrogate für die Prüfungsqualität verwendet hat, wurde diese Studie im Folgenden daher auch mehrfach genannt. Eine ausführliche Darstellung der einzelnen Studien erfolgt im Anhang.

4.1.4.1 Wahrgenommene Prüfungsqualität

Kapitalmarktreaktionen

Die ersten Studien, in denen gemessen worden ist, ob es unterschiedliche Reaktionen am Kapitalmarkt gibt, je nachdem ob ein Unternehmen von einer großen oder kleinen Prüfungsgesellschaft geprüft wird, sind Anfang der Achtzigerjahre veröffentlicht worden. Sowohl *Fried/Schiff* (1981) als auch *Nichols/Smith* (1983) haben hierbei den Einfluss eines Prüferwechsels auf den Kapitalmarkt in den USA untersucht. Beide Autorenpaare konnten keinen Zusammenhang zwischen der Größe der Prüfungsgesellschaft und Auswirkungen auf den Kapitalmarkt erkennen.[241] *Eichenseher/Hagigi/Shields* (1989) und *Hagigi/Kluger/Shields* (1993) hingegen ermittelten zumindest eine positive Kapitalmarktreaktion bei einem Wechsel zu einer großen Prüfungsgesellschaft. *Teoh/Wong* (1993) maßen zudem eine negative Reaktion, nachdem zu einer kleinen Prüfungsgesellschaft gewechselt worden ist. Außerdem betrachteten sie nicht nur Prüferwechsel, sondern auch bestehende Mandatsverhältnisse und kamen hier ebenfalls zu dem Schluss, dass sich die Beauftragung einer großen Prüfungsgesellschaft positiv auf den Kapitalmarkt auswirkt. *Khurana/Raman* (2004) stellten in den USA darüber hinaus eine positive Reaktion des Kapitalmarkts fest, wenn die Prüfungsgesellschaft zu den Big 4 gehört. In Australien, Großbritannien und Kanada konnten sie allerdings keine Auswirkungen ermitteln. Dies führten sie auf die strengeren Haftungsregelungen in den USA zurück.

IPO Underpricing

Auch die Studien zum Underpricing bei einem IPO weisen unterschiedliche Ergebnisse auf. *Beatty* (1989), *Hogan* (1997) und *Albring/Elder/Zhou* (2007) ermittelten, dass die Beauftragung von größeren Prüfungsgesellschaften in den USA einen mindernden

---

[241] In beiden Studien sind aber der geringe Stichprobenumfang von 48 bzw. 51 Prüferwechseln und das einfache Untersuchungsdesign zu kritisieren.

Effekt auf das Underpricing besitzt und somit von einer besseren Prüfungsqualität ausgegangen werden kann. In den Studien von *Feltham/Hughes/Simunic* (1991) in den USA sowie *Firth/Smith* (1992) und *Lee et al.* (2003) in Neuseeland wurde dagegen kein Einfluss der Größe der Prüfungsgesellschaft auf die Höhe des Underpricings festgestellt. *Jang/Lin* (1993) kamen in ihrer Studie zum Handelsvolumen bei einem IPO in den USA zu dem Schluss, dass bei größeren Prüfungsgesellschaften auch das Handelsvolumen steigt.

Experimente und Befragungen

Zur Einschätzung der Prüfungsqualität führten *Shockley* (1981), *McKinley/Pany/Reckers* (1985) und *Knapp* (1991) in den USA sowie *Lindsay* (1989) in Australien Experimente durch. Probanden waren dabei Abschlussprüfer, Kreditsachbearbeiter, Finanzanalysten und Audit-Committee-Mitglieder. Die Ergebnisse waren zwar nicht einheitlich,[242] insgesamt zeigte sich aber, dass die Qualität von großen Prüfungsgesellschaften durch die Probanden als höher angesehen wird.

Lowensohn et al. (2007) kamen dagegen mit ihrer Befragung in Australien zu dem Schluss, dass sich zumindest die Finanzdirektoren der örtlichen Kommunalverwaltungen nicht von der Größe der Prüfungsgesellschaft beeinflussen ließen. Hingegen schätzten sie die Qualität von spezialisierten Prüfungsgesellschaften höher ein.

Agency-Kosten

Die Studien, in denen die Wahl des Abschlussprüfers in Abhängigkeit von den Agency-Kosten des Mandanten untersucht worden ist, weisen differenziertere Ergebnisse auf. Während *Feltham/Hughes/Simunic* (1991) für die USA keinen Zusammenhang zwischen der Wahl des Abschlussprüfers und den Agency-Kosten des Mandanten feststellen konnten, ermittelten *Simunic/Stein* (1987) und *DeFond* (1992) in den USA, dass Unternehmen mit hohen Agency-Kosten dazu tendieren, große Prüfungsgesellschaf-

[242] So schätzen bei Shockley (1981) die Partner der Nicht-Big 8 Prüfungsgesellschaften die Größe der Prüfungsgesellschaft als irrelevant für die Prüfungsqualität ein. Bei Knapp (1991) sehen die Audit-Committee-Mitglieder, die sowohl Erfahrung mit großen als auch mit kleinen Prüfungsgesellschaften haben, keine Unterschiede.

ten zu wählen. *Francis/Wilson* (1988) konnten diesen Effekt in den USA nur unter der Verwendung des dichotomen Maßstabs Big 8/Nicht-Big 8 nachweisen. Bei einer stetigen Betrachtung ergab sich für sie kein signifikanter Zusammenhang. Keine Korrelation zwischen der Größe der Prüfungsgesellschaft und den Agency-Kosten ermittelten *Clarkson/Simunic* (1994) für die USA, dafür jedoch für Kanada. Sie begründeten den Unterschied mit den unterschiedlichen Haftungsregelungen in beiden Ländern. Die strengeren Regelungen in den USA führten dazu, dass bei hohen Agency-Kosten die Risiken für die großen Prüfungsgesellschaften so groß ausfielen, dass der fällige Preiszuschlag für die Mandanten zu hoch gewesen wäre. Studien in Neuseeland von *Firth/Smith* (1992) und *Lee et al.* (2003) sowie in Asien von *Fan/Wong* (2005) bestätigten diese Hypothese, da sie auch in Ländern, deren Haftungsregelungen lockerer sind als in den USA, einen positiven Zusammenhang zwischen hohen Agency-Kosten und der Wahl einer großen Prüfungsgesellschaft messen konnten. Die unterschiedlichen Ergebnisse können aber auch durch die voneinander abweichenden Messmethoden für die Agency-Kosten begründet sein.

4.1.4.2 Tatsächliche Prüfungsqualität

Prüfungshonorare

Den Unterschied der tatsächlichen Prüfungsqualität zwischen großen und kleinen Prüfungsgesellschaften hat erstmals *Simunic* im Jahr 1980 untersucht. Dazu verwendete er die Höhe der Prüfungshonorare als Surrogat für Prüfungsqualität.[243] In einigen darauf folgenden Studien wurde dieser Ansatz aufgegriffen. Im Gegensatz zu den späteren Studien konnte *Simunic* damals für die USA keinen Unterschied in der Prüfungsqualität zwischen großen und kleinen Prüfungsgesellschaften feststellen. Dies führte er auf Economies of Scale zurück, die seiner Meinung nach große Prüfungsgesellschaften erzielen. Zur Datengewinnung nutzte er Fragebögen, da in den USA zur Zeit

[243] Zur Verwendung der Prüfungshonorare als Surrogat für Prüfungsqualität und die Probleme, die dabei entstehen, siehe Abschnitt 3.3.4. Basierend auf der These, dass das Prüfungshonorar dem Produkt von Arbeitsstunden und Preis pro Stunde entspricht, werden Studien, die auf der Höhe der Prüfungshonorare basieren, den Studien zur tatsächlichen Prüfungsqualität zugeordnet. Falls diese als höhere Zahlungsbereitschaft für einen hochqualifizierten Abschlussprüfer verstanden werden, könnten sie aber auch den Studien zur wahrgenommenen Prüfungsqualität hinzugezählt werden.

der Durchführung der Studie die Prüfungshonorare nicht veröffentlicht werden mussten.

Im Vergleich dazu basierte die Studie von *Francis* aus dem Jahr 1984 auf Daten, die den veröffentlichen Jahresabschlüssen von geprüften australischen Unternehmen entnommen wurden. Er maß einen signifikanten Unterschied: Die Honorare für große Prüfungsgesellschaften fielen demgemäß gegenüber denen für kleine Prüfungsgesellschaften deutlich höher aus. Dies führte er auf einen Qualitätsvorsprung der Big 8 zurück. Studien, die nachfolgend in den USA durchgeführt wurden und auf Daten aus veröffentlichten Jahresabschlüssen basierten, konnten diesen Unterschied in der Höhe des Honorars bestätigen. Sowohl *Palmrose* (1986), *Francis/Simon* (1987), *Simon/Francis* (1988) und *Albring/Elder/Zhou* (2007) verzeichneten einen signifikanten Preiszuschlag bei großen Prüfungsgesellschaften. *Francis/Simon* vermuteten, dass die homogene Honorarausgestaltung bei *Simunic* somit durch die geringe Anzahl an großen Mandanten verursacht wurde und die Ergebnisse verzerrt sind.[244]

Mit Ausnahme einer Studie von *Langendijk* (1997), die in den Niederlanden durchgeführt wurde, weisen auch Studien in anderen Ländern einen Zusammenhang zwischen der Größe der Prüfungsgesellschaft und der Honorarhöhe nach, so *Craswell/Francis/Taylor* (1995), *Craswell/Francis* (1999), *Ferguson/Stokes* (2002) und *Lowensohn et al.* (2007) in Australien, *DeFond/Francis/Wong* (2000) in Hongkong sowie *Ireland/Lennoxx* (2002) in Großbritannien. *Choi et al.* konnten 2008 bei einem Vergleich von 15 Ländern ebenfalls einen Unterschied in der Höhe der Prüfungshonorare zwischen den verschiedenen Ländern feststellen, der allerdings umso geringer ausfällt, je strikter die Haftungsregelungen in einem Land ausgestaltet sind.

Haftungsfälle und Ermittlungsverfahren von Aufsichtsbehörden

Studien, in denen der Zusammenhang zwischen der Größe einer Prüfungsgesellschaft und Haftungsfällen bzw. Ermittlungen von Aufsichtsbehörden untersucht wurde, weisen unterschiedliche Ergebnisse auf. Während *Palmrose* (1988) feststellte, dass große Prüfungsgesellschaften seltener von Haftungsfällen betroffen sind, kam *Stice* (1991)

[244] Vgl. Francis/Simon (1987): 148.

zu einem anderen Ergebnis: Er konnte keine Unterschiede zwischen großen und kleinen Prüfungsgesellschaften messen. Seine Studie hatte allerdings ein weit kleineres Sample als das von *Palmrose* (49 gegenüber 472 Haftungsfällen). *Lennox/Pittman* (2010) kamen wiederum zu dem Ergebnis, dass bei Überprüfungen durch die SEC seltener Fehler bei großen Prüfungsgesellschaften festgestellt werden können.

Bilanzpolitik

Eine erste Studie über den Zusammenhang zwischen dem Ausmaß von Bilanzpolitik eines Unternehmens und der Größe einer Prüfungsgesellschaft ist von *Davidson/Neu* (1993) in Kanada durchgeführt worden. Sie untersuchten, ob sich die Abweichungen von Gewinnprognosen zwischen Mandanten von kleinen und großen Prüfungsgesellschaften unterscheiden. Dabei ermittelten sie eine größere Differenz zwischen prognostiziertem und realisiertem Gewinn bei Unternehmen, die von einer großen Prüfungsgesellschaft geprüft werden, und schlossen so auf eine bessere Qualität der großen Prüfungsgesellschaften.[245]

Die Höhe der diskretionären Periodenabgrenzungen nutzten *Becker et al.* (1998) erstmals, um den Qualitätsunterschied zwischen großen und kleinen Prüfungsgesellschaften in den USA zu messen. Sie verwendeten dabei das ursprüngliche Jones-Modell, schätzten die Parameter allerdings branchenspezifisch.[246] Ihre Ergebnisse bestätigten ihre Prognose, dass die Mandanten von großen Prüfungsgesellschaften geringere diskretionäre Periodenabgrenzungen aufweisen und somit die Prüfungsqualität höher ist als bei kleinen Prüfungsgesellschaften. Die Ergebnisse von *Becker et al.* sind für die USA vielfach bestätigt worden, wobei die meisten nachfolgenden Studien das Untersuchungsdesign verändert haben.

So betrachteten *Francis/Maydew/Sparks* (1999) zunächst das Ausmaß der gesamten Periodenabgrenzungen und erkannten, dass Unternehmen mit höheren gesamten

---

[245] Davidson/Neu nennen Bilanzpolitik dabei nicht explizit als Grund zur Einhaltung der Prognosen. Hiervon ist aber auszugehen. Zur Messung der Prüfungsqualität anhand der Abweichung von Gewinnprognosen siehe Abschnitt 3.3.5.4.2.

[246] Siehe zur Qualitätsmessung anhand von diskretionären Periodenabgrenzungen Abschnitt 3.3.5.4.5.2.

Periodenabgrenzungen dazu tendieren, eine große Prüfungsgesellschaft mit positiver Reputation zu wählen, allerdings geringere diskretionäre Periodenabgrenzungen ausweisen, was wiederum auf eine höhere Prüfungsqualität schließen lässt. In einer früheren Studie analysierten *Krishnan/Schauer* (2000) die Übereinstimmung der Jahresabschlüsse von Unternehmen mit den Reporting Requirements im Non-Profit-Sektor und ermittelten, dass Mandanten von großen Unternehmen die Reporting Requirements besser einhielten als Mandanten von kleinen Prüfungsgesellschaften. Somit schätzten sie die Prüfungsqualität bei großen Prüfungsgesellschaften höher ein. *Kim/Chung/Firth* (2003) unterschieden in ihrer Untersuchung zwischen ergebniserhöhender und -mindernder Bilanzpolitik von Unternehmen. Einen Unterschied in der Prüfungsqualität zugunsten großer gegenüber kleinen Prüfungsgesellschaften konnten sie nur bei der ergebniserhöhenden Bilanzpolitik messen. Dies begründeten sie mit der größeren Wahrscheinlichkeit, einen Haftungsschaden zu erleiden, falls der Mandant ergebniserhöhende Bilanzpolitik betriebe. Auf den Qualitätsunterschied zwischen spezialisierten und nichtspezialisierten Prüfungsgesellschaften konzentrierten sich *Zhou/Elder* (2001). Auch sie ermittelten für große Prüfungsgesellschaften in den USA eine höhere Prüfungsqualität als für kleine.

Im Gegensatz zu Studien, die nicht in Kanada oder den USA durchgeführt wurden, weisen jene aus anderen Ländern unterschiedliche Ergebnisse auf. Während *Jäckel/Leker* (1995) in Deutschland und *Ajona/Dallo/Alegria* (2008) in Spanien einen Unterschied in der Höhe der Bilanzpolitik von Unternehmen feststellen konnten, ermittelten *Bauwhede/Willekens/Gaeremynck* (2003) und *Bauwhede/Willekens* (2004) in Belgien, *Lee et al.* (2003) in Neuseeland sowie *Jeong/Rho* (2004) in Südkorea keinen Unterschied. *Zimmermann* (2008) stellte für Deutschland sogar einen positiven Zusammenhang zwischen der Größe der Prüfungsgesellschaft und dem Ausmaß an Bilanzpolitik fest. Die vergleichende Studie von *Maijoor/Vanstraelen* (2006) zeigte einen Unterschied in Großbritannien, aber keinen in Deutschland und Frankreich. Die Studie von *van Tendeloo/Vanstraelen* (2008) verwies auf einen Unterschied in Belgien, Finnland, Frankreich und Spanien. In Großbritannien und den Niederlanden konnten die Autorinnen allerdings keine Differenzen ausmachen. *Francis/Wang* (2008) ermittelten bei einem Vergleich von 42 Ländern einen Unterschied in der Bilanzpolitik zwischen

Mandanten von großen und kleinen Prüfungsgesellschaften, der umso größer wird, je strenger die Haftungsregelungen sind.

Testatseinschränkungen

In den bisher veröffentlichten Studien über Testatseinschränkungen ist festgestellt worden, dass große Prüfungsgesellschaften signifikant häufiger die Testate ihrer Mandanten einschränken als kleine. Dies gilt beispielsweise für die Studien von *Lennox* (1999) in Großbritannien, *Ajona/Dallo/Alegria* (2008) in Spanien und *Li* (2009)[247] in den USA. Jede der drei Studien analysierte dabei speziell die Going-Concern-Beurteilungen.

4.1.5 *Zwischenfazit und Implikationen für die Arbeit*

Wie in den Abschnitten 4.1.1 und 4.1.2 gezeigt wurde, hat in den letzten Jahrzehnten eine fortschreitende Konsolidierung des Prüfungsmarkts stattgefunden. Dabei haben vier Prüfungsgesellschaften eine Größe erreicht, die sich deutlich von den anderen Prüfungsgesellschaften unterschiedet. Zur Abgrenzung von großen und kleinen Prüfungsgesellschaften wird daher in den meisten Studien ein dichotomer Maßstab verwendet. Prüfungsgesellschaften werden demnach als groß bezeichnet, wenn sie zu den Big 4[248] gehören. Dieser Maßstab soll auch im empirischen Teil dieser Arbeit zur Anwendung kommen. Zu den großen Prüfungsgesellschaften werden demnach Arthur Andersen, Deloitte Touche Tohmatsu, Ernst & Young, KPMG und Pricewaterhouse-Coopers gezählt.[249]

In theoretischen Studien ist die Prüfungsqualität dieser beiden Gruppen untersucht und dabei festgestellt worden, dass große Prüfungsgesellschaften stärkere Anreize

---

[247] Bei Li (2009) gilt dies allerdings nur für die Betrachtung des gesamten Samples oder für die Einzelbetrachtung des Jahres 2001. Bei einer Einzelbetrachtung des Jahres 2003 kann er keine signifikanten Unterschiede bei den Testatserteilungen von großen und kleinen Prüfungsgesellschaften feststellen.

[248] Da Arthur Andersen nur zu Beginn des Untersuchungszeitraums noch existierte, wird im Folgenden vereinfachend von den Big 4 gesprochen.

[249] In einigen Ländern (beispielsweise Indonesien, Südkorea und der Türkei) firmieren die Big 4 Prüfungsgesellschaften unter anderem Namen. Da diese jedoch zu dem jeweiligen Prüfungsnetzwerk gehören, werden diese den Big 4 zugeordnet.

haben, eine höhere Prüfungsqualität zu erbringen als kleine Prüfungsgesellschaften. Das Modell von *DeAngelo* sowie das Modell von *Ewert* zeigen dabei, dass die Motivation zur Erbringung einer hohen Prüfungsqualität sowohl von der Höhe und der Wahrscheinlichkeit der zu verlierenden Gewinne aus anderen Mandaten als auch vom direkten Mandatsverlust abhängt.

Die überwiegende Anzahl der Studien zur wahrgenommenen Prüfungsqualität bestätigt, dass die Adressaten der Abschlussprüfung die Prüfungsqualität von großen Prüfungsgesellschaften höher als die Prüfungsqualität von kleinen Prüfungsgesellschaften einschätzen. Hier werden 24 Studien betrachtet.[250] Die Ergebnisse von 13 Studien zeigen, dass die Größe der Prüfungsgesellschaft einen positiven Einfluss auf die wahrgenommene Prüfungsqualität hat. Das Gegenteil wird bei keiner der Studien festgestellt. In 11 Studien konnte kein signifikanter Unterschied in der Wahrnehmung erkannt werden oder die Ergebnisse waren gemischt.

Die Resultate der Studien zur tatsächlichen Prüfungsqualität sind gemischt, bestätigen aber tendenziell die theoretischen Modelle. Von den 39 betrachteten wird bei 23 Studien festgestellt, dass die Prüfungsqualität großer Prüfungsgesellschaften höher ausfällt als die von kleinen Prüfungsgesellschaften. Nur eine der aufgeführten Studien zeigt das Gegenteil. 15 Studien kommen zu uneinheitlichen Ergebnissen. Auffällig ist, dass insbesondere Studien, die Unternehmen in den USA zum Gegenstand hatten, einen Qualitätsunterschied messen, während Studien über Unternehmen in Kontinentaleuropa zu einem gemischten Urteil gelangen und kaum signifikante Qualitätsunterschiede feststellen konnten.

Die unterschiedlichen empirischen Ergebnisse lassen darauf schließen, dass länderspezifische Faktoren einen Einfluss auf den Qualitätsunterschied zwischen großen und kleinen Prüfungsgesellschaften ausüben. Wie im nächsten Kapitel erläutert wird, können Haftungsregelungen dafür verantwortlich sein, was in Kapitel 6 empirisch zu überprüfen sein wird. Vorher wird aber in den folgenden Abschnitten die Spezialisierung als zweite prüfungsgesellschaftsspezifische Determinante bezüglich ihrer Wirkung auf die Prüfungsqualität untersucht.

---

[250] Für die Arbeit wurde jeweils die wichtigsten Forschungsbeiträge ausgewählt.

4.2 Spezialisierung

Um im Folgenden aufzuzeigen, warum spezialisierte Prüfungsgesellschaften eine bessere Prüfungsqualität erbringen könnten als nichtspezialisierte Prüfungsgesellschaften, muss zunächst die Motivation, sich auf eine Branche zu spezialisieren, dargestellt werden. Im Anschluss wird gezeigt, wie spezialisierte Prüfungsgesellschaften von nichtspezialisierten unterschieden werden können. Um darzustellen, welche ökonomischen Anreize für eine spezialisierte Prüfungsgesellschaft bestehen, eine überdurchschnittliche Prüfungsqualität zu erbringen, wird hierzu in Abschnitt 4.2.3 ein theoretisches Modell von *Klein/Leffler* auf die Wirtschaftsprüfung übertragen. Schließlich werden die Ergebnisse der bisherigen empirischen Forschungsbeiträge vorgestellt.

4.2.1 Theoretischer Bezugsrahmen zur Erklärung einer Branchenspezialisierung von Prüfungsgesellschaften

Das Basismodell, das dazu dient, die Gründe für eine Branchenspezialisierung zu erklären, ist von *Porter* im Jahr 1985 veröffentlicht worden.[251] Im Mittelpunkt dieses Modells stehen die strategischen Möglichkeiten von Unternehmen, ihre Wettbewerbsposition in einem bestimmten Markt zu erhalten und auszubauen.[252] Die Unternehmen können sich dabei zwischen drei unterschiedliche Strategieformen entscheiden: der Kostenführerschaft, der Differenzierung und der Konzentration auf Schwerpunkte.[253]

[251] Das Modell von Porter richtet sich primär an Industrieunternehmen. Jedoch können wesentliche Punkte auch auf andere Branchen übertragen werden. Vgl. Grothe (2005): 201.

[252] Die sogenannten „Five-Forces“ sind: Rivalität unter den bestehenden Wettbewerbern, Bedrohung durch neue Anbieter, Verhandlungsstärke der Lieferanten, Verhandlungsstärke der Abnehmer und Bedrohung durch Ersatzprodukte. Vgl. Porter (2000): 29.

[253] Porter rät Unternehmen dazu, sich auf eine der Strategien zu konzentrieren. Ansonsten besteht die Gefahr, die gewählte Strategie „zu verwässern“, sodass das Unternehmen „zwischen den Stühlen“ („stuck in the middle“) verbleibt. In diesem Fall würden sich keine Wettbewerbsvorteile ergeben. Vgl. Porter (2008): 71 und 79-82. Für Wirtschaftsprüfungsunternehmen trifft dies aber nur bedingt zu, was in den folgenden Ausführungen gezeigt werden soll.

Kostenführerschaft

Mit der Strategie der Kostenführerschaft verfolgt ein Unternehmen das Ziel, Kostenvorteile gegenüber der Konkurrenz zu erreichen, um so überdurchschnittliche Erträge zu generieren und eine vorteilhafte Situation gegenüber der Konkurrenz aufzubauen. Um dies zu erreichen, müssen die in der Wertkette der Leistungserbringung eines Unternehmens[254] vorhandenen Kosteneinsparpotenziale durch die sogenannten Kostenantriebskräfte gezielt genutzt werden.[255] Diese Potenziale sollten quantifiziert werden, um das Unternehmen steuern und sich mit Konkurrenzunternehmen vergleichen zu können.[256] Damit Kostenvorteile tatsächlich generiert werden können, ist oftmals ein hoher Marktanteil notwendig, der Skalenerträge möglich macht.[257]

Für Prüfungsgesellschaften ist die Strategie der Kostenführerschaft nicht problemlos anwendbar. Eine Abschlussprüfung gewinnt offensichtlich an Wert, wenn der Prüfer einen guten Ruf hat.[258] Werden bei einer Prüfungsgesellschaft allerdings häufig Mängel in der Prüfungsdurchführung festgestellt, verliert diese schnell an Reputation. Eine Kostendegression würde diesen Effekt noch vergrößern. Ferner existieren für die Abschlussprüfung gesetzliche Normen, sodass bestimmte Qualitätsmaßstäbe unbedingt eingehalten werden müssen. Im Zuge der Kostenführerschaftstrategie können große Kosteneinsparungen dazu führen, dass einer Wirtschaftsprüfungsgesellschaft Fehler

---

[254] Die Wertkette setzt sich aus den Wertaktivitäten sowie der Gewinnspanne zusammen und zeigt den Gesamtwert eines Produktes auf. Sie untergliedert sich in die primären Aktivitäten: Eingangslogistik, Operationen, Marketing & Vertrieb, Ausgangslogistik und Kundendienst sowie die unterstützenden Aktivitäten: Unternehmensinfrastruktur, Personalwirtschaft, Technologieentwicklung und Beschaffung. Vgl. Porter (2000): 66.

[255] Porter unterscheidet zehn wesentliche Kostenantriebskräfte. Für eine ausführliche Darstellung siehe Porter (2000): 107-123.

[256] Für Wirtschaftsprüfungsunternehmen dürften insbesondere die Stunden- und Tagessätze für die Mitglieder des Prüfungsteams entscheidend sein, da diese große Kostentreiber bei den Abschlussprüfungen darstellen.

[257] Dahinter verbirgt sich das Konzept der Erfahrungskurve. Es bezieht sich im Grundgedanken auf die Produktion von Gütern. Je mehr Güter produziert werden, desto geringer sind die Stückkosten. Dies gilt auch für Abschlussprüferleistungen, bei denen ebenfalls Kostendegressionen zu erwarten sind – beispielsweise durch eine kontinuierlich weiterentwickelte Prüfsoftware oder einen effizienteren Personaleinsatz. Außerdem ergibt sich eine Fixkostendegression durch eine steigende Kapazitätsauslastung. Vgl. Schierenbeck/Wöhle (2008): 152; Wöhe/Döring (2008): 92 f.

[258] Vgl. Abschnitt 3.2.2.

bei Abschlussprüfungen unterlaufen. Sollten diese in einer Qualitätskontrolle festgestellt werden, wird der Prüfungsgesellschaft möglicherweise die Berechtigung entzogen, gesetzliche Abschlussprüfungen durchzuführen.[259] Außerdem können aufgrund der Komplexität und Einmaligkeit der Leistungen Nachfrager den Preisvorteil eines Anbieters, der in der Regel die Konsequenz aus der Kostenführerschaft ist, nicht immer wahrnehmen.[260] Schließlich wurde empirisch mehrfach bewiesen, dass spezialisierte Prüfungsgesellschaften trotz der Skaleneffekte in der Regel keine Kostenführerschaft anstreben. Sie verlangen im Gegensatz meist sogar höhere Prüfungsgebühren.[261]

Differenzierung

Die Strategie der Differenzierung zielt darauf ab, sich durch Leistungsvorteile[262] einen Vorsprung gegenüber den Wettbewerbern innerhalb eines Markts zu verschaffen. Hierzu versucht ein Unternehmen, sich von der Konkurrenz abzuheben, indem es ein Produkt erstellt oder eine Dienstleistung erbringt, die einzigartig oder wesentlich besser als der Branchenstandard ausfällt. Diese Leistung muss dabei einen Wert für den Kunden besitzen,[263] damit sie von den Leistungen anderer Anbieter differenziert werden und der Anbieter somit einen höheren Preis rechtfertigen kann. Um eine Differenzierungsstrategie erfolgreich durchführen zu können, müssen zwei Voraussetzungen gegeben sein. Zum einen müssen sich die Differenzierungsmerkmale von denen der Konkurrenten erkennbar und auf Dauer unterscheiden und zum anderen müssen die höheren Preise über den zusätzlichen Kosten liegen, die bei dieser Strategie übli-

[259] Zur Durchführung und zu den Konsequenzen einer externen Qualitätskontrolle in Deutschland siehe ausführlich Paulitschek (2009): 95-138.

[260] Vgl. Grothe (2005): 208.

[261] Dies wurde z.B. in den Studien DeFond/Francis/Wong (2000) und Craswell/Francis/Taylor (1995) festgestellt.

[262] Daher auch Leistungsvorteilsstrategie genannt.

[263] Dies kann beispielsweise durch die Senkung der Kosten des Abnehmers oder eine Leistungssteigerung aufseiten des Anbieters geschehen. Vgl. Porter (2000): 182.

cherweise entstehen.[264] Daher ist es für Unternehmen, die eine Differenzierungsstrategie verfolgen, von großer Bedeutung, auch die Kostenstruktur im Auge zu behalten.

Die Differenzierungsstrategie kann für Prüfungsgesellschaften einige Vorteile haben. So ist es für eine Prüfungsgesellschaft ohne Zusatznutzen (Added Value) kaum möglich, ihr Honorar über dem der Konkurrenz anzusetzen. Wenn sich eine Prüfungsgesellschaft nicht vom übrigen Prüfungsmarkt absetzen kann, wird kein Mandant gewillt sein, ihr ein Honorar zu zahlen, welches über dem des günstigsten Anbieters liegt. Falls der Mandant aber einen Qualitätsunterschied wahrnimmt, kann die Prüfungsgesellschaft einen höheren Preis verlangen.[265] Eine Möglichkeit zur Differenzierung stellt hierbei die Entwicklung von Branchenkompetenzen dar. Zwar verlangen die Prüfungsnormen, dass ein Auftrag nur angenommen werden darf, wenn der Abschlussprüfer über das notwendige Know-how verfügt;[266] dies kennzeichnet aber nur ein Mindestmaß. Die Erlangung einer Branchenkompetenz, die über dieses Mindestmaß hinausgeht, bringt für den Prüfer zusätzlichen Nutzen.

Aufgrund der Anwendung eines geschäftsrisikoorientierten Ansatzes (Business Risk Audit)[267] ist es für die Prüfungsgesellschaften von großer Bedeutung, Kenntnisse über die Geschäftstätigkeit und das wirtschaftliche Umfeld ihrer Mandanten zu erlangen. Mithilfe dieses Branchenwissens kann ein Abschlussprüfer während seiner Prüfungstätigkeit dem Mandanten Vorschläge zur Prozessoptimierung unterbreiten, was einen Added Value der Jahresabschlussprüfung darstellt. Die Reputation als Branchenspe-

---

[264] Vgl. Porter (2000): 41. Dabei reicht es für die Prüfungsgesellschaft nicht aus, bei der Preissetzung nur die Kosten zu beachten. Sie muss auch die Zahlungsbereitschaft der Kunden berücksichtigen. Falls diese nicht gewillt sind, den höheren Preis für die bessere Qualität zu zahlen, werden sie sich für die günstigere Leistung entscheiden und die Strategie der Prüfungsgesellschaft wird nicht erfolgreich sein.

[265] Vgl. Marten (1996): 12. Als zweite Möglichkeit zur Erhöhung der Honorare sieht Marten eine Erweiterung des Angebots an Beratungsleistungen im Verhältnis zu den Prüfungsleistungen an (Diversifikationsstrategie). Bei Beratungsleistungen sind die Gewinnspannen in der Regel höher.

[266] Vgl. ISA 220.14.

[267] Das Geschäftsrisiko beschreibt die Gefahr, dass ein Mandant seine betriebswirtschaftlichen Ziele aufgrund von internen oder externen Ursachen nicht erreicht. Der geschäftsrisikoorientierte Prüfungsansatz hat sich weltweit als dominierender Prüfungsansatz etabliert. Für eine ausführliche Darstellung des geschäftsrisikoorientierten Ansatzes vgl. Cosserat/Rodda (2009): 197-200; Marten/Quick/Ruhnke (2007): 334-352 oder Eilifsen et al. (2006): 66-73.

zialist könnte sich auch auf die Beratungssparte der Prüfungsgesellschaft in Form von vermehrten Aufträgen oder höheren Beratungshonoraren niederschlagen.[268]

Eine Prüfungsgesellschaft kann durch die Branchenspezialisierung auch die Qualität der Prüfungsdurchführung verbessern. Aufgrund der branchenspezifischen Kenntnisse können die inhärenten Risiken von Unternehmen besser eingeschätzt werden. Bestimmte Geschäftsentwicklungen betreffen oft eine ganze Branche, sodass Prüfer mit einer Spezialisierung Vorteile gegenüber Nicht-Spezialisten genießen.[269] Somit dürfte die Prüfung zum einen effizienter und zum anderen effektiver durchgeführt werden können.

Die Effizienzgewinne ergeben sich aus einer Konzentration auf die größten Risikobereiche, die im Rahmen des geschäftsrisikoorientierten Prüfungsansatzes für die geprüften Unternehmen ermittelt werden. Durch spezielle Schulungen der Mitarbeiter und Erfahrungen können diese die Risikobereiche schneller beurteilen und ihre Prüfungshandlungen optimal darauf abstimmen, was in der Regel zu einer Zeit- und damit Kostenersparnis führt.[270] In diesem Kontext müssen allerdings auch die Kosten beachtet werden, die erst durch eine Spezialisierung entstehen. Das Angebot an überdurchschnittlichen Leistungen erfordert Investitionen in Humankapital. Es müssen entweder Branchenspezialisten angeworben oder eigene Mitarbeiter zu Spezialisten ausgebildet werden.[271] Weiterhin muss die Spezialisierung auch durch Werbung hervorgehoben werden,[272] was zu weiteren Kosten führt. Zum einen müssen die potenziellen Nachfrager über den Qualitätsunterschied zur Konkurrenz informiert wer-

[268] Vgl. Grothe (2005): 211; Dyckerhoff (2001): 119-121; Wiedmann (1999): 101 f.

[269] Vgl. Hachmeister (2001): 78. Ein weiterer Vorteil ist laut Hachmeister eine erleichterte Kommunikation mit dem Mandanten.

[270] Angesichts des Honorardrucks auf dem Wirtschaftsprüfungsmarkt sind auch allgemein Tendenzen zu Kosteneinsparungen zu beobachten. Vgl. Grothe (2005): 205; Marten (1996): 24.

[271] Vgl. Grothe (2005): 206. Eine weitere Möglichkeit, um Branchenkenntnisse zu erlangen, ist die Übernahme von bereits spezialisierten Prüfungsgesellschaften. Vgl. auch Hogan/Jeter (1999): 2; Nelissen (1995): 529.

[272] In Deutschland galt lange ein recht strenges Werbeverbot für Prüfungsgesellschaften. Mittlerweile ist aber lediglich unlautere Werbung untersagt. Vgl. WPO § 52.

den und zum anderen müssen auch die Mitarbeiter von dem Konzept überzeugt werden.[273]

Die Effektivität sollte infolge einer Spezialisierung ebenfalls steigen. Gut ausgebildete und erfahrene Teammitglieder sind eher in der Lage, wesentliche Falschdarstellungen im Jahresabschluss zu erkennen. Dies führt für die Prüfungsgesellschaften zu Reputationsgewinnen, die wiederum auf die Mandanten positiv abstrahlen können. Wie in Abschnitt 3.2.2 erläutert wurde, erfahren beispielsweise Unternehmen, die einen Prüfer mit guter Reputation im Rahmen ihres Börsengangs wählen, ein geringeres Underpricing als andere Unternehmen.[274] Eine gute Reputation des Abschlussprüfers kann sich darüber hinaus auf die Eigenkapitalkosten eines Unternehmens auswirken. Falls die aktuellen und potenziellen Anteilseigner dem Urteil des Abschlussprüfers mehr vertrauen, sinkt deren Informationsrisiko, was zu niedrigeren Renditeforderungen und somit zu sinkenden Eigenkapitalkosten für das Unternehmen führt.[275] Auch die Fremdkapitalkosten können durch die Wahl einer spezialisierten Prüfungsgesellschaft sinken, da für die Fremdkapitalgeber das Informations- und somit das Ausfallrisiko der Kredite abnimmt und das Unternehmen entsprechend das Fremdkapital zu niedrigeren Zinsen erhält.[276]

Die Spezialisierung der Wirtschaftsprüfungsgesellschaften auf verschiedene Branchen im Rahmen einer Leistungsvorteilsstrategie ist in der Praxis regelmäßig zu beobachten. Auf den Websites der Prüfungsgesellschaften zeigen diese, dass sie auf unterschiedliche Branchen spezialisiert sind und über besonderes Know-how in bestimm-

---

[273] Vgl. Grothe (2005): 217.

[274] Hierbei ergibt sich allerdings ein Trade-off für das geprüfte Unternehmen: Auf der einen Seite profitiert es aus einem niedrigeren Underpricings aufgrund der Reputation der Prüfungsgesellschaft, auf der anderen Seite besteht das Risiko, dass ein Abschlussprüfer mit guter Reputation, eine konservativere Darstellung im Jahresabschluss fordert.

[275] Eigenkapitalkosten als Renditeforderung der Eigenkapitalgeber resultieren gemäß dem Capital-Asset-Pricing-Model (CAPM) aus dem risikolosen Zinssatz zuzüglich einer Risikoprämie, die sich aus dem erwarteten Marktrisiko und dem unternehmensspezifischen ß-Faktor zusammensetzt. Vgl. hierzu Gierga (2008): 50.

[276] Laut Grothe sollte die Reduktion der Finanzierungskosten umso größer ausfallen, je besser die Reputation des Abschlussprüfers ist, da der testierte Abschluss wesentlicher Bestandteil der Kreditwürdigkeitsprüfungen der Banken ist. Vgl. Grothe (2005): 213 f.

ten Bereichen verfügen.[277] Hierbei ist aber zumindest für Deutschland einschränkend zu bemerken, dass insbesondere PwC und KPMG nahezu alle Branchen angeben. Ob hier tatsächlich eine Fokussierung in allen Branchen vorliegt, ist kritisch zu hinterfragen. In verschiedenen Studien ist allerdings ermittelt worden, dass in vielen Branchen eine hohe Anbieterkonzentration vorliegt und sich die Prüfungsgesellschaften somit auf einzelne Branchen fokussieren und anderen Branchen nur wenig Beachtung schenken.[278]

Konzentration auf Schwerpunkte

Mithilfe der Konzentrationsstrategie beabsichtigt ein Unternehmen in einem eng abgesteckten Rahmen, Wettbewerbsvorteile gegenüber der Konkurrenz zu erreichen. Die Vorteile können beispielsweise über eine Marktnische, spezifische Kundengruppen, bestimmte Produktarten oder ein geografisch abgegrenztes Gebiet generiert werden.[279] Die Konzentrationsstrategie beruht dabei auf der Prämisse, dass ein Unternehmen ein eng beschränktes strategisches Ziel besser erreichen kann als die Konkurrenz, die den kompletten Markt bedienen möchte. Das Unternehmen kann hierbei entweder einen Kostenvorteil oder einen Leistungsvorsprung anstreben. Auch eine Kombination ist in einem abgesteckten Bereich denkbar. Um das strategische Ziel zu erreichen, werden im Allgemeinen sämtliche Instrumente gebündelt.[280]

Für Wirtschaftsprüfungsgesellschaften ist eine Konzentration auf Schwerpunkte lediglich bedingt erreichbar. Der Prüfungsmarkt bietet nur wenige Möglichkeiten, eine auftretende Marktnische zu identifizieren, auf die sich die Leistungen konzentrieren könnten. Auch geografisch ist es nur eingeschränkt möglich, einen Wettbewerbsvor-

[277] Vgl. z.B. die deutschsprachigen Homepages von PwC, KPMG, Ernst & Young und Deloitte.

[278] In Deutschland haben beispielsweise Zimmermann (2008); Grothe (2005) und Strickmann (2000) eine hohe Konzentration auf einzelne Branchen festgestellt. Auch internationale Studien weisen auf eine Spezialisierung der Prüfungsgesellschaften hin; z.B. Schaen/Maijoor (1997) für Belgien, Moizer/Turley (1989) für Großbritannien, Lee (1994) für Hongkong, Heer (2001) für die Schweiz, Krishnan (2001), Francis/Stokes/Anderson (1999) und Hogan/Jeter (1999) für die USA. Diese Ergebnisse werden auch in dieser Arbeit bestätigt (vgl. Abschnitt 6.2.3.2).

[279] Damit eine Konzentrationsstrategie erfolgreich sein kann, muss sich der Bereich, der bedient werden soll, wesentlich von anderen Bereichen unterscheiden.

[280] Vgl. Porter (2008): 75 f.

teil zu erzielen. Zwar konzentrieren sich naturgemäß aufgrund der geringen Anzahl an Niederlassungen kleinere Prüfungsgesellschaften auf einzelne Regionen, die großen Prüfungsgesellschaften sind aber nahezu in jeder Großstadt niedergelassen. Daneben kann die Konzentration auf bestimmte Kundengruppen in der Wirtschaftsprüfung Aussicht auf Erfolg zu haben. Einzelne Branchen im Prüfungsmarkt sind so reguliert, dass dort keine oder nur wenige der sonst den Markt beherrschenden Prüfungsgesellschaften vertreten sind.[281]

Zusammenfassend lässt sich feststellen, dass für Prüfungsgesellschaften am ehesten die Differenzierungsstrategie geeignet scheint. Durch einen Reputationsvorsprung gegenüber der Konkurrenz ist es so den Prüfungsgesellschaften möglich, zusätzliche Renditen zu erwirtschaften.

4.2.2 Messung

Um die Branchenspezialisierung von Prüfungsgesellschaften zu bestimmen, hat sich bis heute kein einheitliches Verfahren durchgesetzt. In empirischen Arbeiten ist es üblich, zunächst zwischen spezialisierten und nichtspezialisierten Prüfungsgesellschaften zu unterscheiden. Es ist aber auch möglich, Spezialisierung als stetige Variable zu messen. Beispielsweise könnte der prozentuale Marktanteil oder der prozentuale Anteil einer Branche im Unternehmensportfolio einer Prüfungsgesellschaft als Variable für Spezialisierung in Frage kommen.[282]

Um eine Prüfungsgesellschaft als Spezialist für eine bestimmte Branche bezeichnen zu können, muss ein Verfahren verwendet werden, das die Leistungsfähigkeit einer Prüfungsgesellschaft abbilden und diese in Relation zur Leistungsfähigkeit der anderen Prüfungsgesellschaften setzen kann. In der Literatur wird davon ausgegangen, dass sich die Leistungsfähigkeit in der Branchenerfahrung einer Prüfungsgesellschaft widerspiegelt.[283] Um diese zu ermitteln, wurden zwei Verfahren entwickelt, die in zahl-

---

[281] Beispielweise werden in Deutschland fast alle Sparkassen und Landesbanken durch spezielle Prüfstellen der Sparkassen- und Giroverbände geprüft.

[282] Da dieses Vorgehen in der Praxis eher selten angewandt wird (beispielsweise in den Studien von Menon/Williams (2001) und Abbott/Parker (2000)), wird hier nicht weiter darauf eingegangen.

[283] Vgl. Grothe (2005): 98 f.

reichen Studien angewendet wurden.[284] Dies sind die Marktanteils- und die Portfoliomethode, die im Folgenden dargestellt und analysiert werden sollen.

Für beide Methoden wird zunächst ein Erhebungsmerkmal benötigt, auf dessen Basis die Branchenspezialisierung einer Prüfungsgesellschaft gemessen werden kann. In der Literatur werden die Prüfungsgebühren als geeignetes Erhebungsmerkmal angesehen.[285] Wie in Abschnitt 3.4 beschrieben, werden in vielen Ländern die Prüfungshonorare allerdings nicht veröffentlicht.[286] In empirischen Studien, für die keine Honorarangaben verfügbar sind, werden deshalb Surrogate für die Prüfungsgebühren verwendet. Dies sind meist die Bilanzsumme oder die Umsatzerlöse der geprüften Unternehmen. Um die Aussagekraft der Studien bzw. Surrogate zu erhöhen, wird auch die Quadratwurzel aus der Bilanzsumme bzw. aus den Umsatzerlösen gebildet, da davon ausgegangen wird, dass sich die Prüfungshonorare nicht linear zur Bilanzsumme bzw. zu den Umsatzerlösen verhalten.[287] Außerdem wird teilweise die Anzahl der Prüfungsaufträge als Surrogat für Prüfungshonorare in Betracht gezogen. Da hier allerdings eine Gewichtung fehlt, ist eine genaue Messung eher fraglich.[288] Im Folgenden werden die Marktanteils- und die Portfoliomethode dargestellt.

---

[284] Vereinzelt wird in Studien auch dann von einer Branchenspezialisierung ausgegangen, wenn eine Prüfungsgesellschaft ihre Branchenkenntnisse öffentlich darstellt. Diese Informationen werden in der Regel über die Internetpräsenzen der Prüfungsgesellschaften gesammelt. Hierbei ist man allerdings auf die subjektive Selbsteinschätzung der Prüfungsgesellschaften angewiesen, die nicht der Realität entsprechen muss. In diesen Studien wird daher zusätzlich meist auch noch die Marktanteils- oder Portfoliomethode verwendet. Vgl. Grothe (2005): 108 f.

[285] Vgl. Grothe (2005): 109; Lenz/Ostrowski (1999): 399; Quick/Wolz/Seelbach (1998): 781.

[286] In diesem Fall könnte die Bestimmung der Prüfgebühren zwar durch eine Befragung erfolgen, der hohe Aufwand und die zu erwartenden geringen Rücklaufquoten machen dies für die Praxis aber eher zu einem forschungsunökonomischen Instrument.

[287] Ein Ansteigen der Bilanzsumme bedeutet meist nicht eine steigende Anzahl von Prüffeldern, sondern nur eine Steigerung des Umfangs pro Prüffeld. Eine Intensivierung der Prüfungshandlungen und die Ausweitung von Stichproben erhöhen den Prüfungsaufwand aber nicht wesentlich. Dieser abflachende Verlauf der Verhältniskurve wird durch die Verwendung der Quadratwurzelfunktion klarer dargestellt. Vgl. Lenz/Ostrowski (1999): 400; Quick/Wolz/Seelbach (1998): 781.

[288] Vgl. Grothe (2005): 109. So wird bei Prüfungen von großen Kapitalgesellschaften eine Vielzahl an Teammitgliedern eingesetzt, dagegen bei Prüfungen kleiner Unternehmen oftmals nur ein einziger Prüfer. Es ist offensichtlich, dass hier eine Gewichtung vorgenommen werden muss.

4.2.2.1 *Marktanteilsmethode*

Bei der Marktanteilsmethode werden zunächst die Marktanteile der Prüfungsgesellschaften an einer bestimmten Branche ermittelt:

$$MB_{i,j} = \frac{PH_{i,j}}{\sum PH_j}$$

Wobei:

i	Unternehmensindex
j	Branchenindex
MB	Marktanteil der Prüfungsgesellschaft
PH	Prüfungshonorar

Gemäß der Marktanteilsmethode gelten Prüfungsgesellschaften als Spezialisten, wenn sie in einer Branche entweder unter allen Marktteilnehmern den größten bzw. einen der größten Marktanteile besitzen, der Marktanteil der Prüfungsgesellschaft einen bestimmten Schwellenwert überschreitet oder eine Kombination dieser Bedingungen erfüllt ist.[289] Es wird also davon ausgegangen, dass mit steigendem branchenspezifischen Marktanteil auch das Branchenwissen sowie die Branchenerfahrung zunehmen. Zur Bestimmung der Grenzwerte hat sich kein Verfahren durchgesetzt,[290] daher werden in der Literatur unterschiedliche Maßstäbe angelegt. Prüfungsgesellschaften gelten als Spezialist, wenn sie entweder:

- einen Marktanteil an der Branche von 10 %, 15 %, 20 %, 25 % oder 30 % erreichen,[291]
- den größten Marktanteil inne haben bzw. zu den zwei/drei Prüfungsgesellschaften mit den größten Marktanteilen zählen[292] oder

---

[289] Vgl. Neal/Riley (2004): 170.

[290] Der von Craswell/Taylor (1991) gewählte Schwellenwert von 10 % wurde eine Zeit lang überwiegend genutzt. Wegen Fusionen von Prüfungsgesellschaften musste der Schwellenwert aber erhöht werden. Vgl. Grothe (2005): 103.

[291] Prozentuale Marktanteile werden beispielsweise in den Studien von Zhou/Elder (2001); Langendijk (1997); Craswell/Francis/Taylor (1995) verwendet.

- zu den Prüfungsgesellschaften mit den größten branchenspezifischen Marktanteilen gehören und gleichzeitig einen bestimmten Schwellenwert überschreiten.[293]

Wenn eines dieser Grenzkriterien erfüllt wird, wird eine Branchenspezialisierung angenommen. Die Schwellenwerte können dabei allerdings nur als Anhaltspunkte dienen, da es kaum möglich ist festzustellen, wann eine Prüfungsgesellschaft tatsächlich Spezialwissen erlangt hat.[294] *Grothe* ist der Ansicht, dass gemäß der Differenzierungsstrategie (vgl. Abschnitt 4.2.1) nur der Branchenführer als Branchenspezialist angesehen werden kann, da eine Differenzierungsstrategie nur von Erfolg gekrönt ist, wenn sie einzigartig ist.[295] Probleme ergeben sich hierbei aber, wenn mehrere Prüfungsgesellschaften einen ähnlich hohen Marktanteil besitzen, der unter Umständen auch sehr gering sein mag. Eine eindeutige Einordnung als Spezialist scheint in diesem Fall fraglich. Auch wechselt die Branchenführerschaft oftmals von Jahr zu Jahr. Eine Spezialisierung wird aber kaum in einem Jahr angeeignet und im darauffolgenden Jahr bereits wieder eingebüßt werden.

Ein weiterer Kritikpunkt an der Marktanteilsmethode ergibt sich aus der Betrachtung kleinerer Prüfungsgesellschaften. Erzielt eine kleine Gesellschaft mit einem Marktanteil von weniger als 10 % den Großteil ihrer Umsätze in einer spezifischen Branche und ist ihre gesamte Unternehmensstruktur auf diese ausgerichtet, so läge nach der Marktanteilsmethode dennoch keine Spezialisierung vor.[296] Diese Methode schließt also die Möglichkeit einer Branchenspezialisierung kleiner Prüfungsgesellschaften aus, da es rechnerisch nicht möglich ist, die geforderten Grenzwerte des branchenspezifischen Marktanteils zu erreichen. In Bezug auf die Höhe der Marktanteile domi-

---

[292] Beispielsweise werden in den Studien von Beasley/Petroni (2001); DeFond/Francis/Wong (2000); Ward/Elder/Kattelus (1994) nur die größten Prüfungsgesellschaften als Spezialisten angesehen.

[293] Einen kombinierten Ansatz verfolgen beispielsweise Francis/Crawford/Johnsen (1998).

[294] In einigen Studien werden daher auch mehrere Verfahren gleichzeitig angewendet. Etwa bei Grothe (2005); Ferguson/Stokes (2002); Pendley (1998).

[295] Vgl. Grothe (2005): 104. Derselben Ansicht sind Mayhew/Wilkins (2003), die auch empirisch nachweisen konnten, dass Marktführer, die einen deutlichen Vorsprung gegenüber der Konkurrenz besitzen, ein sehr viel höheres Prüfungshonorar verlangen können.

[296] Eine Prüfungsgesellschaft könnte z.B. 70 % ihres Umsatzes aus einer Branche beziehen und außerdem gezielt Spezialisten einstellen sowie branchenspezifische Schulungen für die Mitarbeiter anbieten und würde nicht als Spezialist gelten.

nieren große Prüfungsgesellschaften klar kleine. Allerdings ist es nur bei einem großen Marktanteil möglich, Economies of Scale zu realisieren und die Kosten im Vergleich zu den Branchenkonkurrenten stärker zu senken. Daher müssen kleine Prüfungsgesellschaften relativ höhere Kosten aufwenden, um das gleiche branchenspezifische Wissen wie große Prüfungsgesellschaften aufzubauen. Dementsprechend wird es in der Literatur vielfach ausgeschlossen, dass eine Branchenspezialisierung ohne einen großen branchenspezifischen Marktanteil erlangt werden kann.[297]

4.2.2.2 Portfoliomethode

Die Kritik an der Marktanteilsmethode hat zur Entwicklung der Portfoliomethode geführt. Gemäß dieser ist eine Prüfungsgesellschaft spezialisiert, wenn die Prüfungsgebühren aus einer spezifischen Branche einen Großteil der gesamten Prüfungsgebühren (Portfolioanteil) ausmachen.[298] Die Gesamtumsätze der Gesellschaft werden also mit den Umsätzen verglichen, die in einer bestimmten Branche erwirtschaftet werden.

$$PO_{i,j} = \frac{PH_{i,j}}{\sum PH_i}$$

Wobei:

PO Portfolioanteil der Branche

Die Portfoliomethode unterstellt, dass je größer der branchenspezifische Portfolioanteil ist, desto größer auch das Branchenwissen ist. Dies wiederum deutet auf eine Branchenspezialisierung hin.[299] Auch hier wird eine Vielzahl von Schwellenwerten als Messgröße herangezogen. Eine Prüfungsgesellschaft wird in einer Branche als Spezialist angesehen, wenn

[297] Vgl. Grothe (2005): 105 f.

[298] Vgl. Payne (2008): 114; Grothe (2005): 106-108.

[299] Vgl. Krishnan (2001): 135 f.; Neal/Riley (2001): 10.

- der branchenspezifische Portfolioanteil 2 %, 3 %, 4 % oder 5 % des gesamten Portfolios übersteigt[300] oder
- der branchenspezifische Portfolioanteil der größte ist bzw. zu den zwei, drei oder fünf größten branchenspezifischen Portfolioanteilen der Prüfungsgesellschaft gehört.[301]

Der Schwellenwert sollte sich an der Klassifizierung der Branchen orientieren.[302] Falls eine feine Untergliederung vorgenommen wird, sind niedrigere Schwellenwerte sinnvoller als bei einer groben Aufteilung.[303] Wie bei der Marktanteilsmethode ist die Festsetzung eines Schwellenwertes auch hier subjektiv.

Der Vorteil der Portfoliomethode ist es allerdings, dass Spezialisierungen von kleinen Prüfungsgesellschaften abgebildet werden können. Es kommt nicht mehr auf die Größe des Marktanteils im Vergleich zu den Konkurrenten an, sondern ausschließlich auf das eigene Portfolio der Prüfungsgesellschaften. Dadurch können auch kleine Gesellschaften auf ihre Branchenspezialisierung hin untersucht werden.[304] Allerdings kann die Wahl eines sehr geringen Schwellenwerts dazu führen, dass von sämtlichen Prüfungsgesellschaften eine Spezialisierung angenommen wird.[305] Außerdem erschweren die Unterschiede zwischen großen und kleinen Prüfungsgesellschaften die Festlegung

---

300 Beispielweise nutzen die Studien von Krishnan (2001) und Neal/Riley (2001) prozentuale Portfolioanteile zur Messung der Spezialisierung.

301 Beispielsweise in den Studien von Gramling/Johnson/Khurana (1999).

302 Zur Einteilung der Unternehmen in Branchen existieren mehrere Systematiken, die genutzt werden können. In den meisten US-amerikanischen Studien werden die Unternehmen nach der Standard Industrial Classification (SIC Code) eingestuft. Dieser wurde zwar offiziell mittlerweile vom North American Industry Classification System (NAICS) abgelöst, findet aber weiterhin Verwendung in vielen Studien. Für internationale Studien bietet sich auch der Global Industry Classification Standard (GICS) an, der von Morgan Stanley Capital International (MSCI) und Standard & Poor's (S&P) entwickelt wurde. Auch das statistische Bundesamt veröffentlicht eine Branchensystematik (WZ 98). Die Systematiken beinhalten meist verschiedene Ebenen, die einen unterschiedlichen Detaillierungsgrad aufweisen.

303 So sollte der Schwellenwert bei einer Untergliederung in 20 verschiedene Branchen offensichtlich einen höheren Wert annehmen, als wenn eine Unterteilung in 50 Branchen vorgenommen werden würde.

304 Vgl. Grothe (2005): 108; Krishnan (2001): 136.

305 Dies ist in der Realität jedoch nicht der Fall. Indem ein hoher prozentualer Schwellenwert festgesetzt wird, ist es für Prüfungsgesellschaften mit einem sehr ausgeglichenen Portfolio nicht mehr möglich, diesen zu überschreiten.

eines einheitlichen Schwellenwerts, der auf sämtliche Prüfungsgesellschaften angewandt werden kann.[306]

Der Portfolioansatz birgt darüber hinaus weitere Interpretationsschwierigkeiten. So kann es Branchen geben, in denen ein Großteil der Prüfungsgesellschaften als Spezialist gilt,[307] da dies unabhängig voneinander und nur auf die jeweilige Prüfungsgesellschaft bezogen bestimmt wird. Des Weiteren ist es denkbar, dass eine Prüfungsgesellschaft, die in einer Branche Marktführer ist, nicht als Branchenspezialist eingeordnet wird, da der entsprechende Portfolioanteil nicht den festgesetzten Schwellenwert überschreitet.

Außerdem kann es auch hier – insbesondere bei kleinen Prüfungsgesellschaften – zu Verzerrungen kommen. In empirischen Untersuchungen sind in dem Datensatz meist nicht sämtliche Unternehmen enthalten, bei denen eine Abschlussprüfung durchgeführt wurde. Oftmals werden in Studien nur börsennotierte Unternehmen betrachtet. Bei den Big 4 und den Second-Tier-Gesellschaften machen diese Unternehmen einen großen Anteil am Gesamtumsatz aus. Kleine Prüfungsgesellschaften haben dagegen selten börsennotierte Unternehmen als Mandanten und deshalb eine andere Umsatzstruktur.[308] Dieses Problem tritt auch bei der Marktanteilsmethode auf, wirkt sich dort jedoch geringer aus, da hier ein Vergleich der Prüfungsgesellschaften innerhalb einer Branche stattfindet. Durch eine Betrachtung des gesamten Prüfungsmarkts kann dieses Problem umgangen werden.

4.2.3 Theoretisches Modell zur Erklärung von Qualitätsunterschieden zwischen spezialisierten und nichtspezialisierten Prüfungsgesellschaften

Wie im vorigen Abschnitt erklärt wurde, ist die Spezialisierung von Prüfungsgesellschaften durch den Aufbau von Expertenwissen und einer entsprechenden Reputati-

---

306 Große Prüfungsgesellschaften haben beispielsweise meist schon bei geringen Portfolioanteilen Branchenkenntnisse erlangt, während dies bei kleinen Prüfungsgesellschaften erst bei hohen Portfolioanteilen der Fall sein dürfte.

307 Dies sollte nach der Diversifikationsstrategie nach Porter nicht auftreten.

308 Beispielsweise könnte angenommen werden, dass eine Prüfungsgesellschaft ein börsennotiertes Unternehmen aus der Automobilbranche und vier nicht börsennotierte Unternehmen aus der Telekommunikationsbranche prüft. Diese würde als Spezialist für die Automobilbranche gelten, obwohl der Fokus offensichtlich auf der Telekommunikationsbranche liegt.

on mit teils erheblichen Investitionen verbunden. Diese stellen für diese größtenteils Sunk Costs dar, die ansonsten bei einem Marktaustritt verloren gingen. Dementsprechend kann ein zu prüfendes Unternehmen davon ausgehen, dass die Prüfungsgesellschaft plant, als Spezialist im Markt zu bleiben und vermeidet, aufgrund von Fehlern in der Prüfungsdurchführung ausscheiden zu müssen. Die Reputation einer Prüfungsgesellschaft dient somit den Prüfungsadressaten als Pfand bei einem möglichen Fehlverhalten.[309] Dementsprechend wird eine spezialisierte Prüfungsgesellschaft stärkere Anstrengungen unternehmen, eine gute Qualität zu gewährleisten, damit sich die Investitionen rentieren.

Diese können sich nur dann lohnen, wenn der Prüfer keinen höheren Nutzen daraus zieht, den Mandanten zu täuschen. Dies erklären *Klein/Leffler* (1981) in ihrem grundlegenden Modell zur Entstehung von Preisprämien, welches im Folgenden dargestellt wird.[310] Hierdurch soll verdeutlicht werden, wieso spezialisierte Prüfungsgesellschaften einen höheren Preis verlangen können als Prüfungsgesellschaften, die nur vorgeben, Spezialisten zu sein. Weiterhin wird die Bedeutsamkeit der Reputation durch das Modell verdeutlicht.

Die Autoren stellen ihrem Modell folgende Annahmen voran:

- Die Qualität der Dienstleistung d ist im Vorfeld unbeobachtbar, dem Nachfrager sind aber die Marktpreise und Produktionstechnologien bekannt.
- Die Nachfrager beabsichtigen, die angebotene Dienstleistung regelmäßig zu konsumieren.[311]
- Die Qualität der letzten Leistungserbringung geht sämtlichen Nachfragern kostenlos zu. Ein Verstoß gegen ein Qualitätsversprechen wird unverzüglich bekannt ge-

[309] Vgl. Kitschler (2005): 92; Heer (2001): 63.

[310] Das Modell wurde von Klein/Leffler nicht speziell für die Qualität von Abschlussprüfungen entwickelt, aber von mehreren Autoren zur Erklärung von Qualitätsunterschieden zwischen Prüfungsgesellschaften genutzt, beispielsweise von Doll (2000): 123-127 und Lenz (1993): 252-269.

[311] Aufgrund der Pflichtmäßigkeit der Abschlussprüfung sollte hier diese Voraussetzung immer gegeben sein.

geben und von den Nachfragern bestraft, indem sie den Konsum immerwährend einstellen.[312]

- Alle Anbieter verfügen über die identische Kostenfunktion $A = a(x,d) + K_f(d)$. K_f bezeichnet hierbei die Fixkosten, die bei einer bestimmten Qualität entstehen, unabhängig von der Menge der angebotenen Leistung x.[313] a bezeichnet die Kosten, die von der Menge und Qualität der produzierten Leistung abhängen.

Die Anbieter werden sich bei ihrer Preissetzung F an den minimalen Durchschnittskosten DK und Grenzkosten GK orientieren. Dies sei hier für zwei Qualitätsniveaus d_{min} und d_h dargestellt.

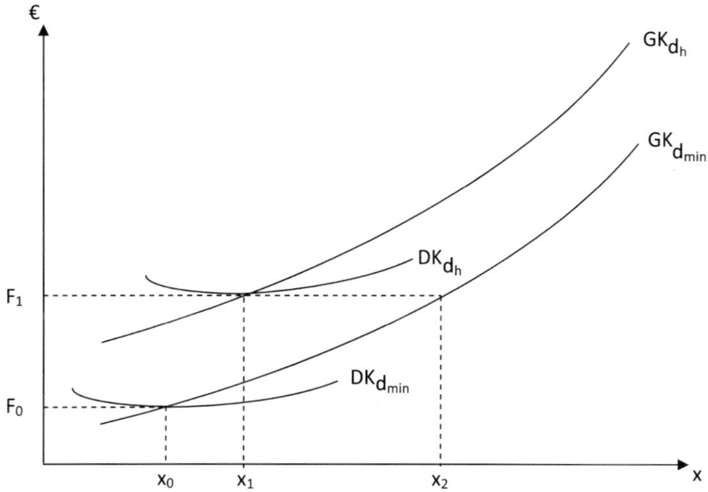

Abbildung 8: Preisbildung bei unterschiedlichen Qualitätsniveaus
Quelle: In Anlehnung an Klein/Leffler (1981): 620.

Da die Qualität der Dienstleistung nicht beobachtbar ist, bevor sie erbracht worden ist, können sich die Nachfrager nur an dem Preis orientieren. Wenn sie einen hohen

[312] Dies ist eine starke Vereinfachung. Die meisten Vergehen von Abschlussprüfern werden höchstens zu dem Verlust eines Teils ihrer Mandanten führen. Vgl. Lenz (1993): 253.

[313] Hierbei handelt es sich nicht um Sunk Costs, sondern um Kosten, die jede Periode erneut entstehen.

Preis zahlen, erwarten sie eine hohe Qualität. Dies können täuschungswillige Anbieter ausnutzen und einen hohen Preis verlangen, ohne hohe Qualität zu erreichen. Da der Verstoß gegen ein Qualitätsversprechen im Modell mit der Einstellung der Nachfrage bestraft wird, ergibt sich für den täuschungswilligen Anbieter ein einperiodiger Vorteil V in Höhe von:

$$V_1 = \frac{1}{1+r}\left\{(F_1 - F_0)x_2 - \int_{x_0}^{x_2}\left[GK_{d_{min}}(x) - F_0\right]dx\right\}$$

In diesem Fall würde es sich für alle Anbieter lohnen, eine Täuschung durchzuführen. Dies würden die Nachfrager jedoch antizipieren und nur die minimale Qualität d_{min} nachfragen. *Klein/Leffler* erweitern daher das Modell um einen Preis F_2, der höher ist als F_1 und somit über den Durchschnittskosten DK liegt.

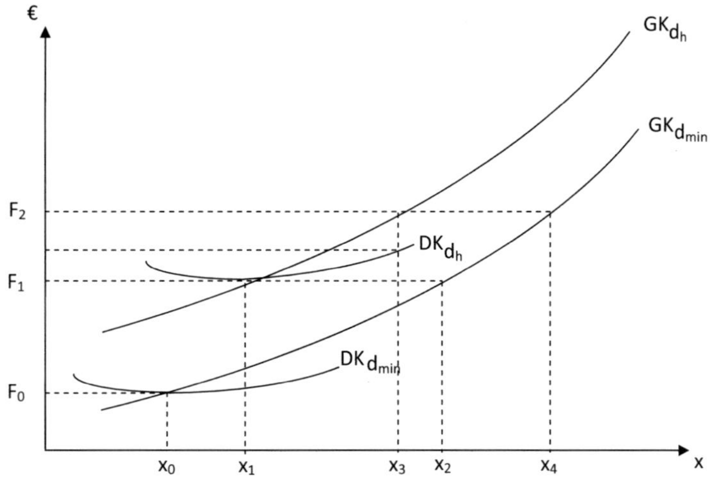

Abbildung 9: Preisbildung bei unterschiedlichen Qualitätsniveaus unter Einbeziehung einer Preisprämie
Quelle: In Anlehnung an Klein/Leffler (1981): 620.

In diesem Fall erhalten die Anbieter einen dauerhaften Vorteilsstrom in Höhe von:

$$V_2 = \frac{1}{r}\left\{(F_2 - F_1)x_3 - \int_{x_1}^{x_3}\left[GK_{d_h}(x) - F_1\right]dx\right\}$$

Dies erkennen auch die täuschungswilligen Anbieter, die nun eine Menge von x_4 zum Preis von F_2 anbieten. Somit ergibt sich ein einmaliger Gewinn in Höhe von:

$$V_3 = \frac{1}{1+r}\left\{(F_2 - F_0)x_4 - \int_{x_0}^{x_4}\left[GK_{d_{min}}(x) - F_0\right]dx\right\}$$

Für einen Anbieter lohnt es sich somit, sein Qualitätsversprechen einzuhalten, wenn V_2 größer als V_3 ist. In diesem Fall ist der finanzielle Vorteil der Anbieter hoher Qualität höher als der einmalige Vorteil der täuschungswilligen Anbieter.[314] Durch Ersetzen der geschweiften Klammern durch WR_2 respektive WR_3 gilt dann:[315]

$$\frac{1}{1+r}WR_3 \leq \frac{1}{r}WR_2$$

$$\Leftrightarrow \frac{WR_3}{WR_2} \leq \frac{1+r}{r}$$

Eine Preisprämie durch einen Anbieter mit höherer Qualität entsteht, wenn:

$$\lim_{(F_2-F_1)\to\infty}\left(\frac{WR_3}{WR_2}\right) \leq \frac{1+r}{r}$$

Durch Anwendung der Regel von L'Hospital erhält man:

$$\frac{1}{r} > \frac{x_4 - x_3}{x_3}$$

Eine Täuschung ist demnach nur bei einer deutlichen Ausweitung der produzierten Menge rentabel.[316] Diese erscheint im Hinblick auf Abschlussprüfungen nur schwerlich möglich, sodass hier hinter einem höheren Preis keine Täuschung, sondern ein Angebot überdurchschnittlicher Leistungen zu vermuten ist. Die Preisprämie kann in diesem Sinn nicht nur als Ausgleich für die höheren Produktionskosten verstanden

---

314 Dies setzt einen unendlichen Planungshorizont voraus, da es ansonsten in jedem Fall für den Anbieter vorteilhaft wäre, den Nachfrager in der letzten Periode über die Leistung zu täuschen. Vgl. Doll (2000): 125, Fn. 18.

315 Klein/Leffler bezeichnen WR als die Quasirentenströme.

316 Beispielsweise wäre bei einem Zinssatz von 5 % eine Täuschung erst dann wirtschaftlich sinnvoll, wenn der Anbieter seine Menge um das zwanzigfache der normalen Produktionsmenge ausweiten kann.

werden, sondern gleichzeitig als eine Vergütung für den Verzicht auf eine Täuschung durch den Anbieter.

In dem Modell von *Klein/Leffler* existiert somit ein Preis, der es den Unternehmen ermöglicht, Gewinne durch eine überdurchschnittliche Qualität der Dienstleistungen zu erwirtschaften. Dies führt dazu, dass es zu einem Überangebot an Leistungen mit hoher Qualität kommt und die Null-Gewinn-Bedingung (im langfristigen partiellen Konkurrenzgleichgewicht) nicht erfüllt ist. Der Wettbewerb kann sich nicht über den Preis regulieren, da ein Angebot der Leistung unter dem Preis F_2 von den Nachfragern mit einer Qualität von d_{min} assoziiert wird. Stattdessen zwingt der Wettbewerb die Anbieter zu unternehmensspezifischen Investitionen. Hierzu führen *Klein/Leffler* drei Möglichkeiten an, die im Folgenden dargestellt werden:

- *Investitionen in einen Markennamen*

  Bei den Investitionen in einen Markennamen handelt es sich beispielsweise um den Entwurf eines Firmenlogos oder Kampagnen zur Bekanntmachung des Firmennamens. Diese Investitionen stellen Sunk Costs dar, d.h., im Falle einer Täuschung und daraus folgend dem Marktaustritt, wären diese ebenfalls vergeblich gewesen. Im Allgemeinen werden solche Investitionen zu Beginn der Unternehmensaktivität getätigt. Ihre Höhe entspricht dem Barwert der Gewinne, die die Unternehmen sonst durch den höheren Preis erzielen würden. Somit behält die Null-Gewinn-Bedingung ihre Gültigkeit. Dennoch bieten die Prüfungsgesellschaften differenzierte Qualität an.

- *Funktion von Werbung*

  Unter der Annahme, dass die Nachfrager über die Qualität der Prüfungsleistung im Vorfeld informiert sind, werden für die Anbieter Investitionen in Werbung relevant. Wenn die Nachfrager bezüglich des Produktionsprozesses unsicher sind, sind sie dies auch bezüglich des qualitätssichernden Preises. Werbung kann diese Unsicherheit mindern, da sie sunk costs darstellt und diese bei einem Marktaustritt verloren gingen.

- *Investitionen in spezifische Produktionsfaktoren*

  Höhere Preise sollten nicht nur als Gewinne realisiert, sondern auch für fortlaufende Investitionen in spezifische Produktionsfaktoren genutzt werden. Dies können Investitionen in spezifische Maschinen und Humankapital sein. Diese Investitionen stellen ebenfalls Sunk Costs und somit einen Pfand gegen Täuschung dar.

Die verschiedenen Investitionsarten werden in der Realität durchaus angewandt. Neben Maßnahmen, die die gesamte Prüfungsgesellschaft betreffen, wie beispielsweise der Aufbau exponierter Firmensitze, werden auch Investitionen in eine Branchenspezialisierung getätigt. Hierzu zählen insbesondere Mitarbeiterschulungen, die eine hohe Qualität der Leistungen garantieren sollen. Auch Kommunikationsmaßnahmen wie die Veröffentlichung von Forschungsberichten oder Informationsbroschüren zu bestimmten Themengebieten sind Maßnahmen von spezialisierten Prüfungsgesellschaften, die die Anbieter zu einer hohen Prüfungsqualität motivieren und als Pfand dafür dienen.

4.2.4 Empirischer Befund

Der Qualitätsunterschied zwischen spezialisierten und nichtspezialisierten Prüfungsgesellschaften ist noch nicht so lange Untersuchungsgegenstand der Forschung wie zwischen großen und kleinen Prüfungsgesellschaften. In den letzten Jahren haben die empirischen Forschungsbeiträge diesbezüglich jedoch stark zugenommen. Die Studien konzentrierten sich dabei vorwiegend auf die tatsächliche und seltener auf die wahrgenommene Prüfungsqualität. Im Folgenden wird der Übersicht halber eine entsprechende Zweiteilung der empirischen Forschungsbeiträge vorgenommen.

4.2.4.1 Wahrgenommene Prüfungsqualität

Befragungen

Zur wahrgenommenen Qualität von spezialisierten gegenüber nichtspezialisierten Prüfungsgesellschaften sind zwei Befragungen durchgeführt worden. *Carcello/Hermanson/McGrath* (1992) haben in den USA Partner von Prüfungsgesellschaften, Controller großer Unternehmen und Adressaten der Jahresabschlüsse, wie Finanzanalysten und Kreditsachbearbeiter, befragt, welche Eigenschaften der Prüfungsteams und der Prüfungsgesellschaft ihnen besonders wichtig seien. „Spezifische Branchenkenntnisse“ erreichten dabei den zweiten Platz nach „Erfahrungen bei dem zu prüfenden Mandanten“. Auch *Lowensohn et al.* (2007) ermittelten durch eine Befragung von Finanzdirektoren, dass die Spezialisierung einer Prüfungsgesellschaft als Treiber für die Prüfungsqualität angesehen wird.

Agency-Kosten

DeFond (1992) untersuchte sowohl den Einfluss der Größe der Prüfungsgesellschaft als auch der Spezialisierung auf die Prüfungsqualität. Er ermittelte, dass US-amerikanische Unternehmen mit hohen Agency-Kosten dazu tendieren, eine möglichst große und spezialisierte Prüfungsgesellschaft zu wählen.

Kapitalmarktreaktionen

In den letzten Jahren sind zwei Studien zu Kapitalmarktreaktionen in Bezug auf die Spezialisierung von Prüfungsgesellschaften in den USA durchgeführt worden. Sowohl *Knechel/Naiker/Pacheco* (2007) als auch *Lim/Tan* (2008) stellten fest, dass die Spezialisierung der Prüfungsgesellschaft auf die Branche des Mandanten zu positiven Kapitalmarktreaktionen für das auftraggebende Unternehmen führt.

4.2.4.2 Tatsächliche Prüfungsqualität

Prüfungshonorare

Genauso wie es zu den tatsächlichen Qualitätsdifferenzen zwischen großen und kleinen Prüfungsgesellschaften Untersuchungen gibt, existiert auch eine Vielzahl von Studien, in denen der Unterschied in der Honorargestaltung zwischen spezialisierten und nichtspezialisierten Prüfungsgesellschaften untersucht wurde. Als Erste hat sich *Palmrose* (1986) mit Prüfungshonoraren beschäftigt. Sie stellte für die USA einen Unterschied bei den Honoraren zwischen den Big 8 und den Nicht-Big 8 fest, jedoch keinen zwischen spezialisierten und nichtspezialisierten Prüfungsgesellschaften, die zuvor über die Marktanteilsmethode voneinander abgegrenzt wurden. Eine weitere Studie von *Menon/Williams* (2001) in den USA wies ebenfalls keinen Zusammenhang zwischen der Spezialisierung und der Ausgestaltung der Prüfungshonorare aus. Da zu dieser Zeit noch keine Pflichtangaben über die Prüfungshonorare in den USA gemacht werden mussten, nutzte *Palmrose* Daten, die sie aus einer Befragung gewann. *Menon/Williams* griffen auf Veröffentlichungen zurück, in denen Unternehmen freiwillig die Höhe der Prüfungshonorare bekannt gaben.[317]

Auch *Langendijk* (1997) nutzte für seine Studie in den Niederlanden die Ergebnisse einer Befragung, um die Höhe der Prüfungshonorare festzustellen. Sein Hauptaugenmerk lag auf der Unterscheidung in große und kleine Prüfungsgesellschaften. Für den Finanzsektor nahm er eine gesonderte Auswertung bezüglich der Spezialisierung vor. Er konnte dort keine Unterschiede, was die Höhe der Prüferhonorare angeht, erkennen. Studien, die in Australien und Hongkong durchgeführt wurden, wo die Prüfungshonorare von den Unternehmen veröffentlicht werden mussten, kamen zu heterogenen Ergebnissen. Während *Craswell/Francis/Taylor* (1995) in Australien und *DeFond/Francis/Wong* (2000) in Hongkong einen Unterschied in der Preisgestaltung messen konnten,[318] fanden *Ferguson/Stokes* (2002) in Australien nur einen schwachen Zusammenhang zwischen der Spezialisierung und der Höhe der Prüfungshonorare. *Ferguson/Francis/Stokes* (2003) stellten fest, dass spezialisierte Prüfungsgesellschaften in Australien nur dann höhere Prüfungshonorare erhalten, wenn sie nicht nur national, sondern auch stadtweit zu den Spezialisten zählen. *Lowensohn et al.* (2007) kamen zu dem Schluss, dass spezialisierte Prüfungsgesellschaften bei der Prüfung von Kommunalverwaltungen keine höheren Honorare erhalten als nichtspezialisierte.

Bilanzpolitik

Die Ergebnisse der Studien zur Einschränkung der Bilanzpolitik durch spezialisierte Prüfungsgesellschaften lassen nahezu einheitlich darauf schließen, dass spezialisierte

[317] Hierbei ist anzumerken, dass dies nur von einem sehr geringen Anteil der Unternehmen in den USA gemacht worden ist. Die Bestimmung der Spezialisierung der Prüfungsgesellschaften dürfte daher fehlerbehaftet sein.

[318] Craswell/Francis/Taylor (1995) können allerdings nur unter der Annahme, dass eine Spezialisierung bereits ab 10 % Marktanteil vorliegt, einen Unterschied in der Preisgestaltung messen. Bei einem angesetzten Schwellenwert von mindestens 20 % können sie dagegen keinen signifikanten Unterschied mehr feststellen.

Prüfungsgesellschaften eine bessere Prüfungsqualität leisten als nichtspezialisierte. Die Studien von *Zhou/Elder* (2001), *Balsam/Krishnan/Yang* (2003), *Krishnan* (2003), *Jenkins/Kane/Velury* (2006), *Payne* (2008), *Gul/Fung/Jaggi* (2009) und *Reichelt/Wang* (2010) ermittelten ein niedrigeres Maß an Bilanzpolitik in Jahresabschlüssen, die von spezialisierten Prüfungsgesellschaften geprüft wurden. Lediglich *Lim/Tan* (2008) konnten keinen Qualitätsunterschied feststellen. Sämtliche Studien sind in den USA durchgeführt worden, das Untersuchungsdesign bezüglich der Messung der Spezialisierung bzw. der Bilanzpolitik variierte dabei. Für andere Länder liegen noch keine Nachweise vor.

Testatseinschränkungen

Zur relativen Häufigkeit einer Testatseinschränkung durch den Abschlussprüfer in Bezug zu seiner Spezialisierung existieren zwei Studien: In beiden wurde die Häufigkeit von Going-Concern-Opinions in den USA gemessen. Sowohl *Lim/Tan* (2008) als auch *Reichelt/Wang* (2010) kamen zu dem Ergebnis, dass spezialisierte Prüfungsgesellschaften relativ mehr Going-Concern-Opinions erteilen als nichtspezialisierte Prüfungsgesellschaften. *Reichelt/Wang* ermittelten außerdem, dass die Prüfungsqualität am höchsten ist, wenn die Prüfungsgesellschaft sowohl auf nationaler als auch auf regionaler Ebene Spezialist ist.

Haftungsfälle und Ermittlungsverfahren der Aufsichtsbehörde

In den USA sind zwei Studien zu nachträglichen Ermittlungen von Aufsichtsbehörden durchgeführt worden. *O'Keefe/King/Gaver* (1994) untersuchten die Nachprüfungen bei Abschlussprüfungen von öffentlichen Schulen. *Carcello/Nagy* (2004) analysierten die Accounting and Auditing Enforcement Releases der SEC. In beiden Studien kamen die Autoren zu dem Ergebnis, dass die Qualität der Prüfungen von spezialisierten Prüfungsgesellschaften höher ist als die von nichtspezialisierten.

Nachträgliche Jahresabschlusskorrekturen

Eine Studie aus Taiwan von *Chin/Chi* (2009) kam hinsichtlich eines Qualitätsunterschieds in Bezug auf nachträgliche Jahresabschlusskorrekturen zu gemischten Ergebnissen. Während sich ein signifikanter Zusammenhang ergab, wenn die Spezialisierung auf Partnerebene bestimmt wurde, maßen die Autoren auf Gesellschaftsebene keinen Unterschied.

Experimente

Studien, in denen das individuelle Verhalten der Abschlussprüfer in Bezug auf ihre Spezialisierung analysiert wurde, sind bisher eher selten. *Wright/Wright* (1997) untersuchten in einem Experiment die Handlungen von Prüfern, die sich auf den Einzelhandel spezialisiert haben. Ihre Ergebnisse zeigen, dass Spezialisten zwar bessere Hypothesen hinsichtlich der Existenz von Fehlern aufstellen, sich dieses aber nicht auf die Planung der Prüfungsstunden auswirkt. Auch *Solomon/Shields/Whittington* (1999) gelangten zu uneinheitlichen Untersuchungsausgängen. Bei zwei verschiedenen Experimenten konnten sie nur in einem Fall Unterschiede zwischen dem Verhalten von spezialisierten und nichtspezialisierten Prüfern feststellen. Die Resultate von *Green* (2008) sind ebenfalls gemischt, lassen aber eher eine höhere Prüfungsqualität von Spezialisten erkennen. Diese kamen in der Studie signifikant häufiger zu dem richtigen Endergebnis und benötigten weniger Tests; für die Hypothesengenerierung zu Beginn der Prüfung ergaben sich jedoch keine Differenzen zwischen den beiden Gruppen, was gegen einen Qualitätsunterschied spricht.

Es kann festgehalten werden, dass die Experimente zum individuellen Verhalten von spezialisierten Abschlussprüfern gemischte Ergebnisse lieferten. Es lassen sich zwar Tendenzen erkennen, dass Prüfer, die eine bessere Ausbildung und Branchenerfahrung vorweisen konnten, in Teilgebieten eine bessere Qualität erreichten, allerdings sind in anderen Bereichen keine Unterschiede zu erkennen. Diese Ergebnisse beziehen sich nur auf die USA. In anderen Ländern sind keine Experimente ähnlicher Art durchgeführt worden.

4.2.5 Zwischenfazit und Implikationen für die Arbeit

Wie gezeigt wurde, kann es für Prüfungsgesellschaften vorteilhaft sein, sich zu spezialisieren. Aufgrund des wachsenden Konkurrenzdrucks haben die Prüfungsgesellschaften den Anspruch, ihren Mandanten einen Mehrwert in Form von branchenspezifischem Know-how zu bieten. Um das zu erreichen und bekannt zu machen, sind Investitionen in die Ausbildung der Mitarbeiter und in Imagepflege notwendig. Aus der Bekanntmachung der Spezialisierung resultiert eine positive Reputation, die es den spezialisierten Prüfungsgesellschaften ermöglicht, höhere Honorare zu generieren. Die Reputation als Spezialist dient, wie gezeigt wurde, dem Mandanten gleichzeitig als Pfand gegen eine mangelnde Prüfungsqualität. Um die Reputation als Spezialist und die entsprechenden Investitionen nicht zu verlieren, werden die Prüfungsgesellschaft bemüht sein, überdurchschnittliche Qualität zu leisten.

Eine solche Bestimmung der Spezialisierung kann, wie in Abschnitt 4.2.2 erläutert, auf vielfache Art und Weise erfolgen. Im ersten Schritt muss entschieden werden, ob die Marktanteils- oder Portfoliomethode angewandt wird. Da sich die vorliegende Studie lediglich auf börsennotierte Unternehmen bezieht und eine Analyse sämtlicher Portfolios der Prüfungsgesellschaften in den gegebenen Ländern nicht forschungsökonomisch wäre, wird hier die Marktanteilsmethode angewandt. Im zweiten Schritt muss die Grenze festgelegt werden, ab wann eine Prüfungsgesellschaft als Spezialist angesehen wird. Grothe ist der Meinung, dass gemäß der Differenzierungsstrategie von Porter nur der Branchenführer als Spezialist angesehen werden kann.[319] Dieses Kriterium wird in einer Vielzahl empirischer Studien angewandt. Auch in der vorliegenden Arbeit wurde diese Abgrenzung gewählt.[320]

Insgesamt lassen die Ergebnisse zum Einfluss der Spezialisierung einer Prüfungsgesellschaft auf die wahrgenommene Prüfungsqualität erkennen, dass eine Spezialisierung von den Adressaten des zu prüfenden Unternehmens wahrgenommen und positiv honoriert wird. Die fünf Studien sind sämtlich im angloamerikanischem Raum durchgeführt worden und bestätigen, dass die Spezialisierung einer Prüfungsgesellschaft zur Wahrnehmung einer höheren Prüfungsqualität führt.

Die Studien zum tatsächlichen Qualitätsunterschied zwischen spezialisierten und nichtspezialisierten Prüfungsgesellschaften sind hingegen nicht einheitlich. Von den

---

[319] Vgl. Grothe (2005): 104.

[320] Zur Überprüfung der Ergebnisse werden zusätzlich andere Schwellenwerte bei den Sensitivitätstests herangezogen. Siehe Abschnitt 6.4.3.3.

21 vorgestellten Untersuchungen weisen zehn Studien eine höhere Prüfungsqualität von spezialisierten Prüfungsgesellschaften aus. In keiner der Studien kann eine bessere Qualität von nichtspezialisierten Prüfungsgesellschaften gemessen werden. In elf Untersuchungen sind die Ergebnisse nicht eindeutig oder zeigen keinen signifikanten Unterschied. Die meisten Studien sind mit US-Datensätzen durchgeführt worden. Untersuchungen, die nicht in den USA stattgefunden haben, sind selten und liefern heterogene Ergebnisse. Internationale Vergleiche sind bisher nicht durchgeführt worden. Ob eine Spezialisierung des Prüfers als Individuum oder der Prüfungsgesellschaft insgesamt – beispielsweise durch einen vermehrten Mitteleinsatz für eine bestimmte Branche – Ursache für einen Qualitätsvorsprung sein kann, ist auf Basis der vorliegenden Studien nicht beurteilbar.

Die unterschiedlichen Ergebnisse in der Betrachtung der tatsächlichen Prüfungsqualität lassen darauf schließen, dass auch bei der Spezialisierung analog zur Größe einer Prüfungsgesellschaft länderspezifische Faktoren entscheidend sind. Hierzu wurden bisher noch keine Studien verfasst. In dem nächsten Kapitel soll daher zuerst ein theoretischer Zusammenhang zwischen der Haftungsausgestaltung und dem Qualitätsunterschied zwischen großen und kleinen bzw. spezialisierten und nichtspezialisierten Prüfungsgesellschaften hergeleitet werden, der im Kapitel 6 empirisch überprüft werden soll.

5 Haftung des Abschlussprüfers

5.1 Funktionen von Haftungsregelungen

Haftungsregelungen haben hinsichtlich der Abschlussprüfung grundsätzlich zwei Funktionen. Zum einen dienen sie dazu, eine hohe Qualität von Abschlussprüfungen zu gewährleisten und damit das Vertrauen der Jahresabschlussadressaten in die Leistungen der Abschlussprüfer zu gewinnen (Präventionsfunktion). Zum anderen stellen sie die Basis dafür dar, dass Schäden, die durch eine nicht ordnungsgemäße Prüfung entstanden sind, auch kompensiert werden (Restitutionsfunktion).[321]

Präventionsfunktion

Die Präventionsfunktion soll den Abschlussprüfer ex ante zu einem normenkonformen Verhalten bewegen. Die Gefahr einer Schadensersatzpflicht motiviert ihn, eine möglichst hohe Prüfungsqualität zu erbringen.[322] Außerdem muss für den Geschädigten ein Anreiz bestehen (beispielsweise die Aussicht auf Schadensersatz), den Prüfer zu verklagen, da für diesen ansonsten die Wahrscheinlichkeit einer Schadensersatzzahlung – und entsprechend dessen Motivation zu einer hohen Prüfungsqualität – gegen null tendieren dürften.[323]

Der Präventionsfunktion entgegenwirken Versicherungen der Abschlussprüfer im Fall von Haftungsschäden.[324] Diese mildern die finanziellen Schäden ab, die unmittelbar aus Haftungsfällen entstehen. Da Haftungsfälle zumeist außerdem zu Reputationsschäden und somit zu mittelbaren finanziellen Schäden führen, die die Regressforde-

---

[321] Vgl. Rüchardt (1995): 32-35. Dagegen bezeichnet Kremer diese Funktionen als Schadenprävention und Schadenkompensation bei gleichen Bedeutungen. Vgl. Kremer (2007): 136-138. Andere Autoren schreiben den Haftungsregelungen weitere Funktionen, allerdings von eher untergeordneter Wichtigkeit zu. Beispielsweise nennt Heukamp zusätzlich die Selektionsfunktion. Diese soll bewirken, dass Abschlussprüfer, die minderwertige Qualität leisten, vom Markt ausscheiden. Vgl. Heukamp (2000): 18.

[322] Vgl. Rüchardt (1995): 32 f.; Leffson (1988): 95.

[323] Vgl. Hermann (1997): 58 f.

[324] In Deutschland ist diese für selbstständige Abschlussprüfer und Wirtschaftsprüfungsgesellschaften gesetzlich vorgeschrieben. Vgl. § 54 WPO. Diese greift allerdings nicht bei vorsätzlichem Fehlverhalten. In vielen anderen Ländern besteht dagegen keine Versicherungspflicht.

rungen übertreffen dürften, bleiben die finanziellen Risiken für den Abschlussprüfer trotz Versicherungen hoch.[325]

Die Präventionsfunktion wird durch eine Kollusion zwischen dem Mandanten und der Prüfungsgesellschaft weiter eingeschränkt. Falls der Mandant ein Interesse an einer fehlerhaften Prüfung haben sollte, besteht für den Prüfer nur ein geringes Risiko, verklagt zu werden.[326] Dies gilt insbesondere in Ländern, die nur begrenzte Möglichkeiten für Dritte, beispielsweise Lieferanten oder Gläubiger, bieten, den Abschlussprüfer zu verklagen.

Restitutionsfunktion

Sollte durch die Präventionsfunktion ein Fehlverhalten des Abschlussprüfers nicht verhindert werden können, dient die Restitutionsfunktion dazu sicherzustellen, dass der entstandene Schaden für den Mandanten ausgeglichen wird. Die Schäden sollen auf den Verursacher, hier den Prüfer, transferiert werden, sodass der Geschädigte so gestellt wird, als hätte er den Schaden nicht erlitten.[327] Als potenzielle Anspruchsgruppen kommen hierbei der Mandant als Auftraggeber und geschädigte Dritte in Frage.

5.2 Zivilrechtliche Haftung

Wie erwähnt, können sowohl die Mandanten als auch Dritte Ansprüche gegen den Abschlussprüfer erheben. Die nationalen Haftungsbestimmungen unterscheiden sich für beide Anspruchsgruppen stark voneinander. Die Besonderheiten sollen an dieser Stelle exemplarisch für Deutschland und die USA dargestellt werden.

---

[325] Vgl. Bigus (2006): 22; Wüstemann (2005): 203; Rüchardt (1995): 33.

[326] Vgl. Leffson (1988): 96. Zu den Interessen des Unternehmens an einer Nichterfüllung des Prüfungsauftrags vgl. Abschnitt 3.3.5.2.

[327] Vgl. Kremer (2007): 136 f. Hierbei ist zu berücksichtigen, dass bei einem Bilanzskandal die Schuld oftmals nicht nur beim Abschlussprüfer, sondern auch beim Mandanten liegt und auch dieser dann haftbar gemacht werden kann.

5.2.1 *Deutschland*

Der Abschlussprüfer wird zwar von dem Unternehmen mit der Jahresabschlussprüfung beauftragt, leistet seine Arbeit aber nach gesetzlichen Vorschriften und in erster Linie im Interesse Dritter. Grundsätzlich kann sich daher für ihn eine mögliche Verpflichtung zu Schadensersatz sowohl aus dem Vertrag mit dem Mandanten als auch aus den Vorschriften über die unerlaubten Handlungen ergeben.[328]

5.2.1.1 *Haftung gegenüber dem Vertragspartner*

Die Haftung des Abschlussprüfers gegenüber dem geprüften Unternehmen und verbundenen Unternehmen[329] ist in § 323 Abs. 1 HGB verankert. Gemäß § 323 Abs. 1 HGB, der als Lex specialis für die Prüferhaftung angesehen wird, haften der Abschlussprüfer, seine Gehilfen[330] und die an der Prüfung beteiligten gesetzlichen Vertreter einer Wirtschaftsprüfungsgesellschaft gegenüber dem Auftraggeber.[331] Eine Haftung des Abschlussprüfers gegenüber vertragsfremden Dritten, wie beispielsweise Aktionären oder Gläubigern der geprüften Gesellschaft, kann aus § 323 HGB nicht abgeleitet werden.[332]

---

[328] Vgl. Naumann (2006): A. 549; Herrmann (1997): 69.

[329] Umfasst die Haftung auch verbundene Unternehmen, so wird von einer konzerndimensionalen Haftung gesprochen. Vgl. Baur/Hopt/Mailänder (1990): 270.

[330] Als Prüfungsgehilfen werden alle Personen bezeichnet, die an der jeweiligen Prüfung beteiligt sind. Vgl. Winkeljohann/Hellwege (2006): Z. 62. Darunter werden insbesondere Prüfungsleiter, Prüfer, Prüfungsassistenten, Berichtskritiker und Mitarbeiter der Berichtsausfertigung sowie alle Sachverständigen, die der Abschlussprüfer im Rahmen der Prüfung hinzuzieht, verstanden. Vgl. Ebke (2008): Z. 20. Im Folgenden werden sämtliche Gruppen unter dem Begriff „Abschlussprüfer" subsumiert.

[331] Vgl. Lang (1991): 4. Grundsätzlich ist § 323 HGB auch bei jeder anderen gesetzlich vorgeschriebenen Prüfung anzuwenden (beispielsweise einer Gründungsprüfung). Dabei ist es unerheblich, ob in den Vorschriften zu der jeweiligen Prüfung ausdrücklich auf den § 323 HGB verwiesen wird oder nicht. Eine Anwendung bei freiwilligen Abschlussprüfungen wird jedoch ausgeschlossen. Vgl. Winkeljohann/Hellwege (2006): Z. 5. Gleiches gilt auch für Ergänzungen des Prüfungsauftrags durch zusätzliche Prüfungsinhalte, die den Rahmen des gesetzlichen Prüfungsauftrags übersteigen. Vgl. Ebke (2008): Z. 17. Außerdem muss der Abschlussprüfer zur Prüfung in Ausübung seines Berufs tätig geworden sein. Eine Haftung kann sich daher nicht ergeben, wenn der Abschlussprüfer beispielsweise eine private Gefälligkeit leistet. Vgl. Lang (1991): 14.

[332] Vgl. Mirtschink (2006): 54 f.; Naumann (2006): A. 585 f.; Stefani (2002): 54. Auf die Ansprüche von Dritten aus § 323 HGB und eine mögliche Sperrwirkung wird im folgenden Abschnitt ausführlich eingegangen.

Eine Haftung nach § 323 Abs. 1 HGB ist daran geknüpft, dass vier Tatbestände erfüllt werden, welche nachfolgend näher erläutert werden:

- Pflichtverletzung des Abschlussprüfers,
- schuldhaftes Verhalten des Abschlussprüfers,
- Entstehung eines Schadens für den Auftraggeber und
- Kausalität der pflichtwidrigen Handlung des Abschlussprüfers für den entstandenen Schaden.

Eine *Pflichtverletzung* umfasst den Verstoß gegen gesetzliche Normen der Abschlussprüfung, die Grundsätze ordnungsmäßiger Abschlussprüfung, die Berichts- sowie Berufspflichten des Abschlussprüfers[333] und berührt somit den Bereich der Prüfungsqualität. In § 323 Abs. 1 Satz 1 und 2 HGB werden in diesem Zusammenhang ausdrücklich die Pflicht zur gewissenhaften und unparteiischen Prüfung, zur Verschwiegenheit sowie das Verbot der unbefugten Verwertung von Geschäfts- und Betriebsgeheimnissen aufgeführt.[334] In der Literatur ist es umstritten, ab wann ein Verstoß vorliegt. So existiert eine eng definierte Auffassung, nach welcher speziell eine Verletzung der sich aus § 323 Abs. 1 Satz 1 und 2 HGB ergebenden Pflichten – Gewissenhaftigkeit, Unparteilichkeit, Verschwiegenheit und Verwertungsverbot – vorliegen muss. Nach herrschender Auffassung ist damit jedoch ein Verstoß gegen eine der vom Abschlussprüfer im Rahmen der Jahresabschlussprüfung zu beachtenden Pflichten gemeint.[335]

---

[333] Zur Beurteilung, ob ein Pflichtverstoß vorliegt, sind objektive Maßstäbe heranzuziehen. Es ist festzustellen, ob sich der Abschlussprüfer so verhalten hat, wie es für seinen Berufsstand allgemein üblich und angemessen ist. Vgl. Graumann (2007): 119.

[334] Dies entspricht den Pflichten, die der Abschlussprüfer bereits nach § 43 Abs. 1 WPO einhalten muss. Vgl. Winkeljohann/Hellwege (2006): Z. 1.

[335] Vgl. Müller (2008): § 24 Z. 10-12; Naumann (2006): A. 556 f.; Adler/Düring/Schmaltz (2000): § 323 HGB Z. 77; Marten (1994b): 619; Quick (1992): 1676. Anderer Meinung sind Mirtschink, Winkeljohann/Hellwege und Heukamp. Diese vertreten die Ansicht, dass ausschließlich ein Verstoß gegen die Grundsätze zur Gewissenhaftigkeit, Unparteilichkeit, Verschwiegenheit oder gegen das Verwertungsverbot zur Haftung führt. Vgl. Mirtschink (2006): 40-43; Winkeljohann/Hellwege (2006): Z. 101; Heukamp (1999): 226-230. Allerdings dürften sich aus diesen voneinander abweichenden Auffassungen keine Unterschiede in der Schadenhöhe ergeben, da ein Verstoß gegen die Grundsätze ordnungsmäßiger Abschlussprüfung oder gegen die Berufspflichten auch die Pflicht zur Gewissenhaftigkeit berührt. Vgl. Marten/Quick/Ruhnke (2007): 187, Fn. 365.

§ 323 HGB setzt weiterhin ein *schuldhaftes Verhalten* des Abschlussprüfers voraus. Darunter ist das Prinzip der Verschuldenshaftung zu verstehen, nach dem sich ein Schuldner – in diesem Fall der Abschlussprüfer – für Vorsatz und Fahrlässigkeit zu verantworten hat.[336] Unter Vorsatz ist eine Pflichtverletzung zu verstehen, die mit Wissen und Wollen herbeigeführt wurde. Nimmt der Abschlussprüfer die Schädigung eines anderen billigend in Kauf, handelt es sich um bedingten Vorsatz.[337] Ein fahrlässiges Verhalten ist gemäß § 276 Abs. 2 BGB gegeben, wenn im Verkehr die erforderliche Sorgfalt außer Acht gelassen wird. Als Maßstab für die erforderliche Sorgfalt gilt hierbei die objektive Genauigkeit, mit der ein fachlich qualifizierter und gewissenhafter Berufsangehöriger vorzugehen hat. Bereits eine leichte Fahrlässigkeit reicht für die Klassifizierung als schuldhaftes Verhalten aus.[338] Ob ein Verschulden vorliegt, kann nur festgestellt werden, wenn man die tatsächlichen Prüfungshandlungen des Abschlussprüfers mit sog. Sollhandlungen vergleicht. Diese Sollhandlungen sind in Deutschland bestimmt nach den Grundsätzen ordnungsmäßiger Abschlussprüfung, welche durch das Institut der Wirtschaftsprüfer veröffentlicht werden.[339]

Bei der Frage des Verschuldens ist zu berücksichtigen, inwieweit sich der Abschlussprüfer nach § 254 BGB auf eine Mitschuld des Auftraggebers berufen kann. Hierbei sind vier Fälle denkbar, in denen der Abschlussprüfer, aber auch der Mandant entweder fahrlässig oder vorsätzlich gehandelt hat.[340] Bei fahrlässigem Verhalten des Mandanten ist für den Prüfer kein Rückgriff auf § 254 BGB möglich, da es Ziel der Jahresabschlussprüfung ist, fahrlässige Fehler in der Rechnungslegung aufzudecken. Dies gilt sowohl im Falle eines fahrlässigen als auch eines vorsätzlichen Fehlverhaltens des Abschlussprüfers. Hat der Auftraggeber vorsätzlich gehandelt und der Abschlussprüfer dies fahrlässigerweise nicht bemerkt, ist eine Anwendung von § 254 BGB durchaus

---

[336] Vgl. Ebke (2008): Z. 70; Herrmann (1997): 90 f.

[337] Vgl. Heinrichs (2008): § 276, Z. 10; Zimmer (2002): Z. 28

[338] Vgl. Quick/Solmecke (2007): 140. Grundsätzlich kann in grobe und leichte Fahrlässigkeit differenziert werden. Dies ist jedoch für die Haftung gemäß § 323 HGB nicht weiter relevant. Bedeutung erlangt diese Unterscheidung erst im Rahmen der berufsrechtlichen Sanktionen, da dort nur die grobe Fahrlässigkeit eine Rolle spielt.

[339] Neben den Verlautbarungen des IDW bilden auch internationale Prüfungsnormen eine Quelle für Grundsätze ordnungsmäßiger Abschlussprüfung. Vgl. Marten/Quick/Ruhne (2007): 104 f.

[340] Vgl. Winkeljohann/Hellwege (2006): Z. 122-124; Stefani (2002): 48f.; Quick (1992): 1676.

möglich und die Schadenspflicht des Abschlussprüfers kann entfallen oder zumindest stark gemindert werden.[341] Handeln beide beteiligten Parteien vorsätzlich, kann im Zweifel eine Schadensteilung in Betracht gezogen werden.[342] Die folgende Tabelle soll dies veranschaulichen:

		Prüfer	
		Fahrlässiges Fehlverhalten	Vorsätzliches Fehlverhalten
Mandant	Fahrlässiges Fehlverhalten	Kein Rückgriff auf § 254 BGB möglich (mit Ausnahmen)[343]	Kein Rückgriff auf § 254 BGB möglich
	Vorsätzliches Fehlverhalten	Anwendung von § 254 BGB möglich	Im Zweifel Schadensteilung

Tabelle 5: Konstellationen bei einem Mitverschulden des Mandanten
Quelle: In Anlehnung an Stefani (2002): 48, Fn. 189.

Um die Voraussetzungen für die Haftung nach § 323 HGB zu erfüllen, muss außerdem dem *Auftraggeber ein Schaden entstanden* sein.[344] Dabei wird ein Schaden gemäß der Differenzhypothese als die Differenz zweier Güter- und Vermögenslagen einer Person zu verschiedenen Zeitpunkten definiert. In Frage kommt hierfür nur ein Vermögensschaden des geprüften Unternehmens.[345] Ob dieser vorliegt, richtet sich nach §§ 249 ff. BGB.[346]

---

[341] Vgl. Fölsing (2010): 79. Es gilt, dass eine vorsätzlich handelnde Person im Verhältnis zu einem fahrlässig Handelnden seine Schuld allein zu tragen hat. Falls sich der Abschlussprüfer allerdings über erkannte Bedenken leichtfertig hinweggesetzt oder auf unerlässliche Prüfungshandlungen bewusst verzichtet hat, haftet er zumindest teilweise, unabhängig von einem Mitverschulden des Auftraggebers. Vgl. Rüchardt (1995): 66.

[342] Vgl. Naumann (2006): A. 619; Winkeljohann/Hellwege (2006): Z. 122; Quick (1992): 1676.

[343] Eine Ausnahme kann z.B. erfolgen, wenn der Prüfer nur leicht fahrlässig handelt, während den Mandanten ein grobes Verschulden trifft. In diesem Fall kann ggf. § 254 BGB angewendet werden. Die Meinungen hierüber sind gespalten. Für eine Anwendung der Ausnahme plädieren u.a. Adler/Düring/Schmaltz (2000): § 323 Z. 135 und Quick (1992): 1676. Gegen eine Anwendung sind u.a. Magnus (2004): 25 f. und Rüchardt (1995): 67.

[344] Eine Vermögensgefährdung ist für einen Haftungsanspruch allein nicht ausreichend. Vgl. Magnus (2004): 23.

[345] Vgl. Winkeljohann/Hellwege (2006): Z. 105; Magnus (2004): 23; Rüchardt (1995): 54 f.

[346] Vgl. Naumann (2006): A. 560; Adler/Düring/Schmaltz (2000): § 323, Z. 98.

Als letzte Voraussetzung, die für die Haftung gegeben sein muss, nennt § 323 HGB die *Kausalität* der pflichtwidrigen Handlung des Abschlussprüfers für den entstandenen Schaden beim Auftraggeber. Dabei reicht eine überwiegende, auf gesicherter Grundlage beruhende Wahrscheinlichkeit aus, um von einer Kausalität zu sprechen.[347] Allerdings bestehen für den Abschlussprüfer unter Umständen zwei Exkulpationsmöglichkeiten, um sich im Streitfall zu entlasten: So kann der Abschlussprüfer als Grund für sein Handeln rechtmäßiges Alternativverhalten anführen wonach der Schaden ganz oder teilweise auch eingetreten wäre, wenn er die gebotene Handlung vorgenommen und als Folge den Bestätigungsvermerk eingeschränkt oder versagt bzw. den Prüfungsbericht anders formuliert hätte.[348] Zusätzlich bleibt ihm die Möglichkeit, über die Reserveursache zu argumentieren, mit welcher er geltend machen kann, dass der Schaden zu einem späteren Zeitpunkt auch aufgrund eines anderen Ereignisses eingetreten wäre.[349]

Die Nachweispflicht für den entstandenen Schaden sowie für dessen Verursachung durch den Pflichtverstoß des Abschlussprüfers liegt bei dem geprüften bzw. einem der damit verbundenen Unternehmen. Um einen Schadensersatzanspruch geltend zu machen, reicht es nicht aus, dass der Auftraggeber behauptet, der Abschlussprüfer habe nicht angemessen geprüft. Er muss das Fehlverhalten des Abschlussprüfers genau darlegen und beweisen können.[350] Die Beweislast trifft dagegen den Abschlussprüfer, wenn dieser geltend machen möchte, dass ein Mitverschulden des Auftraggebers oder rechtmäßiges Alternativverhalten vorliegt.[351]

Im Haftungsfall gegenüber dem Auftraggeber sieht der Gesetzgeber gemäß § 323 Abs. 2 HGB eine Obergrenze in Höhe von einer Mio. Euro, bei der Prüfung börsennotierter Gesellschaften von vier Mio. Euro vor. Mit dieser gespaltenen Haftungsbegren-

---

347 Vgl. Naumann (2006): A. 561; Magnus (2004): 23.

348 Vgl. Adler/Düring/Schmaltz (2000): § 323 Z. 100.

349 Vgl. Winkeljohann/Hellwege (2006): Z. 106. Heinrichs bezweifelt die mögliche Anwendung der Reserveursache, da sie aufgrund des bereits erfolgten Schadenseintritts wirkungslos wäre. Vgl. Heinrichs (2008): § 249 BGB, Z. 96. Der Einwand des rechtmäßigen Alternativverhaltens führt jedoch regelmäßig zu einem Ausschluss der Ersatzpflicht des Abschlussprüfers. Vgl. Ebke (2008): Z. 69.

350 Vgl. Naumann (2006): A. 567; Winkeljohann/Hellwege (2006): Z. 107.

351 Vgl. Müller (2008): § 26: Z. 5.

zung hat der Gesetzgeber den besonderen Belangen des Kapitalanlegerschutzes Rechnung getragen.[352] Dies gilt allerdings nur bei fahrlässigem Fehlverhalten. Im Fall des Vorsatzes existiert keine Haftungsbeschränkung, sodass der Abschlussprüfer für eine solche Pflichtverletzung unbeschränkt haftet.[353]

Die Haftungsobergrenzen für Fahrlässigkeit finden jeweils für den einzelnen Schadensfall Anwendung. Sie gelten bei jeder einzelnen Jahresabschlussprüfung unabhängig von der Höhe des jeweiligen Schadens sowie von der Anzahl der begangenen Pflichtverstöße, der beteiligten Personen oder der Zahl der geschädigten Unternehmen.[354] Die Vereinbarung einer höheren Haftungssumme durch einen entsprechenden Vertrag im Vorfeld der Prüfung schließt das Gesetz allerdings nicht ausdrücklich aus. Dennoch ist eine höhere Haftungssumme gemäß § 16 BS WP/vBP berufsrechtlich nicht zulässig.[355]

5.2.1.2 Haftung gegenüber Dritten

Die Dritthaftung der Abschlussprüfer ist eine „Haftung im Grenzbereich zwischen deliktischem und vertraglichem, noch-vertraglichem oder quasi-vertraglichem Geschehen".[356] Da Dritte nicht in das vertragliche Verhältnis zwischen dem Unternehmen und dem Abschlussprüfer eingebunden sind, scheiden vertragliche Haftungsansprüche

---

[352] Vgl. Hopt/Merkt (2006): Z. 9; Adler/Düring/Schmaltz (2000): § 323 HGB, Z. 3. Im Gesetzentwurf des KonTraG von 1997 wurde vom Bundestag eine generelle Haftungsbeschränkung von vier Mio. DM angedacht. Dies wurde vom Bundesrat jedoch abgelehnt, da sonst insbesondere kleine und mittelständische Wirtschaftsprüfungsgesellschaften in ihrer Existenz gefährdet gewesen wären. Vgl. Ebke (2008): Z. 8.

[353] Vgl. Naumann (2006): Z. 550; Herrmann (1997): 94.

[354] Die Prüfungen des Jahresabschlusses eines Mutterunternehmens und des Konzernabschlusses gelten als zwei getrennte Prüfungen, sodass hier die Haftungsobergrenze zwei bzw. acht Mio. Euro beträgt. Vgl. Winkeljohann/Hellwege (2006): Z. 133.

[355] Auf diese Weise soll unlauterer und damit berufswidriger Wettbewerb um Pflichtprüfungsaufträge verhindert werden. Vgl. Winkeljohann/Hellwege (2006): Z. 136.

[356] Lang (1991): 3.

gemäß § 323 HGB grundsätzlich aus.[357] Im Bereich der Haftung gegenüber Dritten gibt es keine dem § 323 HGB vergleichbare ausdrückliche Regelung. Eine Dritthaftung kann daher nur über andere Wege in Betracht gezogen werden.[358] Für Schadensersatzansprüche vertragsfremder Dritter sind im Wesentlichen die folgenden Anspruchsgrundlagen zu nennen:

- Deliktsrecht,[359]
- vertragliche und vertragsähnliche Anspruchsgrundlagen,
- Ansprüche aus vorvertraglicher Haftung,
- Grundsätze der bürgerlich-rechtlichen Prospekthaftung.

Unter *deliktsrechtlichen* Vorschriften sind im Wesentlichen die §§ 823 Abs. 2 BGB und 826 BGB zu verstehen.[360] Nach § 823 Abs. 2 BGB besteht die Pflicht zum Schadensersatz, wenn ein Verstoß gegen ein Gesetz vorliegt, das den Schutz einer anderen Person bezweckt. Als Schutzgesetze gelten beispielsweise Gesetze zu Straftaten wie die Verletzung der Berichtspflicht gemäß § 332 HGB oder Betrug gemäß § 263 StGB. Für die Inanspruchnahme des § 823 Abs. 2 BGB, der über die Schutzgesetze greifbar ist, muss ein vorsätzliches Handeln des Abschlussprüfers nachgewiesen werden. Da der Nachweis von Vorsatz in der Praxis schwierig ist, führt dies dazu, dass es kaum mög-

---

357 Vgl. Zimmer (2002): Z. 53. Eine Haftung auf vertragsrechtlicher Basis kann nur erfolgen, wenn quasi-vertragliche Beziehungen zwischen dem Abschlussprüfer und dem Dritten angenommen werden. Vgl. Thümmel (1985): 78. Eine Erläuterung der quasi-vertraglichen Beziehungen und ihrer Voraussetzungen erfolgt später in diesem Abschnitt. Eine Ausnahme existiert außerdem bei verbundenen Unternehmen i.S.d. § 271 Abs. 2 HGB, die – wie im vorigen Abschnitt erläutert – wie der Auftraggeber behandelt werden.

358 Vgl. Wagenhofer/Ewert (2007): 472.

359 Hierbei spricht man auch vom Recht der unerlaubten Handlung. Es geht dabei um die Wiedergutmachung eines Schadens, welcher durch unerlaubte Eingriffe in einem fremden Rechtskreis unter den Voraussetzungen der verschiedenen Deliktstatbestände der §§ 823 ff. BGB hervorgerufen wurde. Vgl. Brox/Walker (2007): § 40, Z. 1.

360 Vgl. Sunderdiek (2006): 98; Land (1996): 61. § 823 Abs. 1 BGB zielt auf die vorsätzliche oder fahrlässige Verletzung von Rechtsgütern und absoluten Rechten ab. Da das Vermögen, welches im Fall der vertragsfremden Dritten ausschließlich geschädigt wird, jedoch kein geschütztes Recht im Sinne dieser Regelung darstellt, kann keine Anwendung des § 823 Abs. 1 HGB erfolgen. Vgl. Naumann (2006): A. 574.

lich ist, den Abschlussprüfer auf der Grundlage des Deliktsrechts zu Schadensersatz zu verurteilen.[361]

Eine Verpflichtung des Abschlussprüfers zu Schadensersatz auf der Grundlage des § 826 BGB besteht nur dann, wenn er entgegen den guten Sitten im Rahmen der Prüfung einem anderen vorsätzlich Schaden zufügt. Die Rechtsprechung hat die Definition der Sittenwidrigkeit insofern beeinflusst, als sie die Bedingungen stark herabgesetzt hat. Demnach liegt Sittenwidrigkeit bereits vor, wenn der Abschlussprüfer gegen seine Prüfungs-, Bestätigungs- und Berichtspflichten verstößt.[362] Vorsätzliches Handeln ist gegeben, wenn dem Prüfer ex ante bewusst ist, dass durch nicht normenkonformes Handeln einem Dritten Schaden zugefügt wird. Gemäß der Rechtsprechung reicht es für vorsätzliche Schädigung bereits aus, wenn der Abschlussprüfer aufgrund seiner Berufserfahrung damit rechnen muss, dass der Bestätigungsvermerk oder der Prüfungsbericht Grundlage für etwaige nachteilige Vermögensdispositionen Dritter sein könnte.[363]

Gemäß der Rechtsprechung in Deutschland ist eine Haftungsbeschränkung einem Dritten gegenüber bei deliktsrechtlichen Tatbeständen grundsätzlich nicht möglich. Somit haftet der Abschlussprüfer als Folge der unerlaubten Handlung nach § 826 BGB hier unbeschränkt.[364]

Für einen Dritten existieren zwei weitere Möglichkeiten, einen Haftungsausgleich zu erzielen: Diese sind die *vertraglichen* bzw. *vertragsähnlichen* Anspruchsgrundlagen

[361] Vgl. Ebke (2008): Z. 95; Quick (2000a): 64; Thümmel (1985): 79.

[362] Beispiele für ein sittenwidriges Verhalten sind die Erteilung eines Bestätigungsvermerks ohne Durchführung einer Prüfung oder trotz schwerer Mängel in der Rechnungslegung. Vgl. Winkeljohann/Hellwege (2006): Z. 183.

[363] Vgl. Kremer (2007): 232 f.; Naumann (2006): A. 595; Adler/Düring/Schmaltz (2000): § 323, Z. 192.

[364] Vgl. Magnus (2004): 36; Stefani (2002): 55 f.

des Auskunftsvertrags einerseits sowie des Vertrags mit Schutzwirkung zugunsten Dritter andererseits.[365] Im Folgenden wird darauf näher eingegangen.

Voraussetzung für den Schadensersatzanspruch eines Dritten aufgrund fehlerhafter Ratschläge oder Auskünfte des Abschlussprüfers ist, dass zuvor ein eigenständiger Auskunftsvertrag zwischen den beiden Parteien zustande gekommen ist.[366] Demnach soll eine Person A (hier: der Prüfer), die einer Person B (hier: dem Auftraggeber) eine Bescheinigung in dem Wissen ausstellt, dass Person B damit eine dritte Person C (hier: ein Jahresabschlussadressat) in ihrem Sinn beeinflussen möchte, gegenüber Person C für die Richtigkeit und Vollständigkeit der Bescheinigung haften, da diese sich darauf verlässt.[367] Ein solcher Auskunftsvertrag kann ausdrücklich oder durch schlüssiges Verhalten zustande kommen.[368] Praktische Relevanz hat hier insbesondere der durch schlüssiges Verhalten stillschweigend geschlossene Auskunftsvertrag.[369] Für das Vorliegen eines Vertrags mit Schutzwirkung zugunsten Dritter müssen folgende Voraussetzungen erfüllt werden:[370]

- Vertrags- oder Leistungsnähe des Dritten. Danach muss der Dritte mit der Prüferleistung typischerweise und nicht zufällig in Berührung kommen.
- Schutzpflicht des Gläubigers. Danach soll die Prüferleistung nach dem Willen des Gläubigers und des Schuldners dem Dritten zugute kommen oder der Abschlussprüfer ist dem Dritten zum Schutz verpflichtet.

[365] Vgl. Schmidt (2006): 270 f. In der Vergangenheit fanden diese ausschließlich Anwendung bei freiwilligen Jahresabschlussprüfungen, Abschlusserstellung durch den Abschlussprüfer und Prospektprüfungen. Im Zusammenhang mit der gesetzlichen Jahresabschlussprüfung kommt eine Haftung auf diesen Grundlagen erst seit dem BGH-Urteil vom 2. April 1998 in Betracht. Der BGH verneinte in diesem Urteil eine Sperrwirkung des § 323 Abs. 1 Satz 3 HGB gegen eine vertragliche Haftung des Abschlussprüfers gegenüber Dritten, sofern die Vertragsparteien übereinstimmend davon ausgehen, dass die Prüfung auch im Interesse Dritter durchgeführt wird. Vgl. BGH (1998): 256 f.

[366] Vgl. Stefani (2002): 56.

[367] Vgl. Naumann (2006): A. 589 f.

[368] Vgl. Graumann (2007): 124; Kremer (2007): 206-208.

[369] Ein stillschweigend geschlossener Auskunftsvertrag liegt vor, wenn die Auskunft des Abschlussprüfers für den Empfänger von wesentlicher Bedeutung ist und er sie zur Grundlage wesentlicher Vermögensverfügungen machen kann. Vgl. Naumann (2006): A. 589.

[370] Vgl. Winkeljohann/Hellwege (2006): Z. 194; Herrmann (1997): 105.

- Erkennbarkeit der ersten beiden Voraussetzungen für den Schuldner bei Vertragsabschluss: Danach muss der Prüfer bei Vertragsabschluss erkennen, dass der Dritte auch unter den Schutzbereich fällt.

Ist eine vertragliche oder vertragsähnliche Anspruchsgrundlage gegeben, gelten grundsätzlich die allgemeinen vertraglichen Grundsätze der Haftung gemäß § 323 HGB, wonach jede fahrlässige Pflichtverletzung zu einem Schadensersatzanspruch führen kann.[371] Im Rahmen der gesetzlichen Jahresabschlussprüfung sind, wie bereits erwähnt, neben dem Auftraggeber theoretisch Dritte anspruchsberechtigt. Allerdings kommt eine Erweiterung des Kreises der Anspruchsberechtigten auf einen oder mehrere Dritte in der Praxis nur selten vor.[372]

Ist ein Vertrag mit Schutzwirkung zugunsten Dritter zustande gekommen, so gelten die zwischen Abschlussprüfer und Auftraggeber vereinbarten Haftungsbegrenzungen oder -ausschlüsse auch gegenüber dem in den Schutzbereich einbezogenen Dritten.[373] Bei einem stillschweigend geschlossenen Auskunftsvertrag ist eine Haftungsbeschränkung jedoch mangels Vereinbarung nicht möglich.[374] Von der Rechtsprechung wird die in § 323 Abs. 2 HGB genannte Haftungsobergrenze auch im Zusammenhang mit der Haftung aus einem Vertrag mit Schutzwirkung zugunsten Dritter als maßgeblich anerkannt.[375]

Neben der vorstehend erläuterten Haftung aus unerlaubter Handlung können Dritte unter Umständen Ansprüche aus dem Rechtsinstitut der *vorvertraglichen* Haftung geltend machen.[376] Die gesetzliche Grundlage dazu bildet § 311 Abs. 3 Satz 1 BGB, wonach ein Schuldverhältnis auch zwischen Personen bestehen kann, die nicht Vertragspartner sind. Voraussetzung ist, dass ein Dritter Vertragsverhandlungen oder

---

[371] Vgl. Schmidt (2006): 271; BGH (1998): 258.

[372] Vgl. Ebke (2008): Z. 124 und 136.

[373] Hierbei ist ungeklärt, ob die Vereinbarung zwischen Abschlussprüfer und Auftraggeber dem Dritten bekannt sein muss. Vgl. Winkeljohann/Hellwege (2006): Z. 209.

[374] Vgl. Naumann (2006): Z. 590.

[375] Vgl. Wagenhofer/Ewert (2007): 472; BGH (1998): 258. Dies kritisiert Müller. Seiner Meinung nach handelt es sich bei einer Dritthaftung nach § 323 HGB um eine privatautonome Individualvereinbarung, für die die Haftungsbegrenzung nicht gelten sollte. Vgl. Müller (2008): § 27, Z. 3.

[376] Vgl. Winkeljohann/Hellwege (2006): Z. 220.

-abschlüsse der beiden nicht vertraglich gebundenen Parteien erheblich beeinflussen kann, indem er besonderes Vertrauen für sich in Anspruch nimmt.[377]

Fraglich ist in diesem Zusammenhang die Auslegung des § 311 BGB. Eine weite Interpretation würde alle Fälle der Dritthaftung einschließen.[378] In der Literatur wird mehrheitlich die Auffassung vertreten, dass im Rahmen der Abschlussprüfung eine enge Auslegung des § 311 BGB zum Tragen kommt. Demnach ist eine Dritthaftung nur möglich, wenn der Abschlussprüfer für sich selbst besonderes Vertrauen in Anspruch nimmt,[379] und wenn es nicht Wille des Gesetzgebers ist, aus dem § 311 Abs. 3 BGB eine generelle Dritthaftung des Abschlussprüfers im Rahmen der gesetzlichen Jahresabschlussprüfung abzuleiten.[380] In Ermangelung einer gesetzlichen Haftungsbeschränkung haftet der Abschlussprüfer im Fall einer vorvertraglichen Haftung gemäß § 311 Abs. 3 BGB der Höhe nach unbeschränkt.[381]

Die Anleger des geprüften Unternehmens können außerdem bei fehlerhaften oder unvollständigen Prospekten[382] unter Umständen auf die bürgerlich-rechtliche *Prospekthaftung*[383] zurückgreifen. Die Grundlage der Prospekthaftung stellt das besondere Vertrauen dar, welches einem Abschlussprüfer aufgrund seines Berufsstands entgegengebracht wird.[384] Wenn ein Prüfer im Prospekt eines Unternehmens aufgeführt ist, wird dem Adressatenkreis ein besonderer Vertrauenstatbestand in dem Sinne

[377] Vgl. Graumann (2007): 134.

[378] Vgl. Naumann (2006): A. 594.

[379] Dieses besondere Vertrauen begründet sich nicht bereits aufgrund seiner Zugehörigkeit zum Berufsstand. Vgl. Winkeljohann/Hellwege (2006): Z. 224.

[380] Vgl. Ebke (2008): Z. 118; Naumann (2006): A. 594; Winkeljohann/Hellwege (2006): Z. 223.

[381] Vgl. Sunderdiek (2006): 102.

[382] Der Begriff des Prospekts umfasst grundsätzlich alle Schriftstücke, welche wesentliche Angaben für die Beurteilung einer Anlage enthalten oder einen solchen Eindruck vermitteln. Vgl. Schüppen (2008): Z. 108.

[383] Unter den Begriff der Prospekthaftung fallen unterschiedliche Tatbestände, welche alle an einen fehlerhaften bzw. unvollständigen Prospekt anknüpfen. Neben der hier betrachteten bürgerlichrechtlichen bzw. allgemeinen zivilrechtlichen Prospekthaftung existiert noch die Prospekthaftung aufgrund ausdrücklicher gesetzlicher Regelungen und die individuelle Haftung für die Inanspruchnahme besonderen persönlichen Vertrauens im Zusammenhang mit der Verwendung von Prospekten. Vgl. Schüppen (2008): Z. 82.

[384] Vgl. Naumann (2006): A. 591.

vermittelt, dass die im Prospekt genannten Tatbestände zutreffend sind.[385] Voraussetzung für eine Prospekthaftung des Abschlussprüfers ist es allerdings, dass dieser weiß oder zumindest davon ausgehen kann, dass seine Testate für einen Prospekt als Unternehmenswerbung eingesetzt werden.[386] Außerdem müssen mehr als die letzten drei Jahresabschlüsse in diesem Prospekt abgedruckt sein, sonst liegt keine Garantenstellung des Abschlussprüfers vor und eine Haftung kommt nicht in Frage.[387] Im Falle einer Prospekthaftung ist eine Anwendung der Haftungsbeschränkung gemäß § 323 Abs. 2 HGB nicht möglich.[388]

5.2.2 USA

In den USA ist eine zivilrechtliche Haftung des Abschlussprüfers sowohl nach Common Law als auch nach Statutory Law bzw. Securities Law möglich. Die Haftung nach den verschiedenen Gesetzen wird im Folgenden näher betrachtet.

5.2.2.1 Common Law

In den USA ist die Haftung des Abschlussprüfers nach Common Law heterogen, da jeder Bundesstaat der USA diesbezüglich über seine eigenen Gesetze und ein eigenes Richterrecht verfügt.[389] Zusätzlich kann das geltende Recht innerhalb eines Bundesstaats unterschiedlich angewandt werden, da es für jeden einzelnen Fall ausgelegt wird.[390] Generell unterscheidet das amerikanische Common Law zwischen dem Vertragsrecht, welches im Wesentlichen für den Auftraggeber relevant ist, und dem Deliktsrecht, welches neben dem Auftraggeber Dritte mit einschließt.

---

[385] Vgl. Kremer (2007): 218; Herrmann (1997): 102 f.

[386] Vgl. Geuer (1994): 74.

[387] Vgl. Naumann (2006): A. 592.

[388] Vgl. Herrmann (1997): 103.

[389] Vgl. Sunderdiek (2006): 116; Ebke (1995): 501.

[390] Vgl. Quick (2000b): 540.

5.2.2.1.1 *Vertragsrecht*

Das Vertragsrecht kommt grundsätzlich nur für den Auftraggeber, der die Vertragspartei darstellt, als Anspruchsgrundlage in Frage.[391] Der Abschlussprüfer muss gemäß dem Vertragsrecht gegenüber den Vertragsparteien für einen entstandenen Schaden haften, wenn er unerlaubt gehandelt oder seine Pflichten aus dem Prüfungsvertrag nicht erfüllt hat.[392] Diese Pflichten beinhalten gemäß den Prüfungsverträgen, dass der Abschlussprüfer die Prüfung sorgfältig und unter Anwendung des vom ihm zu erwartenden Könnens durchführt.[393] Der Abschlussprüfer muss wie nach deutschem so auch nach amerikanischem Recht für die Pflichtverletzungen einstehen, welche durch seine Gehilfen, Sachverständige oder andere hinzugezogene Abschlussprüfer bzw. Wirtschaftsprüfungsgesellschaften verursacht werden.[394]

Um eine Haftung zu begründen, reicht bereits eine einfache Fahrlässigkeit des Abschlussprüfers aus.[395] Den Nachweis, dass der Abschlussprüfer die zur Pflichterfüllung notwendige Sorgfalt außer Acht gelassen hat, muss dabei der Geschädigte erbringen.[396] Der Schadensersatz nach Vertragsrecht ist auf die Höhe der gezahlten Prüfungsgebühren beschränkt.[397] Die Möglichkeit, einen darüber hinaus gehenden Schadensersatz zu erhalten, besteht nur im Rahmen des Deliktsrechts, das im Folgenden dargestellt wird.

[391] Vgl. Geuer (1994): 138. Werden im Prüfungsvertrag jedoch ausdrücklich weitere Personen berücksichtigt, steht auch diesen ein Schadensersatzanspruch nach dem Vertragsrecht zu. Vgl. Sunderdiek (2006): 116.

[392] Vgl. Herrmann (1997): 112.

[393] Vgl. Quick (2000b): 540. Wie schon mehrfach erwähnt, bedeutet dies jedoch nicht, dass eine vollständig perfekte Prüfung erwartet wird.

[394] Vgl. Arens/Elder/Beasley (2008): 114.

[395] Vgl. Sunderdiek (2006): 117; Quick (2000b): 540.

[396] Vgl. Herrmann (1997): 113. Der Abschlussprüfer kann jedoch versuchen, die daraus folgende Fahrlässigkeitsvermutung zu widerlegen, indem er sich darauf beruft, dass kein ausdrücklicher Prüfungsvertrag bestand, die Prüfung ordnungsgemäß durchgeführt wurde, eine Mitschuld des Auftraggebers vorliegt oder der Schaden auch aufgrund anderer Umstände aufgetreten wäre. Vgl. Arens/Elder/Beasley (2008): 116-119.

[397] Vgl. Quick (2000b): 540.

5.2.2.1.2 Deliktsrecht

Das Deliktsrecht steht neben den Vertragspartnern des Abschlussprüfers insbesondere Dritten als Anspruchsgrundlage zur Verfügung.[398] Gemäß dem Deliktsrecht haftet der Abschlussprüfer stets, wenn er grob fahrlässig oder vorsätzlich betrügerisch handelt.[399] Bei einfacher Fahrlässigkeit haben in der Vergangenheit die US-amerikanischen Gerichte in verschiedenen Urteilen unterschiedliche Entscheidungen darüber getroffen, wer zu den Anspruchsgruppen zählt.[400]

Near Privity Standard

In mehreren Bundesstaaten kann sich eine Dritthaftung aufgrund des dort gültigen Deliktsrechts nur ergeben, wenn der entstandene Schaden darauf zurückzuführen ist, dass sich ein Dritter auf irreführende Angaben im Jahresabschluss verlassen hat (Near Privity Standard).[401] Außerdem muss es sich beim Kläger um eine dem Abschlussprüfer bekannte Gruppe handeln und diesem muss der Nutzungszweck des Jahresabschlusses für den geschädigten Dritten bekannt sein.[402] Diese Regelung ist eher als restriktiv zu beurteilen, da sie den Kreis der anspruchsberechtigten Dritten recht eng zieht.

Restatement Standard

In anderen US-amerikanischen Staaten wird die Haftung breiter ausgelegt und der Kreis der Anspruchsberechtigten danach bestimmt, ob diese zu einer dem Abschlussprüfer bekannten, abgrenzbaren und außerdem identifizierbaren Gruppe (z.B. Ban-

---

[398] Vgl. Wagenhofer/Ewert (2007): 473.

[399] Betrug bezeichnet eine falsche Darstellung wesentlicher Tatbestände, die in Kenntnis der Unrichtigkeit gegeben wurde. Außerdem muss eine Täuschungsabsicht vorliegen und der Kläger muss auf die falsche Darstellung vertraut haben. Vgl. Arens/Elder/Beasley (2008): 116; Quick (2000b): 540.

[400] Vgl. Quick (2000b): 540.

[401] Vgl. Arens/Elder/Beasley (2008): 119; Ebke (1995): 502.

[402] Besondere Bedeutung hat in diesem Zusammenhang die sogenannte Ultramares Doktrin erlangt, in der das zuständige Gericht trotz Fahrlässigkeit des Abschlussprüfers eine Haftung ablehnte. Ziel dieses Ansatzes war es, eine unbegrenzte Haftung des Abschlussprüfers gegenüber einem unbegrenzten Kreis Anspruchsberechtigter zu vermeiden. Vgl. Quick (2000b): 541.

ken) gehören (Restatement Standard).[403] Es ist jedoch nicht erforderlich, dass der Abschlussprüfer die Identität der jeweiligen Anspruchsberechtigten kennt.[404] Es reicht aus, wenn er weiß, dass diese Dritten sich auf die Informationen des Jahresabschlusses verlassen.[405] Hiermit wird der Kreis der Anspruchsberechtigten erweitert, gleichzeitig soll aber eine unbegrenzte Haftung gegenüber einer freien Anzahl Dritter verhindert werden.

Foreseeability Rule

Am weitesten ausgedehnt wurde die Dritthaftung durch den Ansatz der vorhersehbaren Drittparteien (Foreseeability Rule), welcher jedem Dritten das Recht zuspricht, den Abschlussprüfer zu verklagen. Der Abschlussprüfer muss die Betroffenen dabei weder kennen noch ihre Ansprüche vorhergesehen haben.[406] Allerdings müssen die Betroffenen zuvor ihre Entscheidungen vom fehlerhaften Urteil des Prüfers abhängig gemacht haben.[407]

Sind die Voraussetzungen für eine deliktsrechtliche Haftung erfüllt, haftet der Abschlussprüfer unbeschränkt, da es keine Haftungsbegrenzung gibt.[408] Darüber hinaus besteht die Möglichkeit, dass der Abschlussprüfer zur Zahlung eines zusätzlichen Betrags, der sog. Punitive Damage, verurteilt wird, wenn er des Betrugs für schuldig befunden wird.[409]

---

403 Hierbei wird von einer „actually foreseen and limited class of persons“ gesprochen. Vgl. Geuer (1994): 141.

404 Vgl. Quick (2000b): 541; Herrmann (1997): 115.

405 Vgl. Arens/Elder/Beasley (2008): 119.

406 Vgl. Geuer (1994): 141.

407 Dieser Ansatz findet zurzeit nur noch in zwei Bundesstaaten (Mississippi und Wisconsin) Anwendung und wurde von anderen Bundesstaaten in der Vergangenheit als zu weitgehend empfunden. Vgl. Sunderdiek (2006): 119.

408 Vgl. Stefani (2002): 59.

409 Vgl. Kremer (2007): 270; Quick (2000b): 540.

5.2.2.2 *Securities Law*

Im Gegensatz zum Common Law handelt es sich beim Securities Law (Wertpapierrecht) um Bundesrecht, sodass diese Regelungen für alle Bundesstaaten der USA einheitlich sind.[410] Als relevante Gesetze zur Haftung des Abschlussprüfers sind der Securities Act 1933 und der Securities Exchange Act 1934 zu nennen.

Eine Grundlage, auf der Dritte einen Schadensersatzanspruch gegenüber Abschlussprüfern geltend machen können, stellt der Securities Act aus dem Jahr 1933 dar.[411] Ein Schadensersatzanspruch ist dabei jedoch ausschließlich im Zusammenhang mit dem Erwerb von Wertpapieren im Zuge einer Erstemission möglich, weshalb diese Regelung nur eine geringe praktische Bedeutung hat.[412] Voraussetzung ist gemäß Section 11 des Securities Act 1933, dass wesentliche Tatsachen im vom Abschlussprüfer geprüften und bestätigten Jahresabschluss, welcher dem Börsenprospekt und der Registrierungsanzeige beizufügen ist, falsch oder schlicht nicht dargestellt sind.[413] Dabei handelt es sich um eine gesamtschuldnerische Haftung (Joint and Several Liability).[414]

Nach dem Securities Act 1933 reicht bereits ein einfaches fahrlässiges Handeln des Abschlussprüfers aus, damit ein Dritter einen Schadensersatzanspruch gegen ihn geltend machen kann.[415] Der Kläger muss dabei lediglich beweisen, dass der Jahresabschluss wesentliche Fehler enthält und diese typischerweise den entstandenen Vermögensschaden hervorrufen können. Den Nachweis, dass der Abschlussprüfer fahrlässig gehandelt, oder dass der Kläger sich auf die Angaben verlassen hat, muss dieser

[410] Vgl. Quick (2000a): 69.

[411] Der Securities Act behandelt die Berichtsanforderungen an Unternehmen, wenn diese neue Wertpapiere ausgeben. Vgl. Hayes et al. (2005): 53.

[412] Vgl. Arens/Elder/Beasley (2008): 121; Sunderdiek (2006): 120; Geuer (1995): 143.

[413] Vgl. Hayes et al. (2005): 53; Leicht (2002): 137. Grundsätzlich könnte ein Schadensersatzanspruch zudem auf Grundlage von Section 12 des Securities Act 1933 entstehen. Da dieser jedoch voraussetzt, dass der Beklagte am Vertrieb der Wertpapiere mitgewirkt hat, ist eine Anwendung auf den Abschlussprüfer ausgeschlossen. Vgl. Herrmann (1997): 118.

[414] Nach der gesamtschuldnerischen Haftung wird der Abschlussprüfer für die entstandenen Schulden vollständig verantwortlich gemacht, auch wenn sein Verschulden nur einen Teil des Schadens betrifft. Vgl. Stefani (2002): 59 f.

[415] Vgl. Quick (2000b): 543.

dagegen nicht erbringen.[416] Hatte der Abschlussprüfer jedoch Grund zu der Annahme, dass die Bilanz der Wahrheit entspricht und alle wesentlichen Umstände enthält, so ist der Abschlussprüfer gemäß Section 11b von einer Haftung befreit, sofern er sorgfältig geprüft hat.[417] Es liegt dann am Abschlussprüfer zu beweisen, dass die Prüfung ordnungsgemäß durchgeführt wurde und keine Kausalität zwischen den Fehlern im Jahresabschluss und dem entstandenen Schaden besteht.[418] Die Höhe des Schadensersatzes wird gemäß Section 11e des Securities Act 1933 bestimmt als Differenz zwischen dem Kurs bei Emission der Wertpapiere und dem Kurs entweder bei Klageerhebung oder zum Verkauf der Wertpapiere, wenn dieser zeitlich davor erfolgt ist.[419]

Eine weitere Anspruchsgrundlage für Dritte ergibt sich aus dem Securities Exchange Act von 1934.[420] Eine Haftung kann sich gemäß der Section 18a ergeben, wenn ein Unternehmen fehlerhafte Dokumente bei der SEC einreicht.[421] Anspruchsberechtigt ist in diesem Fall derjenige, der einen Schaden erlitten hat, da er auf die fehlerhaften Angaben im Dokument vertraut und daraufhin Wertpapiere ge- oder verkauft hat.[422] Im Gegensatz zum Securities Act von 1933 genügt es nicht, wenn der Kläger aufzeigt, dass die Fehler typischerweise einen Vermögensschaden hervorrufen können, er muss diesen Zusammenhang für seinen Fall auch beweisen. Den Abschlussprüfer trifft hier keine Beweislast und er kann sich darauf berufen, dass er von dem fehlerhaften Zustand des Jahresabschlusses keine Kenntnis besaß und in gutem Glauben gehandelt hat.[423] Als Voraussetzung für Ersatzansprüche müsste der Abschlussprüfer vorsätzlich oder grob fahrlässig gehandelt haben.[424]

---

[416] Vgl. Sunderdiek (2006): 120.

[417] Vgl. Baums/Fischer (2003): 6.

[418] Vgl. Arens/Elder/Beasley (2008): 121; Herrmann (1997): 118.

[419] Vgl. Hayes et al. (2005): 53.

[420] Dieser bestimmt die Regelungen für den Handel von Wertpapieren an Sekundärmärkten und verpflichtet alle Unternehmen, jährlich geprüfte Jahresabschlüsse zu veröffentlichen, wenn ihre Wertpapiere an einer US-amerikanischen Börse gehandelt werden. Vgl. Arens/Elder/Beasley (2008): 122.

[421] Vgl. Sunderdiek (2006): 121.

[422] Vgl. Hayes et al. (2005): 54; Herrmann (1997): 119.

[423] Daraus lässt sich kein Schadensersatzanspruch für Kauf- oder Verkaufsinteressenten ableiten. Vgl. Quick (2000b): 543.

[424] Vgl. Sunderdiek (2006): 122; Quick (2000b): 543; Herrmann (1997): 121 f.

Auf Basis des Securities Act und des Security Exchange Act kam es zu zahlreichen Schadensersatzklagen gegen amerikanische Abschlussprüfer, in denen teils horrende Haftungsfolgen festgesetzt wurden.[425] Mitte der 1990erjahre kam es daher wie (zuvor) in Deutschland auch in den USA zu einem Umdenken in Bezug auf die Dritthaftung, da diese als zu weitgehend empfunden wurde. Der Private Securities Litigation Reform Act aus dem Jahr 1995 führte dazu, dass die Haftung des Abschlussprüfers eingeschränkt wurde.[426] Dies betraf insbesondere die Einführung einer tendenziell proportionalen Schadensteilung an Stelle der bisherigen gesamtschuldnerischen Haftung. Der Abschlussprüfer haftet seitdem für den Anteil eines Schadens, der ihm als Verursachung zugewiesen wird, mit maximal 150 %, falls der gesamte Schadensersatz ansonsten unbeglichen bliebe.[427] Außerdem wird der entstandene Schaden seitdem als Differenz zwischen dem ursprünglichen Kaufpreis des Wertpapiers und seinem neunmonatigen Durchschnittskurs bestimmt, um die möglichen Auswirkungen kurzfristiger Kursschwankungen abzumildern.[428]

5.2.3 *Vergleich der Haftungsregelungen*

Die gesetzlichen Regelungen zur Auftraggeberhaftung unterscheiden sich in Deutschland und in den USA grundsätzlich nur geringfügig. Sowohl in Deutschland als auch in den USA ist eine fahrlässige Pflichtverletzung des Abschlussprüfers für eine Haftung bereits ausreichend. Allerdings gilt in beiden Ländern eine Haftungsbegrenzung für fahrlässiges Fehlverhalten. In Deutschland liegt diese bei einer bzw. vier Mio. Euro und in den USA kann Schadensersatz nur bis zur Höhe der vereinbarten Prüfungsge-

[425] Vgl. Wagenhofer/Ewert (2007): 474.

[426] Vgl. Kremer (2007): 206. Gemäß den Vorschriften des Securities Litigation Uniform Standards Act aus dem Jahr 1998 sind die Regelungen des Securities Litigation Reform Act auf alle Schadensersatzklagen, welche national gehandelte Wertpapiere betreffen, anzuwenden. Vgl. Quick (2000b): 544.

[427] Falls der Geschädigte über ein Vermögen von weniger als US $ 200.000 verfügt oder der Schaden mehr als 10 % seines Gesamtvermögens beträgt, haftet der Abschlussprüfer allerdings weiterhin gesamtschuldnerisch. Vgl. Sunderdiek (2006): 123.

[428] Vgl. Quick (2000b): 543 f.

bühren verlangt werden.[429] Eine unbegrenzte Haftung aufgrund von vorsätzlichem Fehlverhalten gibt es sowohl in Deutschland als auch in den USA nur sehr selten, da es schwierig ist, dem Abschlussprüfer Vorsatz nachzuweisen. Außerdem werden nur sehr vereinzelt Abschlussprüfer von ihrem Auftraggeber verklagt, sondern meist außergerichtliche Einigungen zwischen den beiden Parteien gefunden.[430]

Die Regelungen zur Haftung des Abschlussprüfers gegenüber Dritten sind in Deutschland insbesondere im Rahmen des Deliktsrechts restriktiv ausgestaltet. Dies hat zur Folge, dass die entsprechenden Anspruchsgrundlagen wie beispielsweise die §§ 823 Abs. 2 und 826 BGB in den meisten Fällen aufgrund des fehlenden Vorsatzes keine Haftung des Abschlussprüfers auslösen.[431] Die von der Rechtsprechung angewandten vertraglichen bzw. vertragsähnlichen Anspruchsgrundlagen, die Verträge mit Schutzwirkung zugunsten Dritter bzw. Auskunftsverträge betreffen, haben für diese den Vorteil, dass eine Haftung des Abschlussprüfers bereits bei fahrlässigem Fehlverhalten entsteht. Allerdings sind die Bedingungen für eine solche Dritthaftung sehr eng gesetzt, um zu verhindern, dass der Kreis der Anspruchsberechtigten unbegrenzt ausgeweitet wird. Daher kann man sagen, dass eine Dritthaftung in Deutschland keine praktische Relevanz hat.[432]

Die Haftung gegenüber vertragsfremden Dritten beruht in den USA ebenfalls auf dem Deliktsrecht. Hinzu kommt die Rechtsprechung zur Rolle von Dritten innerhalb der vertraglichen Beziehungen zwischen Abschlussprüfer und Auftraggeber. Aufgrund der Problematik, dass durch das Common Law die Abgrenzung des Kreises der anspruchsberechtigten Dritten in den einzelnen Bundesstaaten der USA unterschiedlich geregelt ist und teilweise sehr weit ausgedehnt wird, zudem über den Schadensersatz hinaus ein Strafgeld verhängt werden kann, sind Abschlussprüfer einem weit größeren Risiko

[429] In anderen europäischen Staaten existiert keine Begrenzung der Prüferhaftung. Dort haftet der Abschlussprüfer auch bei fahrlässigem Fehlverhalten unbeschränkt. Vgl. London Economics/Ewert (2006): 161.

[430] Vgl. Wagenhofer/Ewert (2007): 472. Ausnahmen stellen solche Fälle dar, in denen der Eigentümer bzw. das Management des Unternehmens wechselt oder das Unternehmen in Konkurs geht.

[431] Vgl. Stefani (2002): 56 f.

[432] Vgl. Kremer (2007): 247 f.; Wagenhofer/Ewert (2007): 22 f.; Sunderdiek (2006): 111.

ausgesetzt, in hohem Umfang verklagt zu werden, als in Deutschland.[433] Darüber hinaus wirken sich in den USA die Regelungen des Securities Law auf die Haftung aus. Diese sind insbesondere bei der Erstemission von Wertpapieren sowie im Falle des Vertrauens auf fehlerhafte Informationen in Prospekten von Bedeutung. Hier wurden die Haftungsregelungen zwar entschärft, stellen aber dennoch ein großes Gefahrenpotenzial für die Abschlussprüfer dar.[434] Problematisch ist die Situation für die Abschlussprüfer in den USA vor allem dadurch, dass es weder eine gesetzliche noch eine vertragliche Haftungsbegrenzung gibt.[435]

Die niedrigere Anzahl an Haftungsfällen in Deutschland im Vergleich zu den USA zeigt, dass die Abschlussprüfer in den USA einem weit größeren Haftungsrisiko ausgesetzt sind. *Palmrose* stellt fest, dass in den USA zwischen 1960 und 1995 ca. 1.000 Klagen gegen Abschlussprüfer erhoben wurden. Davon waren ca. 50 % erfolgreich. Für Deutschland hat *Sunderdiek* für den Zeitraum von 1954 bis 2004 lediglich 24 rechtskräftige Urteile ausfindig gemacht, von denen nur drei zugunsten des Klägers ausfielen.[436] Auch unter Berücksichtigung der größeren Anzahl an Prüfungen in den USA ist dort eine erfolgreiche Klage gegen den Abschlussprüfer weitaus wahrscheinlicher.

5.3 Einstufung der Haftungsrisiken

Wie die Ausführungen in den letzten Abschnitten verdeutlicht haben, unterscheiden sich die Haftungsrisiken für Abschlussprüfer international stark voneinander. Da eine detaillierte Analyse von Haftungsregelungen mit erheblichem Aufwand verbunden ist, wird aus forschungsökonomischen Gründen, wie auch in anderen Studien üblich, auf bestehende Einstufungen aus der Literatur zurückgegriffen. Hier ist der Wingate

433 Vgl. Geuer (1994): 142.

434 Vgl. Stefani (2002): 61; Quick (2000a): 69.

435 Die fehlende Haftungsbeschränkung und das resultierende hohe finanzielle Risiko wird in den USA zwar versucht, über eine Berufshaftpflichtversicherung abzumildern, die zu zahlenden Prämien sind in der Vergangenheit aber stark anstiegen und decken den jeweils entstandenen Schaden nur bis zur jeweiligen Versicherungssumme ab. Aufgrund der in den USA geltenden unbeschränkten Haftung müssen die Abschlussprüfer den über die Versicherungssumme hinaus gehenden Schadensersatzbetrag selbst tragen. Vgl. Hayes et al. (2005): 57.

436 Vgl. hierzu auch Abschnitt 3.3.1.

Litigation Index von 1997 anzuführen sowie der Index von *LaPorta/Lopez-De-Silanes/Shleifer* aus dem Jahr 2006.

Der Wingate Litigation Index basiert auf der Analyse eines internationalen Versicherungsunternehmens, das im Auftrag einer der damaligen Big 6 eine Risikoeinschätzung des Haftungsrisikos in verschiedenen Ländern durchgeführt hat. Die Höhe des Haftungsrisikos wird dabei mithilfe einer Skala von 1 bis 15 gemessen. Die Risikoeinschätzung basiert auf den Erfahrungen, die Prüfungsgesellschaften mit Klagen gemacht haben, sowie auf dem rechtlichen, politischen und ökonomischen Umfeld.[437] Der Wingate Litigation Index beinhaltet somit das gesamte Haftungsrisiko, dass sich aus der Prüfungstätigkeit in einem Land ergibt.[438] Der Wingate Litigation Index wurde in zahlreichen Studien verwendet.[439]

LaPorta/Lopez-De-Silanes/Shleifer haben in ihrer Studie die nationalen Ausgestaltungen des Wertpapierrechts untersucht. Hierbei haben sie unter anderem mithilfe eines Fragebogens, der an Rechtsanwälte in den 49 Ländern mit der höchsten Marktkapitalisierung weltweit versendet wurde, die Schwierigkeit einer Klage gegen einen Abschlussprüfer erfasst. Der sogenannte LaPorta Index reicht von null bis eins. Eine Eins bedeutet, dass ein Investor für eine Klage lediglich nachweisen muss, dass die Informationen im geprüften Jahresabschluss Fehler enthalten. Falls der Investor zusätzlich belegen muss, dass er auf diese Information vertraut hat und/oder ein Verlust auf die irreführenden Informationen im Jahresabschluss zurückzuführen ist, erhält das Land für sein Wertpapierrecht den Wert 0,66. Die Zahl 0,33 wird einem Land zugewiesen, wenn für eine Klage zusätzlich der Nachweis einer Fahrlässigkeit des Abschlussprüfers erforderlich ist. Eine Null bedeutet, dass eine Haftung entweder unmöglich ist oder dem Prüfer grobe Fahrlässigkeit oder Vorsatz nachgewiesen werden muss.[440] Der LaPorta Index bezieht sich im Gegensatz zum Wingate Litigation Index somit nur auf einen Aspekt des Haftungsrisikos und schließt weitere Faktoren, wie beispielsweise

---

[437] Vgl. Wingate (1997): 139 f.

[438] Dieses setzt sich z.B. aus dem Risiko, verklagt zu werden, und der Höhe der möglichen Strafzahlung zusammen.

[439] Beispielsweise in den Studien von Cameran/Prencipe/Trombetta (2010); Choi et al. (2008); Choi/Wong (2007); Simnett/Vanstraelen/Chua (2006) und Bernadi/Vassill (2004).

[440] Vgl. LaPorta/Lopez-De-Silanes/Shleifer (2006): 7.

eine Haftungsbeschränkung, aus. Auch der LaPorta Index wurde in einigen Studien angewandt.[441]

5.4 Theoretischer Ansatz zur Wirkung von Haftungsregelungen auf die Prüfungsqualität

Zum Einfluss von Haftungsregelungen auf die Prüfungsqualität hat *Bigus* im Jahr 2006 ein theoretisches Modell entwickelt.[442] Hierbei berücksichtigte er im Gegensatz zu Autoren früherer Modelle explizit den Reputationsverlust, den Abschlussprüfer bei einem Haftungsschaden erleiden. Das Modell wird im Folgenden modifiziert dargestellt, um zu verdeutlichen, welchen Einfluss Haftungsregelungen auf den Qualitätsunterschied zwischen großen und kleinen sowie spezialisierten und nichtspezialisierten Prüfungsgesellschaften haben. Für das Modell werden folgende Annahmen getroffen:

- Der Jahresabschluss enthält einen Fehler. Dieser führt zu einem Verlust in Höhe von D für die Anlegerschaft.
- Der Zinssatz für risikolose Anlagen beträgt $0\ \%$.[443]
- Die Wahrscheinlichkeit, dass der Abschlussprüfer den Fehler nicht aufdeckt, ist abhängig von der Prüfungsqualität, welche für die potenziellen Kläger (Anleger)[444] unbeobachtbar ist. Die Prüfungsqualität kann im Modell zwei Ausprägungen annehmen: hochwertig, also den gesetzlichen Standards entsprechend, oder minderwertig. Bei einer hochwertigen Prüfung findet der Prüfer stets den Fehler, bei einer minderwertigen nie.
- Der Abschlussprüfer ist risikoneutral und erhält eine fixe und kostendeckende Prüfungsgebühr F. Die Prüfung verursacht bei sorgfältiger Prüfung Kosten in Höhe von s und bei unsorgfältiger Prüfung Kosten in Höhe von τs (mit $0 \leq \tau < 1$).

---

441 Beispielsweise in den Studien von Boulton/Smart/Zutter (2010); Shrieves/Dahl/Spivey (2010); Morais/Curto (2009); Francis/Wang (2008); Xie (2007).

442 Vgl. im folgenden Bigus (2006): 22-41.

443 Dies wirkt sich nicht auf die Ergebnisse aus, vereinfacht aber das Modell.

444 Bigus geht somit von der Existenz einer Dritthaftung aus.

- Der Prüfer muss eine Entschädigung in Höhe von L zahlen (mit $0 < L \leq D$) und erleidet einen Reputationsverlust in Höhe von R, sofern ein fehlerhafter Abschluss veröffentlicht wird und er fahrlässig gehandelt hat. Die Wahrscheinlichkeit, dass das Gericht dem Prüfer eine Schuld zuweist, beträgt ω. Bei einer sorgfältigen Prüfung ist ω stets null. Falls eine Gerichtsentscheidung zu Gunsten der Anleger droht, kann der Prüfer durch eine Ausgleichszahlung an die Anleger den Reputationsverlust abwenden. Die Höhe der Zahlung fällt dabei grundsätzlich niedriger aus als der aus dem Reputationsverlust geschätzten Schaden für den Prüfer und beträgt φR.
- Bei einer Klageerhebung entstehen Prozesskosten in Höhe von P_P für den Prüfer und P_A für die Anleger.[445] Außerdem verursacht ein Prozess den Anlegern Transaktionskosten in Höhe von T.[446]

Bei einem fehlerhaften Jahresabschluss ergibt sich für den Abschlussprüfer und die Anleger folgende Ergebnismatrix bezüglich ihrer Gewinne und Verluste:

Anlegerverhalten / Prüfungsqualität	Klage		Keine Klage	
	Prüfer	Anleger	Prüfer	Anleger
Hoch	$F - s$	$-T - (P_P + P_A) - F$	$F - s$	$-F$
Niedrig	$F - \tau s - \omega(L + \varphi R + P_P + P_A)$	$\omega(L + \varphi R) - (1 - \omega)(P_P +$ $PA{-}T{-}D{-}F$	$F - \tau s$	$-D - F$

Tabelle 6: Gewinne und Verluste für Prüfer und Anleger infolge eines fehlerhaften Jahresabschlusses
Quelle: In Anlehnung an Bigus (2006): 29.

Der Abschlussprüfer erhält somit – unabhängig von einer Klage gegen ihn – das Honorar F, dem der Aufwand s bei hoher Prüfungsqualität und τs bei niedriger Prüfungsqualität gegenübersteht. Bei einer unsorgfältigen Prüfung muss der Prüfer im Fall ei-

[445] Hierbei handelt es sich beispielsweise um Gerichts- und Anwaltsgebühren.

[446] Dies können z.B. Kosten der Anspruchsbündelung sein.

ner Klage mit einer Wahrscheinlichkeit von ω zusätzliche Kosten in Höhe von $(L + \varphi R + P_P + P_A)$ tragen, die sich aus der Strafzahlung, dem Reputationsverlust und den gesamten Prozesskosten zusammensetzen.

Den Anlegern entstehen stets die Kosten für den Prüfer F. Falls der Prüfer nicht sorgfältig prüft, müssen sie darüber hinaus einen Verlust D in Kauf nehmen. Wenn sie den Prüfer verklagen, dieser aber sorgfältig geprüft hat, müssen sie zusätzlich zu den Prüferhonoraren die Transaktionskosten T sowie die eigenen Prozesskosten und die des Abschlussprüfers zahlen. Bei einer erfolgreichen Klage müssen sie ebenfalls die Transaktionskosten übernehmen, die gesamten Kosten des Prozesses muss dann aber der Prüfer tragen. Außerdem erhalten sie von diesem eine Entschädigung L.

Die Höhe einiger Parameter wie T, P_P, P_A, L, φ und ω hängt dabei vom Rechtssystem des jeweiligen Landes ab und beeinflusst das Ergebnis des Modells.[447] Es sind verschiedene Gleichgewichte möglich.

Gleichgewicht 1:

Falls gilt $(1 - \omega)(P_P + P_A) + T > \omega(L + \varphi R)$, ist es für den Anleger nicht sinnvoll zu klagen. Für den Prüfer wäre es in diesem Fall am meisten lohnenswert, nicht sorgfältig zu prüfen. Somit ergibt sich ein Nash-Gleichgewicht in reinen Strategien: niedrige Prüfungsqualität/keine Klage. Dieses Gleichgewicht erscheint lediglich dann realistisch, wenn die Wahrscheinlichkeit auf einen Klageerfolg sehr gering oder die Entschädigungszahlung niedrig ist. Wenn davon ausgegangen wird, dass die Entschädigungszahlung bei großen Prüfungsgesellschaften höher ausfällt, dürfte sich dieses Gleichgewicht bei kleinen Prüfungsgesellschaften eher einstellen als bei großen.

---

[447] Bigus ist der Meinung, dass die Transaktions- und Prozesskosten in den USA geringer ausfallen als in Deutschland. Vgl. Bigus (2006): 27. Dagegen dürften die Ausgleichszahlung und die Wahrscheinlichkeit einer erfolgreichen Klage in den USA höher sein. Vgl. Abschnitt 5.2.3.

Gleichgewicht 2:

Wenn $(1-\omega)(P_P+P_A)+T<\omega(L+\varphi R)$ gilt und zusätzlich $s-\tau s>\omega(L+\varphi R+P_P+P_A)$ erfüllt ist, ergibt sich ein anderes Gleichgewicht in reinen Strategien. In diesem Fall übersteigen für den Prüfer die eingesparten Prüfungskosten (bei unsorgfältiger Prüfung) die gesamten Kosten, die ihm aus einem verlorenen Haftungsfall entstehen. Der Prüfer wird daher nicht sorgfältig arbeiten und die Anleger werden ihn verklagen.

Der folglich zu erwartende Reputationsschaden dürfte allerdings weit höher sein, wenn der Prüfer nicht nur ein Unternehmen prüft, das in einen Bilanzskandal verwickelt ist, sondern diesen mit zu verantworten hat. Aus diesem Grund sowie aufgrund der Entschädigungszahlung wird die zweite Gleichung nur selten erfüllt sein. Einzig bei einer sehr geringen Wahrscheinlichkeit für eine erfolgreiche Klage ist dies denkbar. Allerdings wird in diesem Fall die erste Gleichung fast nie gegeben sein. Übertragen auf große oder spezialisierte Prüfungsgesellschaften lässt sich feststellen, dass für diese die zweite Gleichung seltener erfüllt sein wird, da sie über ein höheres Reputationskapital verfügen.[448]

Gleichgewicht 3:

Gelten $(1-\omega)(P_P+P_A)+T<\omega(L+\varphi R)$ und $s-\tau s<\omega(L+\varphi R+P_P+P_A)$, hat keine Partei eine dominierende Strategie und es kommt zu einem Nash-Gleichgewicht in gemischten Strategien. Dies ist die am ehesten denkbare Situation.[449]

Die Nutzenfunktionen der Anleger und Abschlussprüfer sind dann:

$$\begin{aligned} U_A &= \sigma[\mu(-T-P_P+P_A-F)+(1-\mu)\{-T-D-F+\omega(L+\varphi R) \\ &\quad -(1-\omega)(P_P+P_A)\}+(1-\sigma)[\mu(-F)+(1-\mu)(-D-F)] \\ &= -F-(1-\mu)D+\sigma[(-T-P_P-P_A) \\ &\quad +(1-\mu)\omega(L+\varphi R+P_P+P_A)] \end{aligned}$$

[448] Vgl. hierzu auch die Abschnitte 4.1.3.1 und 4.2.1.

[449] Siehe hierzu auch Bigus (2006): 27 f.

$$U_P = \mu[\sigma(F-s)+(1-\sigma)(F-s)]+(1-\mu)[\sigma\{F-\tau s-\omega(L+\varphi R+P_P+P_A)\}$$
$$+(1-\sigma)(F-\tau s)$$
$$=F-s+(1-\mu)[(1-\tau)s-\omega(L+\varphi R+P_P+P_A)\sigma]$$

Die gleichgewichtigen Wahrscheinlichkeiten für eine Klage der Anleger und eine sorgfältige Prüfung des Abschlussprüfers ergeben sich, wenn folgende Bedingungen erfüllt sind:

$$\frac{\delta U_A}{\delta\sigma}=(-T-P_P-P_A)+(1-\mu)\omega(L+\varphi R+P_P+P_A)=0$$

$$\frac{\delta U_P}{\delta\mu}=(1-\tau)s-\omega(L+\varphi R+P_P+P_A)\sigma=0$$

Wenn die Gleichungen aufgelöst werden, sind die Wahrscheinlichkeiten dafür, dass die Anleger klagen und der Abschlussprüfer sorgfältig arbeitet, wie folgt:

$$W_A=\frac{(1-\tau)s}{\omega(L+\varphi R+P_P+P_A)}$$

$$W_{WP}=1-\frac{T+P_P+P_A}{\omega(L+\varphi R+P_P+P_A)}$$

Wie ersichtlich ist, steigt die Wahrscheinlichkeit einer sorgfältigen Prüfung mit der Gefahr, erfolgreich verklagt zu werden. Dies gilt umso mehr, je größer die zu erwartenden Kosten aus Schadensersatzzahlung und Reputationsverlust sind.

Wie in Abschnitt 4.1 gezeigt wurde, ist die Reputation bei großen Prüfungsgesellschaften von großer Bedeutung. Ein Reputationsschaden hätte den Verlust eines großen Anteils der Prüfungsaufträge zur Folge. Bei kleineren Prüfungsgesellschaften hat ein Reputationsschaden zwar ebenfalls negative Folgen, diese sind aber geringer, da das Reputationskapital kleiner ist. Die in Abschnitt 4.1.4.1 dargestellten Ergebnisse der empirischen Studien zur wahrgenommenen Prüfungsqualität bestätigen diesen Zusammenhang größtenteils. Außerdem kann auch die Schadensersatzzahlung bei großen Prüfungsgesellschaften höher ausfallen. Diese besitzen meist ein höheres Vermögen, auf das im Haftungsfall zurückgegriffen wird.[450] Somit ist die Anreizwirkung der Haftungsregelungen für große Prüfungsgesellschaften höher als die von kleinen Prüfungsgesellschaften.

Bei spezialisierten Prüfungsgesellschaften werden hingegen die Schadensersatzzahlungen in der Regel nicht höher ausfallen als bei nichtspezialisierten Prüfungsgesellschaften. Die Reputation ist für sie aber von besonderer Bedeutung, wie theoretisch in Abschnitt 4.2.3 hergeleitet wurde. Eine höhere Reputation der spezialisierten Prüfungsgesellschaften bestätigen die Ergebnisse der empirischen Studien zum wahrgenommenen Qualitätsunterschied zwischen spezialisierten und nichtspezialisierten Prüfungsgesellschaften in Abschnitt 4.2.4.1. Daher ist bei spezialisierten Prüfungsgesellschaften davon auszugehen, dass die Prüfungsqualität bei ansteigendem Haftungsrisiko stärker ansteigt als bei nichtspezialisierten Prüfungsgesellschaften.

5.5 Empirischer Befund

Zu den Auswirkungen von Haftungsregelungen auf die Prüfungsqualität wurden bisher nur wenige empirische Studien durchgeführt. Diese sollen im Folgenden kurz dargestellt werden.

Geiger/Raghunandan (2002)

Um die Wirkung von Haftungsregelungen auf die Prüfungsqualität zu messen, analysierten *Geiger/Raghunandan* die Vergabe von Going-Concern-Opinions vor und nach Inkrafttreten des Private Securities Litigation Reform Act[451] 1995. Da durch dieses Gesetz das Haftungsrisiko für die Prüfungsgesellschaften verringert worden ist, vermuteten die Autoren einen Rückgang der Going-Concern-Opinions und somit der Prüfungsqualität. Ihr Datensatz bestand aus 1.871 Beobachtungen aus den Jahren 1992 bis 1993, 1996 bis 1997 und 1999 bis 2000. Die Autoren ermittelten, dass in den Jahren 1992 bis 1993 deutlich mehr Going-Concern-Opinions erteilt wurden als in den Jahren danach. Auch von 1996 bis 1997 auf 1999 bis 2000 ist die Anzahl zurückgegan-

[450] Vgl. Lennoxx (1999): 217; Palmrose (1988): 60. Hierbei muss aber beachtet werden, dass Versicherungen die Differenz der Schadensersatzzahlungen aufheben oder zumindest verkleinern.

[451] Zum Private Securities Litigation Reform Act siehe Abschnitt 5.2.2.2.

gen. Dieser Effekt war aber weit schwächer. Daraus schlossen sie, dass die Einschränkung des Haftungsrisikos zu einer Verschlechterung der Prüfungsqualität geführt hat.

Lee/Mande (2003)

In ihrer Studie wollten *Lee/Mande* die Auswirkungen des Private Securities Litigation Reform Act von 1995 auf die Prüfungsqualität in den USA untersuchen. Sie gingen davon aus, dass die neuen liberaleren Haftungsregelungen zu einer Abnahme der Prüfungsqualität geführt haben, insbesondere bei großen Prüfungsgesellschaften. Zur Messung der Prüfungsqualität berechneten sie die Höhe der Bilanzpolitik mithilfe des modifizierten Jones-Modells. Ihre Stichprobe umfasste 15.600 Beobachtungen aus den drei Jahren vor und nach Inkrafttreten des Private Securities Litigation Reform Act. Die Ergebnisse der Studie bestätigten die Erwartung, dass die Prüfungsqualität von großen Prüfungsgesellschaften mit Einführung des Gesetzes signifikant gesunken ist, während sich die Prüfungsqualität von kleinen Prüfungsgesellschaften nicht wesentlich verändert hat.

Muzatko et al. (2004)

Die Autoren *Muzatko et al.* untersuchten, ob die 1994 erteilte Erlaubnis zur Änderung der Gesellschaftsform von Prüfungsgesellschaften in den USA von General Partnerships zu Limited Liability Partnerships und die damit einhergehende Haftungsbegrenzung Auswirkungen auf die wahrgenommene Prüfungsqualität haben.[452] Hierzu analysierten sie die Höhe des Underpricings bei 430 IPOs zwischen 1993 und 1995. Sie gingen davon aus, dass das Underpricing nach dem Wechsel der Gesellschaftsform steigt, und begründeten dies damit, dass die Prüfungsqualität von den Jahresabschlussadressaten als geringer eingeschätzt wird. Die Untersuchungsergebnisse bestätigten dies.

[452] Eine Gesetzesänderung im Jahr 1992 erlaubte es den Prüfungsgesellschaften als Limited Liability Partnership zu firmieren. Dies war zuvor verboten gewesen. Ende 1994 wandelten sich alle Big 6 Prüfungsgesellschaften in Limited Liability Partnerships um. Diese haben deutlich geringere Haftungsrisiken. Vgl. Muzatko et al. (2004): 54.

Firth/Mo/Wong (2005)

Im Gegensatz zu den bisherigen Studien untersuchten die Autoren *Firth/Mo/Wong* nicht den Einfluss von Haftungsregelungen auf die Prüfungsqualität in den USA, sondern in China. Dort können Prüfungsgesellschaften entweder als Partnerschaften oder als Limited Liability Partnership fungieren. Bei Letzteren ist nicht nur das Vermögen der Partner in dieser Funktion, sondern auch von dem Partner als Privatpersonen von der Einschränkung der Haftung betroffen. Untersuchungsgegenstand waren 2.767 Abschlussprüfungen zwischen 2000 und 2002. Zur Qualitätsmessung dienten die Einschränkungen bei Bestätigungsvermerken. Die Autoren ermittelten, dass Mandanten von Prüfungsgesellschaften mit Haftungsbeschränkung häufiger einen uneingeschränkten Bestätigungsvermerk erhielten als solche von Prüfungsgesellschaften ohne Haftungsbeschränkung. Dies bestätigte die Annahme, dass ein größeres Haftungsrisiko die Prüfungsqualität positiv beeinflusst.

Fuerman (2006)

Ziel der Studie von *Fuerman* war es, die Antwort auf die Frage zu finden, ob sich im Zeitraum von 1996 bis 2004 die Prüfungsqualität von Arthur Andersen im Vergleich zu den anderen vier großen Prüfungsgesellschaften der Big 5 unterschieden hat. Außerdem wollte *Fuerman* feststellen, ob sich die Prüfungsqualität in den USA nach Inkrafttreten des Private Securities Litigation Reform Act verändert hat. Die Prüfungsqualität wurde an Haftungsfällen und Accounting and Auditing Enforcement Releases gemessen. Die Datenbasis umfasste 1.454 Datensätze aus den USA zwischen 1996 und 2004. Die Ergebnisse zeigten, dass die Prüfungsqualität von Arthur Andersen geringer als die der anderen großen Prüfungsgesellschaften war. Außerdem ermittelte *Fuerman*, dass die Prüfungsqualität nach Inkrafttreten des Private Securities Litigation Reform Act schlechter wurde.

London Economics/Ewert (2006)

In der von der Europäischen Kommission veranlassten Studie analysierten die Autoren die wirtschaftlichen Konsequenzen der Prüferhaftung in Europa. Neben Betrachtungen der Markteintrittsbarrieren durch Haftungsregelungen und den Konsequenzen aus dem Ausscheiden einer der Big 4 Prüfungsgesellschaften aus dem Markt infolge eines Haftungsfalls gingen die Verfasser auf die Konsequenzen einer Haftungsbeschränkung für die Prüfungsqualität ein. Hierzu berechneten sie die Bilanzpolitik von 13.443 Unternehmen in 17 EU-Ländern und unterschieden in Unternehmen, die in Ländern mit Haftungsbeschränkung und Unternehmen, die in Ländern ohne Haftungsbeschränkung notiert waren. Die Autoren konnten bei ihren Ergebnissen keinen Zusammenhang zwischen einer Haftungsbeschränkung und Prüfungsqualität feststellen.

Chen/Chin/Chi (2010)

Die Autoren *Chen/Chin/Chi* untersuchten ähnlich wie *Firth/Mo/Wong* den Einfluss von Haftungsregelungen auf die Prüfungsqualität in China. Sie maßen diese dabei anhand von Ermittlungen der China Securities Regulatory Commission. Diese legt in ihren Untersuchungsberichten Fraud-Fälle dar. *Chen/Chin/Chi* verwendeten für ihre Analyse ein Matched-Pair Sample Design und erhielten so 215 Unternehmen mit Fraud-Fall und ebenso viele ohne sowie deren jeweilige Prüfer. Die Ergebnisse bestätigten die Erwartung, dass Prüfungsgesellschaften, die einer begrenzten Haftung unterliegen, mehrheitlich diejenigen Mandanten mit Fraud-Fällen prüfen. Somit ist die Prüfungsqualität von Prüfungsgesellschaften mit Haftungsbeschränkung niedriger. Da in China die Haftung außerdem in den einzelnen Provinzen unterschiedlich ausgestaltet ist, untersuchten die Autoren den Einfluss der verschiedenen Haftungsregelungen auf die Prüfungsqualität. Sie ermittelten, dass der Qualitätsunterschied umso größer ist, je weiter die Haftungsregelungen in Hinblick auf die Strenge ihrer Ausgestaltung voneinander abweichen.

5.6 Zwischenfazit und Implikationen für die Arbeit

Die Haftung des Abschlussprüfers hat eine große Bedeutung für die Sicherstellung einer qualitativ hochwertigen Prüfung. Eine Prüfungsgesellschaft muss zum einen Schadensersatzansprüche und zum anderen Reputationsschäden fürchten. Die gesetzlichen Regelungen unterscheiden sich dabei stark von Land zu Land. In den USA ist das Haftungsrisiko für Abschlussprüfer beispielsweise weit höher als in Deutschland.

Zur Klassifikation der Länder gemäß ihren Haftungsrisiken werden die grundlegenden Studien von *Wingate* und *LaPorta/Lopez-De-Silanes/Shleifer* genutzt.

Die verschiedenen Regelungen wirken sich modelltheoretisch nicht nur unterschiedlich auf die generelle Prüfungsqualität in einem Land, sondern auch auf die Unterschiede in der Prüfungsqualität von großen und kleinen bzw. spezialisierten und nichtspezialisierten Prüfungsgesellschaften aus. Wie gezeigt wurde, haben sowohl große als auch spezialisierte Prüfungsgesellschaften bei strengeren Haftungsregelungen größere Verlustrisiken als kleine bzw. nichtspezialisierte Prüfungsgesellschaften. Aufgrund ihrer Reputation ist für sie der Anreiz größer, einen Bilanzskandal zu vermeiden. Da die Wahrscheinlichkeit eines Bilanzskandals bei strengeren Haftungsregelungen höher ist, wird daher der Qualitätsunterschied zwischen großen und kleinen bzw. spezialisierten und nichtspezialisierten Prüfungsgesellschaften umso größer sein, je größer das Haftungsrisiko für die Prüfungsgesellschaften in einem Land ist.

Der Zusammenhang zwischen Haftungsregelungen und Prüfungsqualität wurde bisher nur selten empirisch untersucht. Studien für die USA nach Einführung des Private Securities Litigation Reform Act und für China bestätigten eine Korrelation. Eine Studie, die in Europa durchgeführt worden ist, konnte dagegen keinen Zusammenhang feststellen. *Choi et al.* und *Francis/Wang,*[453] die in ihren Studien den Einfluss von Haftungsregelungen auf den Qualitätsunterschied zwischen großen und kleinen Prüfungsgesellschaften international verglichen, erhielten gegensätzliche Ergebnisse. Somit ist es aus empirischer Sicht weiterhin offen, ob Haftungsregelungen einen Qualitätsunterschied zwischen großen und kleinen bzw. spezialisierten und nichtspezialisierten Prüfungsgesellschaften verursachen. Dies soll im nächsten Kapitel anhand einer eigenen empirischen Analyse überprüft werden.

[453] Siehe Abschnitt 4.1.4.2.

6 Empirische Analyse

6.1 Konzeption

Wie in den vorangegangen Kapiteln dargestellt wurde, ist Prüfungsqualität von mehreren Faktoren abhängig: Sie unterscheidet sich von Land zu Land und in Bezug auf die verschiedenen Typen von Wirtschaftsprüfungsgesellschaften. In Kapitel 4 wurde modelltheoretisch gezeigt, dass große und spezialisierte Prüfungsgesellschaften starke Anreize haben, eine bessere Prüfungsqualität zu erbringen als kleine bzw. nichtspezialisierte Prüfungsgesellschaften. Die aufgeführten empirischen Untersuchungen konnten diesen Zusammenhang allerdings nicht in allen Ländern nachweisen.[454] Dies wirft die Frage auf, ob zusätzlich länderspezifische Faktoren die Prüfungsqualität beeinflussen. In Kapitel 5 wurde deutlich, dass Haftungsregelungen einen großen Einfluss auf die Prüfungsqualität haben, sich dieser jedoch unterschiedlich stark für die verschiedenen Typen von Prüfungsgesellschaften auswirkt. Sowohl große als auch spezialisierte Prüfungsgesellschaften haben aufgrund ihrer Reputation stärkere Anreize als kleine bzw. nichtspezialisierte Prüfungsgesellschaften, einen Bilanzskandal zu vermeiden. Da die Wahrscheinlichkeit eines Bilanzskandals auch von den Haftungsregelungen abhängt, werden große bzw. spezialisierte Prüfungsgesellschaften bei einem hohen Haftungsrisiko eher dazu bereit sein, eine überdurchschnittliche Prüfungsqualität zu leisten. Somit wird der Qualitätsunterschied zwischen großen und kleinen bzw. spezialisierten und nichtspezialisierten Prüfungsgesellschaften umso größer ausfallen, je größer das Haftungsrisiko für die Prüfungsgesellschaften in einem Land ist.

In diesem Kapitel soll der Zusammenhang zwischen der Ausgestaltung von Haftungsregelungen und dem Qualitätsunterschied zwischen großen und kleinen sowie spezialisierten und nichtspezialisierten Prüfungsgesellschaften empirisch untersucht werden. Hierzu werden in Abschnitt 6.2 die Datenbasis und die Variablen beschrieben, die im multivariaten Modell zur Anwendung kommen sollen. Anschließend werden in Abschnitt 6.3 Hypothesen aufgestellt, die die Untersuchungsfragen widerspiegeln. Die

[454] Eine positive Korrelation zwischen der Größe bzw. der Spezialisierung einer Prüfungsgesellschaft und der Prüfungsqualität wurde vorwiegend in den USA festgestellt, wo die Haftungsregelungen für Abschlussprüfer, wie in Abschnitt 5.2.2 erläutert wurde, sehr streng sind.

Hypothesen sollen dann in Abschnitt 6.4 mittels einer multivariaten Analyse (Regression) überprüft werden. In ihrem abschließenden Teil werden die durchgeführten Sensitivitätstests präsentiert, die dazu dienen, die Robustheit der Ergebnisse sicherzustellen.

6.2 Ausgangslage

6.2.1 Datenbasis

Um die Ausgestaltung von Haftungsregelungen zu ermitteln, werden – wie in Abschnitt 5.3 erläutert wurde – die Studien von *Wingate* und *La Porta et al.* herangezogen. Um die Ergebnisse vergleichen zu können, die sich aus den Analysen der Indizes ergeben haben, werden in dieser Arbeit nur Länder betrachtet, die in beiden Untersuchungen eingestuft wurden. Dies sind insgesamt 41 Länder, von denen sieben Länder aufgrund einer unzureichenden Größe des Aktienmarkts oder wegen mangelnder Datenverfügbarkeit ausgeschlossen werden.[455] Aus den verbleibenden 34 Ländern werden die Unternehmen betrachtet, die im Zeitraum von 1999 bis 2008 börsennotiert waren.[456] Die unternehmensspezifischen Daten stammen von Bloomberg, die länderspezifischen von der Weltbank.[457] Die Datenbasis umfasst insgesamt 214.270 Beobachtungen.[458] Die Aufteilung ist in Tabelle 7 dargestellt.

Es wird ersichtlich, dass ein großer Teil der Beobachtungen aus den USA stammen, da es dort einen großen Kapitalmarkt gibt. Die Datensätze sind neben dem angloameri-

---

455 Hierbei handelt es sich um Ecuador, Indien, Irland, Kolumbien, Portugal, Uruguay und Venezuela.

456 Um zu kontrollieren, ob sich die Analyseergebnisse über den Zeitraum verändern, werden Dummy-Variablen für die einzelnen Jahre in die Regression mitaufgenommen. Dieses Vorgehen ist für Studien, in denen ein Zeitraum von mehreren Jahren betrachtet wird, üblich. Beispielsweise gehen Chin/Chi (2009); Behn/Choi/Kang (2008); Payne (2008); Ball/Shivakumar (2006) gleichermaßen vor.

457 Die Daten für Taiwan konnten nicht von der Weltbank bezogen werden, stattdessen wurden Werte von der Taiwanesischen Zentralbank verwendet. Vgl. Central Bank of the Republic of China (Taiwan) (2010).

458 Bei der Datenerhebung wurden im Vorfeld Unternehmen der Branchen Banken, diversifizierte Finanzdienste, Versicherungen und Immobilien ausgeschlossen, da deren Rechnungslegung von der anderer Unternehmen stark abweicht. So soll die Homogenität der Stichprobe sichergestellt werden. Vgl. zum Vorgehen Köhler et al. (2010): 12; Bauer (2005): 268.

Land	Beobachtungen	Land	Beobachtungen	Land	Beobachtungen
Argentinien	670	Indonesien	2.470	Schweden	3.530
Australien	15.340	Italien	2.290	Schweiz	2.210
Belgien	1.030	Kanada	23.240	Singapur	5.110
Brasilien	2.820	Malaysia	8.170	Spanien	1.080
Chile	1.260	Mexiko	870	Südafrika	2.580
Dänemark	1.250	Neuseeland	1.080	Südkorea	16.450
Deutschland	6.580	Niederlande	1.240	Taiwan	14.060
Finnland	1.110	Norwegen	1.770	Thailand	4.000
Frankreich	6.670	Österreich	740	Türkei	2.170
Griechenland	2.580	Pakistan	2.170	USA	55.700
Großbritannien	13.300	Peru	650		
Hongkong	8.670	Philippinen	1.410		

Tabelle 7: Anzahl der Beobachtungen pro Land

kanischen Raum auch für das restliche Europa, Asien und Ozeanien umfangreich. Lediglich für Afrika und Südamerika sind nur verhältnismäßig wenige Daten verfügbar. In Abhängigkeit vom verwendeten Modell zur Qualitätsmessung werden bestimmte Datensätze wegen fehlender Daten und Ausreißern ausgeschlossen, sodass der Datensatz bei diesen Analysen reduziert ist. Aufgrund der unterschiedlichen Verteilung der Datensätze wird bei den Sensitivitätsanalysen in Abschnitt 6.4.3.4.1 eine gewichtete Regression durchgeführt.

6.2.2 Modellvariablen

6.2.2.1 Prüfungsqualität

Wie in Abschnitt 3.4 erläutert wurde, soll in dieser Arbeit die Prüfungsqualität anhand des Ausmaßes an Bilanzpolitik gemessen werden. Das hierzu am häufigsten verwendete Verfahren ist das Jones-Modell in seinen verschiedenen Ausprägungen. Dieses wird auch in der vorliegenden Arbeit in Form des Modified-Jones-Modells als Branchenmodell angewandt.[459]

Bilanzpolitik kann, wie in Abschnitt 3.3.5.2 dargestellt wurde, sowohl ergebniserhöhend (positive diskretionäre Periodenabgrenzungen) als auch ergebnismindernd (ne-

[459] Zur genaueren Erläuterung des Modells siehe Abschnitt 3.3.5.4.5.2.

gative diskretionäre Periodenabgrenzungen) eingesetzt werden. Für den Abschlussprüfer ist insbesondere die ergebniserhöhende Bilanzpolitik von Bedeutung, da er meist nur in solchen Fällen von Dritten verklagt wird.[460] Eine gute Prüfungsqualität zeichnet sich jedoch dadurch aus, dass sie die Bilanzpolitik insgesamt eingrenzt. In der folgenden Tabelle sind die jeweiligen Durchschnittswerte der gesamten Periodenabgrenzungen und der positiven, negativen sowie absoluten diskretionären Periodenabgrenzungen pro Land dargestellt. Zur Berechnung wurden das untere und das obere Ein-Prozent-Quantil als Ausreißer ausgeschlossen.[461]

Land	Gesamte Periodenabgrenzungen	Positive diskretionäre Periodenabgrenzungen	Negative diskretionäre Periodenabgrenzungen	Absolute diskretionäre Periodenabgrenzungen
Argentinien	–0,084	0,059	–0,117	0,103
Australien	–0,089	0,098	–0,120	0,114
Belgien	–0,062	0,070	–0,088	0,081
Brasilien	–0,072	0,095	–0,104	0,101
Chile	–0,025	0,113	–0,062	0,095
Dänemark	–0,027	0,087	–0,129	0,115
Deutschland	–0,048	0,098	–0,111	0,106
Finnland	–0,037	0,082	–0,140	0,116
Frankreich	–0,042	0,072	–0,083	0,079
Griechenland	–0,016	0,078	–0,098	0,087
Großbritannien	–0,060	0,087	–0,102	0,096
Hongkong	–0,024	0,098	–0,107	0,103
Indonesien	–0,026	0,105	–0,102	0,103
Italien	–0,043	0,077	–0,077	0,077
Kanada	–0,143	0,092	–0,117	0,107
Malaysia	–0,016	0,079	–0,074	0,077
Mexiko	–0,017	0,114	–0,084	0,098
Neuseeland	–0,052	0,061	–0,101	0,089
Niederlande	–0,052	0,097	–0,106	0,102
Norwegen	–0,044	0,095	–0,117	0,108
Österreich	–0,042	0,082	–0,115	0,106

460 Vgl. Francis/Krishnan (1999): 143.

461 Dies dient dazu, einzelne Datensätze auszuschließen, die ansonsten einen großen Einfluss auf die Regressionskoeffizienten haben könnten. Beispielsweise sind einzelne Werte von Unternehmen mit großem Wachstum innerhalb eines Jahres verzerrt, da die Variablen mit der Bilanzsumme des Vorjahrs skaliert werden. Der Ausschluss von irregulären Beobachtungen anhand von Quantilen ist in empirischen Verfahren mit großen Datensätzen üblich und wird beispielsweise auch bei Lennox/Pittman (2010); Cahan/Emanuel/Sun (2009); Behn/Choi/Kang (2008) und Francis/Wang (2008) angewendet. Es existieren daneben auch optische Verfahren (z.B. per Box-Plot), die für derart große Datenmengen aber kaum geeignet sind.

Land	Gesamte Periodenabgrenzungen	Positive diskretionäre Periodenabgrenzungen	Negative diskretionäre Periodenabgrenzungen	Absolute diskretionäre Periodenabgrenzungen
Pakistan	–0,043	0,078	–0,101	0,091
Peru	–0,050	0,115	–0,087	0,102
Philippinen	–0,037	0,088	–0,105	0,098
Schweden	–0,048	0,147	–0,131	0,136
Schweiz	–0,046	0,051	–0,086	0,075
Singapur	–0,014	0,101	–0,099	0,100
Spanien	–0,029	0,068	–0,067	0,068
Südafrika	–0,029	0,103	–0,101	0,102
Südkorea	–0,034	0,087	–0,099	0,093
Taiwan	–0,025	0,075	–0,077	0,076
Thailand	–0,023	0,134	–0,090	0,113
Türkei	–0,035	0,091	–0,108	0,101
USA	–0,101	0,086	–0,103	0,097
Durchschnitt[462]	*–0,062*	*0,089*	*–0,101*	*0,096*

Tabelle 8: Durchschnittliche Periodenabgrenzungen

Wie in Abschnitt 3.3.5.4.5.1 angenommen und begründet wurde, sind die durchschnittlichen gesamten Periodenabgrenzungen der Unternehmen in allen Ländern negativ. Dies bedeutet, dass der operative Cashflow im Mittel den Jahresüberschuss übersteigt. Die geringsten Periodenabgrenzungen weisen Unternehmen in Singapur aus, die höchsten Periodenabgrenzungen Unternehmen in Kanada. Bei den absoluten diskretionären Periodenabgrenzungen (also beim Ausmaß an Bilanzpolitik) liegen schwedische Unternehmen an der Spitze. Das geringste Ausmaß an diskretionären Periodenabgrenzungen ist bei Unternehmen in Spanien festzustellen. Die Unterschiede zwischen den einzelnen Ländern fallen bei den diskretionären Periodenabgrenzungen erheblich geringer aus als bei den gesamten Periodenabgrenzungen. Dennoch deuten die Zahlen darauf hin, dass das Ausmaß an Bilanzpolitik weltweit nicht einheitlich ist, sondern sich von Land zu Land unterscheidet.

6.2.2.2 Haftungsregelungen

Wie in Abschnitt 5.3 erläutert wurde, werden die Länder nach ihren Haftungsrisiken gemäß dem Wingate Litigation Index *WLI* und des LaPorta Index *LPI* eingestuft. Für die

[462] Der Durchschnittswert errechnet sich hierbei als arithmetischer Mittelwert aller Beobachtungen.

Hauptanalyse wird der Wingate Litigation Index verwendet, daher sind in der folgenden Tabelle die Risikoeinschätzungen gemäß des Wingate Litigation Index in den 34 bereits zuvor betrachteten Ländern aufgeführt.

Land	WLI	Land	WLI	Land	WLI
Argentinien	3,61	Indonesien	3,61	Schweden	4,82
Australien	10,00	Italien	6,22	Schweiz	6,22
Belgien	4,82	Kanada	8,07	Singapur	4,82
Brasilien	4,82	Malaysia	3,61	Spanien	4,82
Chile	2,42	Mexiko	4,82	Südafrika	4,82
Dänemark	4,82	Neuseeland	10,00	Südkorea	3,61
Deutschland	6,22	Niederlande	6,22	Taiwan	3,61
Finnland	3,61	Norwegen	6,22	Thailand	3,61
Frankreich	6,22	Österreich	3,61	Türkei	2,42
Griechenland	3,61	Pakistan	1,00	USA	15,00
Großbritannien	10,00	Peru	2,42	*Durchschnitt*	*8,48*
Hongkong	10,00	Philippinen	3,61		

Tabelle 9: Wingate Litigation Index

Wie erläutert, zeigt der Wingate Litigation Index das Risiko einer Prüfungsgesellschaft, in einem Land verklagt zu werden. Das geringste Risiko haben Prüfungsgesellschaften demnach in Pakistan. Das Risiko in Deutschland ist, wie auch in anderen kontinentaleuropäischen Ländern, als recht moderat anzusehen und liegt unter dem Durchschnitt Auffällig ist, dass asiatische Länder einen recht niedrigen Index aufweisen. Angloamerikanische Staaten besitzen dagegen die strengsten Haftungsregelungen.

6.2.2.3 Größe und Spezialisierung einer Prüfungsgesellschaft

Wie in Abschnitt 4.1.5 dargestellt wurde, wird in dieser Studie zur Abgrenzung von großen und kleinen Prüfungsgesellschaften ein dichotomer Maßstab verwendet. Prüfungsgesellschaften werden demnach als groß bezeichnet, wenn sie zu den Big 4 gehören. Die Variable wird mit *BIG4* bezeichnet.

Auch bei der Bestimmung der Spezialisierung wird, wie in Abschnitt 4.2.5 erläutert wurde, ein dichotomer Maßstab verwendet. Eine Prüfungsgesellschaft wird als Spezialist angesehen, wenn sie Marktführer in der entsprechenden Branche ist.[463] Zur Berechnung der Marktanteile einer Prüfungsgesellschaft werden die Quadratwurzeln der Bilanzsummen der Mandanten betrachtet. Grund für die Verwendung dieses Surrogates ist, dass eine Vielzahl von Prüfungshonoraren nicht öffentlich verfügbar ist. Die Variable wird mit *SPEZ* bezeichnet.

Die Einteilung der Unternehmen nach Branchen erfolgt gemäß dem Global Industry Classification Standard (GICS). Der GICS unterteilt Unternehmen nach 10 Sektoren, 24 Industriegruppen, 68 Industrien und 154 Unterindustrien. Sowohl eine feine als auch eine grobe Gliederung bergen für die vorliegende Untersuchung Vor- und Nachteile. Um das Ausmaß an Bilanzpolitik eines Mandanten und die Spezialisierung einer Prüfungsgesellschaft bestimmen zu können, ist eine Einteilung der Unternehmen in möglichst homogene Gruppen wünschenswert, was für eine feine Untergliederung sprechen würde. Allerdings muss bei der Bestimmung der Spezialisierung berücksichtigt werden, dass eine allzu feine Gliederung dazu führt, dass Mandanten in verschiedene Branchen klassifiziert werden, obwohl eine Prüfungsgesellschaft prinzipiell dieselben Kenntnisse und Methoden für deren Prüfung benötigt.[464] Dies hätte demnach Verzerrungen in der Bestimmung der Spezialisierung zur Folge. Auch in Bezug auf das Ausmaß an Bilanzpolitik kann eine feine Untergliederung zu Messproblemen führen. Innerhalb einiger Länder sind in manchen Branchen nur wenige Unternehmen tätig, sodass statistische Messfehler bei der Berechnung der Branchenparameter entstehen würden. In dieser Studie wird daher eine Unterteilung nach Industriegruppen gewählt. In der folgenden Tabelle sind die untersuchten Branchen aufgelistet.[465] Neben der Anzahl der Beobachtungen ist dargestellt, wie viel Prozent der Unternehmen von einer großen oder spezialisierten Prüfungsgesellschaft geprüft wird.

---

[463] Zur Überprüfung der Ergebnisse werden zusätzlich andere Schwellenwerte bei den Sensitivitätsanalysen herangezogen.

[464] Beispielsweise wäre eine Unterteilung der Textilindustrie in Kleidung, Schuhe und Accessoires unzweckmäßig, da eine Spezialisierung generell auf die Textilindustrie und nicht auf die Untergruppen erfolgt.

[465] Vgl. MSCI (2010). Wie in Fn. 458 erläutert, wurden die Branchen Banken, diversifizierte Finanzdienste, Versicherungen und Immobilien von der Betrachtung ausgeschlossen. Damit reduziert sich die Anzahl der betrachteten Branchen auf 20.

Branche	Anzahl Beobachtungen	Anteil BIG4 (in %)	Anteil SPEZ (in %)
Energie	15.730	64	25
Roh-, Hilfs- und Betriebsstoffe	34.900	59	24
Investitionsgüter	26.570	66	26
Gewerbliche Dienste und Betriebsstoffe	7.740	61	25
Transportwesen	5.600	78	33
Automobile und Komponenten	4.160	66	31
Gebrauchsgüter und Bekleidung	13.260	60	28
Verbraucherdienste	7.320	63	25
Medien	8.030	63	26
Groß- und Einzelhandel	7.740	70	31
Lebensmittel- und Basisartikeleinzelhandel	1.650	77	39
Lebensmittel, Getränke und Tabak	8.160	67	31
Haushaltsartikel und Körperpflegeprodukte	2.330	53	30
Gesundheitswesen: Ausstattung und Dienste	9.250	60	22
Pharmazeutika, Biotechnologie und Biowissenschaften	10.720	67	24
Software und Dienste	17.890	58	21
Hardware und Ausrüstung	17.990	68	25
Halbleiter und Geräte zur Halbleiterproduktion	6.350	78	31
Telekommunikationsdienste	3.680	71	34
Versorgungsbetriebe	5.200	81	40
Gesamt	*214.270*	*65*	*26*

Tabelle 10: Branchenübersicht

Wie ersichtlich ist, sind für einige Branchen weit mehr Beobachtungen vorhanden als für andere. Der Anteil der großen Prüfungsgesellschaften liegt in allen Branchen bei über 50 %, in mehreren sogar bei über 75 %. Auch der Branchenspezialist, also der Marktführer, ist mit durchschnittlich 26 % auf hohem Niveau vertreten. Da die verschiedenen Branchen unterschiedlichen Raum für Bilanzpolitik bieten, wird in der späteren Analyse der Einfluss einer Branche durch den Einbezug von Dummy-Variablen für die einzelnen Branchen berücksichtigt.[466]

---

[466] Dieses Vorgehen ist üblich für Untersuchungen, in denen unterschiedliche Branchen betrachtet werden und wird beispielsweise auch von Baxter/Cotter (2009); Chan/Farrell/Lee (2008) und Chen/Lin/Lin (2008) angewandt.

6.2.2.4 *Interaktion von Haftung, Größe und Spezialisierung*

Wie im Kapitel 5 erläutert worden ist, besteht modelltheoretisch ein Zusammenhang zwischen dem Haftungsrisiko einer Prüfungsgesellschaft und dem Qualitätsunterschied zwischen großen und kleinen sowie spezialisierten und nichtspezialisierten Prüfungsgesellschaften. Um dies analysieren zu können, werden Interaktionsvariablen zwischen dem Haftungsrisiko und der Größe einer Prüfungsgesellschaft sowie dem Haftungsrisiko und der Spezialisierung einer Prüfungsgesellschaft gebildet.

Um einen Eindruck von den Unterschieden in der Bilanzpolitik zwischen großen und kleinen sowie spezialisierten und nichtspezialisierten Prüfungsgesellschaften zu bekommen, sind in der folgenden Tabelle zunächst die durchschnittlichen diskretionären Periodenabgrenzungen getrennt nach Land sowie nach Big 4/Nicht-Big 4 und Spezialist/Nichtspezialist dargestellt.

Land	WLI	DPA			
		Big 4	Nicht-Big 4	Spezialist	Nichtspezialist
Argentinien	3,61	0,106	0,097	0,112	0,093
Australien	10,00	0,103	0,131	0,088	0,120
Belgien	4,82	0,082	0,079	0,076	0,085
Brasilien	4,82	0,102	0,099	0,105	0,099
Chile	2,42	0,095	0,093	0,121	0,074
Dänemark	4,82	0,106	0,172	0,104	0,123
Deutschland	6,22	0,099	0,115	0,098	0,108
Finnland	3,61	0,121	0,072	0,114	0,117
Frankreich	6,22	0,077	0,081	0,074	0,080
Griechenland	3,61	0,086	0,087	0,083	0,091
Großbritannien	10,00	0,083	0,123	0,076	0,102
Hongkong	10,00	0,092	0,142	0,081	0,112
Indonesien	3,61	0,108	0,100	0,100	0,105
Italien	6,22	0,078	0,069	0,076	0,078
Kanada	8,07	0,098	0,137	0,087	0,114
Malaysia	3,61	0,073	0,083	0,073	0,078
Mexiko	4,82	0,098	0,101	0,095	0,103
Neuseeland	10,00	0,088	0,101	0,089	0,089
Niederlande	6,22	0,099	0,131	0,091	0,110
Norwegen	6,22	0,107	0,122	0,108	0,107
Österreich	3,61	0,106	0,106	0,107	0,105
Pakistan	1,00	0,096	0,082	0,094	0,088
Peru	2,42	0,110	0,082	0,123	0,081

Land	WLI	DPA			
		Big 4	Nicht-Big 4	Spezialist	Nichtspezialist
Philippinen	3,61	0,097	0,106	0,098	0,098
Schweden	3,61	0,132	0,147	0,123	0,141
Schweiz	6,22	0,077	0,063	0,078	0,073
Singapur	8,07	0,095	0,119	0,095	0,102
Spanien	3,61	0,067	0,073	0,064	0,075
Südafrika	4,82	0,093	0,125	0,098	0,103
Südkorea	10,00	0,085	0,102	0,090	0,094
Taiwan	6,22	0,076	0,077	0,073	0,078
Thailand	6,22	0,110	0,116	0,116	0,113
Türkei	3,61	0,097	0,107	0,099	0,103
USA	15,00	0,083	0,135	0,073	0,104
Durchschnitt	*8,48*	*0,088*	*0,114*	*0,085*	*0,100*

Tabelle 11: Durchschnittliche diskretionäre Periodenabgrenzungen

Wie in der Tabelle ersichtlich wird, bestehen zwischen den diskretionären Periodenabgrenzungen von Mandaten großer und kleiner Prüfungsgesellschaften teils erhebliche Unterschiede. Diese treten insbesondere in Ländern mit einem hohen Wingate Litigation Index auf. So weisen Mandanten kleiner Prüfungsgesellschaften in den USA relativ zur Bilanzsumme anderthalbmal so hohe diskretionäre Periodenabgrenzungen aus wie Mandanten großer Prüfungsgesellschaften. Auch in anderen Ländern mit einem hohen Indexwert wie Australien, Großbritannien, Hongkong und Kanada gibt es große Unterschiede zwischen den diskretionären Periodenabgrenzungen der Unternehmen. Lediglich in Südkorea und Neuseeland sind eher moderate Unterschiede zu verzeichnen. In Ländern mit einem niedrigen Index ist der Unterschied meist weitaus geringer; teilweise sind die diskretionären Periodenabgrenzungen von Mandanten großer Prüfungsgesellschaften sogar deutlich höher (beispielsweise in Argentinien, Finnland, Pakistan und Peru). Mandanten von großen Prüfungsgesellschaften in Ländern mit einem mittleren Index weisen zum Großteil etwas geringere diskretionäre Periodenabgrenzungen als Mandanten von kleinen Prüfungsgesellschaften aus. Ausnahmen stellen Italien und die Schweiz dar, wo bei einem mittleren Index die Mandanten großer Prüfungsgesellschaften höhere diskretionäre Periodenabgrenzungen ausweisen als Mandaten kleiner Prüfungsgesellschaften. Die Ergebnisse sind in Bezug auf spezialisierte Prüfungsgesellschaften ähnlich, die Unterschiede fallen insgesamt aber nicht ganz so deutlich aus.

Anhand dieser deskriptiven Ergebnisse kann noch nicht der Schluss gezogen werden, dass die Ausgestaltung der Haftungsregelungen den Unterschied in der Prüfungsqualität zwischen großen und kleinen bzw. spezialisierten und nichtspezialisierten Prüfungsgesellschaften hervorruft. Hierfür könnten auch andere Faktoren verantwortlich sein. Daher wird in Abschnitt 6.4.2 eine multivariate Regression durchgeführt, die verschiedene Kontrollvariablen berücksichtigt. Zur Operationalisierung des Einflusses der Haftungsregelungen sowie der Größe bzw. der Spezialisierung einer Prüfungsgesellschaft auf die Prüfungsqualität wird hierzu eine Interaktionsvariable generiert. Diese bildet den kombinierten Einfluss der Charakteristika einer Prüfungsgesellschaft und der Haftungsregelungen ab. Um eine Interaktionsvariable zu erzeugen, werden zwei Variablen miteinander multipliziert.[467] Hierzu wird die Dummy-Variable *BIG4* (Größe einer Prüfungsgesellschaft) mit *WLI* (Ausgestaltung der Haftungsregelungen) multipliziert. Dies wird an einem vereinfachten Beispiel dargestellt:

$$DPA = \beta_0 + \beta_1 WLI + \beta_2 BIG4 + \beta_3 (WLI \times BIG4)$$

Die Interpretation der ß-Koeffizienten ändert sich hierdurch. β_1 gibt nun nicht mehr den vollständigen Einfluss der Haftungsregelungen auf die Höhe der diskretionären Periodenabgrenzungen an, sondern misst lediglich den Einfluss der Haftungsregelungen, wenn *BIG4* gleich null ist (in diesem Fall ist $\beta_2 BIG4 + \beta_3 (WLI \times BIG4) = 0$). Der analoge Effekt gilt für β_2.[468] Wenn *WLI* und *BIG4* größer als null sind, ergibt sich immer eine Kombination aus allen drei Termen, wobei β_3 die Interaktion wiedergibt. Falls β_3 signifikant ist, bedeutet dies, dass der Unterschied in der Höhe der Bilanzpolitik zwischen Mandanten von großen und kleinen Prüfungsgesellschaften umso größer ausfällt, je strenger die Haftungsregelungen sind. Da angenommen wird, dass große Prüfungsgesellschaften die Bilanzpolitik bei größeren Haftungsrisiken stärker eingrenzen, wird ein negatives Vorzeichen erwartet.

[467] Vgl. zum Vorgehen bei Interaktionsvariablen Stock/Watson (2007): 277-290.

[468] Wobei der minimale Wert für *WLI* hier eins ist und somit β_2 kein eigenständiges Ergebnis zulässt.

6.2.3 *Kontrollvariablen*

In den nächsten Abschnitten werden die Variablen dargestellt, bei denen ein Einfluss auf die Höhe der Bilanzpolitik vermutet wird. Hierbei werden auch die Ausprägungen für die einzelnen Länder beschrieben.

6.2.3.1 *Volkswirtschaftliche Kennzahlen*

Da vermutet wird, dass Länderspezifika einen Einfluss auf die Prüfungsqualität haben,[469] werden sie in der statistischen Analyse berücksichtigt. Die betrachteten Spezifika sind das Bruttosozialprodukt pro Einwohner *BSP*, die Marktkapitalisierung pro Bruttosozialprodukt *MK* und die ausländischen Direktinvestitionen pro Bruttosozialprodukt *AD*. Es wird angenommen, dass in Ländern, die wirtschaftlich besser entwickelt sind und in denen der Kapitalmarkt eine hohe Bedeutung hat, mehr Bilanzpolitik betrieben wird. Die wirtschaftlichen Kennzahlen werden in der folgenden Tabelle wiedergegeben.[470]

Land	BSP (in US $)	MK (in ‰)	AD (in ppm)[471]
Argentinien	10.001	5,5	12,7
Australien	28.990	4,0	29,5
Belgien	31.108	2,2	20,2
Brasilien	7.928	6,1	15,3
Chile	10.454	9,6	52,0
Dänemark	32.069	1,9	54,0
Deutschland	29.837	1,6	23,8
Finnland	29.478	4,4	43,5
Frankreich	29.697	2,9	40,8
Griechenland	23.051	2,4	7,4
Großbritannien	30.601	4,3	59,6
Hongkong	33.299	11,8	148,3
Indonesien	2.855	8,6	2,8

[469] Beispielsweise konnten Choi et al. (2008) in ihrer Studie einen Einfluss von länderspezifischen Entwicklungen/Unterschieden auf die Höhe der Prüferhonorare beobachten. Daher wird auch ein Zusammenhang mit der Prüfungsqualität angenommen.

[470] Der Übersicht halber sind die Angaben Durchschnittswerte über die Jahre 1999 bis 2008. Bei den späteren Auswertungen wird allerdings jeder Beobachtung der entsprechende Wert des einzelnen Jahres zugewiesen.

[471] Da die ausländischen Direktinvestitionen pro Bruttosozialprodukt sehr gering ausfallen, werden zur besseren Lesbarkeit die Parts per Million angegeben.

Land	BSP (in US $)	MK (in ‰)	AD (in ppm)
Italien	27.498	1,7	14,1
Kanada	31.667	3,8	47,8
Malaysia	10.407	12,9	16,6
Mexiko	11.170	2,1	18,1
Neuseeland	22.208	1,6	31,4
Niederlande	34.015	3,1	90,3
Norwegen	43.218	1,2	19,2
Österreich	32.049	1,0	72,3
Pakistan	2.069	10,9	5,2
Peru	5.734	6,4	13,5
Philippinen	2.962	15,4	3,6
Schweden	31.499	3,4	46,0
Schweiz	38.008	6,5	69,1
Singapur	38.448	4,8	100,2
Spanien	25.459	3,3	33,0
Südafrika	7.788	24,7	8,4
Südkorea	21.415	2,8	4,4
Taiwan	13.535	3,2	8,5
Thailand	5.439	10,2	17,5
Türkei	10.049	2,6	17,2
USA	39.742	3,3	14,8

Tabelle 12: Volkswirtschaftliche Kennzahlen

6.2.3.2 Marktkonzentration und Rechnungslegungssystem

Marktkonzentration

Die Konzentration des Prüfungsmarkts könnte ebenfalls die Prüfungsqualität beeinflussen. Zur Messung werden die Konzentrationsrate *KR* und der Herfindahl-Index *HI* in jedem Land ermittelt.[472] Bei einer starken Konzentration wird befürchtet, dass Gesellschaften mit hohem Marktanteil diesen als Wettbewerbsvorteil ausnutzen. Daher wird von einer positiven Korrelation zwischen der Bilanzpolitik von geprüften Unternehmen und der Konzentration auf dem Prüfungsmarkt ausgegangen. Die jeweiligen Konzentrationsraten und Herfindahl-Indizes sind in Tabelle 13 dargestellt.

[472] Zur Berechnung der Konzentrationsrate und des Herfindahl-Index siehe beispielsweise Grothe (2005): 44-50.

Im Gegensatz zur Konzentrationsrate bildet der Herfindahl-Index den gesamten Markt ab. Es werden alle Unternehmen berücksichtigt, die am Markt tätig sind.[473] Zur Berechnung der Konzentrationsrate werden dagegen nur die größten Unternehmen miteinbezogen. Die anderen Unternehmen fließen nicht in die Betrachtung ein.[474] In der vorliegenden Studie werden zunächst die Marktanteile der Big 4 Prüfungsgesellschaften über die Konzentrationsrate ermittelt. In Tabelle 13 sind die durchschnittlichen Marktanteile im Zeitraum zwischen 1999 und 2008 dargestellt, die zum einen anhand der Anzahl der Mandate und zum anderen anhand der Quadratwurzel der Bilanzsummen der Mandanten berechnet wurden. Darüber hinaus findet sich der Herfindahl-Index in der Tabelle wieder, da er den gesamten Markt berücksichtigt und zudem die Unterschiede zwischen den Big 4 Gesellschaften abbildet. Daher ergeben sich zwischen den Maßzahlen größere Differenzen.

Die Konzentrationsrate auf Basis der Anzahl an Mandaten ist durchweg auf einem hohen Niveau. Die einzige Ausnahme stellt Griechenland mit nur 23 % dar.[475] In einigen Ländern (Australien, Deutschland, Frankreich, Indonesien, Südkorea, Thailand und der Türkei) liegt der Marktanteil der Big 4 bei ca. 50 %. In allen anderen Ländern werden weit mehr Mandate von den Big 4 als von kleineren Gesellschaften geprüft, was eine klare Dominanz der großen Prüfungsgesellschaften bedeutet. Chile, Mexiko, Neuseeland, die Niederlande, Norwegen und Spanien weisen sogar Konzentrationsraten von über 90 % auf. Im Durchschnitt liegt die Quote bei 65 %.[476] Nahezu zwei Drittel aller

[473] Weitere Vorteile des Herfindahl-Index sind seine leichte Berechenbarkeit und seine Verständlichkeit. Doch werden als Grundlage der Berechnung meist umfangreiche statistische Informationen wie die Marktanteile aller Merkmalsträger benötigt.

[474] Vgl. Grothe (2005): 46 f.; Strickmann (2000): 36 f.; Bleymüller/Gehlert (1989): 185. Ein weiterer genereller Nachteil ist, dass sich die Identität der Merkmalsträger im Zeitablauf ändern kann, was von der Konzentrationsrate nicht berücksichtigt wird. Vorteile sind ihre leichte Berechenbarkeit und Interpretierbarkeit sowie ihre gute Verfügbarkeit, da nur sehr wenige Daten für die Berechnung benötigt werden. Vgl. Bruckmann (2008): 192; Häni (1987): 74.

[475] In Griechenland lag bis 1992 ein staatlich kontrolliertes Monopol vor. Daraus ist die Prüfungsgesellschaft SOL S.A. entstanden, die weiterhin einen großen, wenn auch sinkenden, Marktanteil hält. Anhand der Konzentrationsrate auf Basis der Bilanzsummen ist aber erkennbar, dass viele größere Mandanten bereits zu den Big 4 Gesellschaften gewechselt haben.

[476] Somit ist die Gefahr eines eingeschränkten Wettbewerbs nicht auszuschließen. Hiervon ist bei einer Konzentrationsrate der vier Anbieter von über 59 % auszugehen. Vgl. Köhler et al. (2010): 9; Grothe (2005): 45. Die empirisch nachgewiesenen Tendenzen zum Low Balling scheinen dies aber zu widerlegen. Vgl. Abschnitt 4.1.3.1.

untersuchten Unternehmen werden somit von einer Big 4-Prüfungs-gesellschaft geprüft. Zu beachten ist hierbei, dass die Quote 1999 noch bei 71 % lag und bis 2008 auf 60 % sank. Die dominierende Stellung der Big 4 scheint demnach, zumindest auf Basis der Anzahl der Mandate, zurückzugehen.

Die Konzentrationsrate auf Basis der Quadratwurzel der Bilanzsummen weist insgesamt höhere Werte auf als die Konzentrationsrate auf Anzahl der Mandate. Griechenland bleibt zwar weiterhin das Land mit der niedrigsten Konzentrationsrate, diese beträgt nun aber 42 %. Auch in sämtlichen anderen Ländern liegt die Konzentrationsrate höher, sodass der Durchschnitt 84 % erreicht. Demnach dominieren die Big 4 Prüfungsgesellschaften insbesondere den Markt großer Mandanten. Seit 1999 hat sich dieser Wert kaum verändert.

Der Herfindahl-Index liegt in den meisten Ländern bei 20 bis 30 %. In Finnland, den Philippinen und Spanien beträgt er sogar mehr als 50 %. Die niedrigsten Konzentrationen lassen sich in Frankreich und Thailand messen. Der arithmetische Mittelwert aller untersuchten Unternehmen liegt bei 26 %. Der Index lässt darauf schließen, dass die einzelnen Märkte trotz der vielen internationalen Netzwerke[477] stark konzentriert sind. Insbesondere die Second-Tier-Prüfungsgesellschaften fokussieren sich, auch wenn sie international tätig sind, offenbar auf wenige Länder und sind dementsprechend in anderen Ländern nur schwach vertreten. Der Herfindahl-Index ist in den letzten Jahren des betrachteten Zeitraums von 24 auf 26 % angestiegen. Die Marktkonzentration scheint demnach leicht zuzunehmen, obwohl der Marktanteil der Big 4 eher stagniert.

Rechnungslegungssystem (RS)

Das jeweils zugrunde liegende Rechnungslegungssystem kann, wie in Abschnitt 3.3.5.1 erläutert wurde, ebenfalls Einfluss auf die Höhe der Bilanzpolitik von Unternehmen haben. Mit der immer größeren Verbreitung der IFRS nehmen die Unterschiede zwischen den Systemen zwar ab, jedoch bilanzieren in der vorliegenden Datenbasis nur 21 % der Unternehmen nach den IFRS. Daher werden die Länder, der

[477] Vgl. Abschnitt 4.1.2.

Klassifikation von *Doupnik/Salter* (1993) folgend, in zwei Gruppen (eine angloamerikanische und eine kontinentaleuropäische) eingeteilt.[478] Die angloamerikanische Gruppe wird mit Eins, die kontinentaleuropäische Gruppe mit Null codiert. Unternehmen, die nach den IFRS bilanzieren, werden unabhängig vom Herkunftsland in die angloamerikanische Gruppe eingeteilt, da sich die IFRS eher an die angloamerikanischen Rechnungslegungsstandards anlehnen.[479] Bezogen auf die Bilanzpolitik wird angenommen, dass sie in der angloamerikanischen Gruppe weniger ausgeprägt ist, da die Rechnungslegungsstandards in diesen Ländern geringere Möglichkeiten für Bilanzpolitik eröffnen.[480] Die Verteilung ist in der folgenden Tabelle dargestellt.[481]

Land	KR_4 (Anzahl der Mandanten) (in %)	KR_4 (Höhe der Bilanzsumme der Mandanten) (in %)	HI (in %)	RS (in %)
Argentinien	61	74	34	0
Australien	49	80	27	100
Belgien	65	70	25	66
Brasilien	66	82	31	0
Chile	91	93	34	0
Dänemark	85	92	32	47
Deutschland	53	78	35	65
Finnland	89	92	57	52
Frankreich	46	62	18	45
Griechenland	23	42	26	87
Großbritannien	61	90	27	100
Hongkong	77	89	29	100
Indonesien	46	57	21	0
Italien	87	95	29	49
Kanada	67	90	24	100
Malaysia	63	72	22	100
Mexiko	91	92	41	0
Neuseeland	90	97	36	100
Niederlande	90	98	41	100

[478] Zur genauen Einteilung vgl. Doupnik/Salter (1993): 50-52. Die Differenzierung in eine angloamerikanische und eine kontinentaleuropäische Gruppe hat auch weiterhin Bestand. Vgl. Wagenhofer (2009): 34 f. Unternehmen, die nicht von Doupnik/Salter klassifiziert wurden (Griechenland, Indonesien, Pakistan, Peru, Schweiz und die Türkei), wurden anhand ihres Rechtssystems den Gruppen zugeordnet.

[479] Vgl. Wagenhofer (2009): 55.

[480] Vgl. Fn. 130 in Abschnitt 3.3.5.1.

[481] Hierbei weisen Länder aus der angloamerikanischen Gruppe stets 100 % auf, während bei den Ländern der kontinentaleuropäischen Gruppe die Angabe den Prozentsatz der Unternehmen widerspiegelt, die nach den IFRS bilanzieren.

Land	KR_4 (Anzahl der Mandanten) (in %)	KR_4 (Höhe der Bilanzsumme der Mandanten) (in %)	HI (in %)	RS (in %)
Norwegen	92	95	37	56
Österreich	66	75	29	85
Pakistan	64	69	26	100
Peru	72	79	31	0
Philippinen	82	89	65	100
Schweden	81	90	35	21
Schweiz	90	96	33	64
Singapur	77	88	26	100
Spanien	91	97	53	62
Südafrika	71	89	24	100
Südkorea	50	66	25	0
Taiwan	86	88	23	100
Thailand	54	64	19	0
Türkei	47	63	25	46
USA	66	93	24	100
Durchschnitt	*65*	*84*	*26*	*76*

Tabelle 13: Marktkonzentration und Rechnungslegungsraum

6.2.3.3 Unternehmensspezifische Kennzahlen

Neben Einflussfaktoren auf Länderebene wirken sich auch unternehmensspezifische Parameter auf das Ausmaß an Bilanzpolitik aus. Diese werden im Folgenden dargestellt und es wird der zu erwartende Einfluss auf die Bilanzpolitik erläutert. In der Tabelle 14 sind die jeweiligen Durchschnittswerte pro Land ausgewiesen.

Unternehmensgröße (LNBS)

Vorherige Studien haben nahezu einheitlich festgestellt, dass mit zunehmender Unternehmensgröße die Höhe der Bilanzpolitik abnimmt.[482] Dies wird damit begründet, dass große Unternehmen mehr Wert auf die Qualität der Berichterstattung legen. Sie sind bekannter und müssen bei einer publik gewordenen Bilanzmanipulation mit einem großen Medieninteresse und einem starken Reputationsverlust rechnen.[483] Außerdem sind kleinere Unternehmen oftmals eigentümergeführt, sodass sie bilanzpolitische Ziele leichter durchsetzen können. Die Größe eines Unternehmens wird, wie

---

[482] Beispielsweise Chi et al. (2009); Chan/Farrell/Lee (2008); Chen/Lin/Lin (2008).

[483] Vgl. Heintges (2005): 212-214.

bereits in anderen Studien,[484] im Folgenden anhand der logarithmierten Bilanzsumme gemessen.[485]

Die durchschnittlich höchste Bilanzsumme erreichen niederländische und spanische Unternehmen. Das Ergebnis der Niederlande wird dabei von der Royal Dutch Shell plc, das Spaniens von der Telefónica S.A. getrieben, zwei der weltweit größten Unternehmen. Die geringsten Bilanzsummen sind in Thailand und Pakistan zu messen. Global beträgt die durchschnittliche Bilanzsumme 1.266 Mio. Euro. Sie schwankt im Untersuchungszeitraum zwar von Jahr zu Jahr, steigt von 1999 bis 2008 aber von 1.081 Mio. Euro auf 1.370 Mio. Euro.

Gesamtkapitalrentabilität (GKR)

Die Gesamtkapitalrentabilität (Return on Assets) misst den relativen Erfolg bezogen auf das Gesamtkapital.[486] Dementsprechend berechnet sie sich als Quotient aus Jahresergebnis und Bilanzsumme. Wie in Abschnitt 3.3.5.2 erläutert, haben Unternehmen häufig Anreize, bestimmte Schwellenwerte zu erreichen bzw. zu übertreffen. Diese hängen oftmals mit der Rentabilität zusammen. Daher betreiben eher Unternehmen mit einer niedrigen Rentabilität Bilanzpolitik als solche mit einer hohen Rentabilität. Es ist demnach von einer negativen Korrelation zwischen der Gesamtkapitalrentabilität und dem Ausmaß an Bilanzpolitik auszugehen.[487]

Die Gesamtkapitalrentabilität ist vorwiegend in angloamerikanischen Ländern (davon besonders in Australien, Großbritannien, Kanada und den USA) sehr negativ.[488] Außerdem ist sie in Schweden deutlich im negativen Bereich. Im restlichen Europa werden Gesamtkapitalrentabilitäten leicht über und unter null erreicht. Die besten Werte erzielen Unternehmen in Pakistan, Mexiko, Peru und Thailand. Durchschnittlich beträgt die Gesamtkapitalrentabilität weltweit –4,3 % und schwankt von Jahr zu Jahr.

---

[484] Z.B. bei Gaio (2010); Davis/Soo/Trompeter (2009); Lara/Osma/Nephytou (2009).

[485] In der Tabelle sind zur besseren Lesbarkeit die nicht-logarithmierten Bilanzsummen angegeben.

[486] Vgl. Weber/Schäffer (2008): 176.

[487] Dieser Zusammenhang wurde auch in anderen Studien festgestellt. Beispielsweise bei Prawitt/Smith/Wood (2009); Principe/Markarian/Pozza (2008); Tendeloo van/Vanstraelen (2008).

[488] Dies entspricht auch dem Ergebnis von Choi et al. (2008).

Den besten Wert erreicht sie im Jahr 2000 mit –0,4 %, den schlechtesten 2002 mit –6,8 %.

Verschuldungsgrad (LEV)

Der Verschuldungsgrad (Leverage) ist ebenfalls eine Kennzahl für die finanzielle Situation eines Unternehmens. Er wird aus dem Verhältnis von Fremd- und Eigenkapital ermittelt. Dabei gilt, dass mit einem steigenden Verschuldungsgrad auch das Risiko einer Insolvenz größer wird. Da Unternehmen grundsätzlich nicht den Anschein einer drohenden Insolvenz erwecken möchten, werden sie bei einem hohen Verschuldungsgrad mehr Bilanzpolitik betreiben als Unternehmen mit einem geringen Verschuldungsgrad. Somit kann eine positive Korrelation angenommen werden.[489]

Der durchschnittliche Verschuldungsgrad liegt in den meisten Ländern zwischen 40 und 60 %. Die niedrigste Quote erreichen Unternehmen in Australien mit einem Wert von 38 %. Den höchsten Verschuldungsgrad weisen Unternehmen in Brasilien aus, wo gut zwei Drittel des Kapitals der Unternehmen fremdfinanziert sind. Der durchschnittliche Verschuldungsgrad weltweit liegt bei 51,7 %. Diese Quote bleibt im Mehrjahresvergleich nahezu unverändert.

Verlust (VER)

Der Einfluss von Verlusten (*VER* entspricht 0, wenn das Jahresergebnis positiv ist, und 1, wenn es negativ ist) ist nicht eindeutig abzuschätzen. Wie in Abschnitt 3.3.5.4.2 gezeigt wurde, haben Unternehmen Anreize, eher einen Gewinn als einen Verlust im Jahresabschluss auszuweisen. Bei Unternehmen mit einem kleinen Gewinn wird demnach ein höheres Maß an Bilanzpolitik vermutet als bei solchen mit einem kleinen Verlust. Unternehmen mit einem hohen Verlust haben, wie bereits zuvor be-

[489] Mehrere empirische Studien haben ebenfalls den Verschuldungsgrad betrachtet und konnten eine positive Korrelation feststellen. Beispielsweise Baker/Collins/Reitenga (2009); Chan/Farrell/Lee (2008); Johnson/Khurana/Reynolds (2002).

schrieben, möglicherweise stärkere Anreize für Bilanzpolitik als Unternehmen mit einen hohen Gewinn. Daher ist der Einfluss nur schwer abschätzbar.[490]

Der Anteil an Unternehmen, die einen Verlust ausweisen, liegt lediglich in Australien und Kanada im Durchschnitt bei über 50 %. In den meisten Ländern beträgt der Anteil zwischen 20 und 30 %. In Spanien weisen sogar nur 10,1 % der Unternehmen einen Verlust aus. Weltweit liegt die Quote bei 35,2 %. Bei der Betrachtung des gesamten Zeitraums werden die Auswirkungen der Finanzkrise deutlich, da ausschließlich in 2008 der Anteil der Unternehmen mit einem Verlust bei über 40 % (genauer 41,8 %) liegt.

Wachstum (WA)

Bei Unternehmen mit starkem Wachstum wird ebenfalls ein höheres Maß an Bilanzpolitik vermutet. Es wird angenommen, dass sie versuchen, ihren Wachstumstrend beizubehalten und hierzu Bilanzpolitik einsetzen.[491] Dementsprechend wird von einer positiven Korrelation zwischen Unternehmenswachstum und Ausmaß an Bilanzpolitik ausgegangen. Das Wachstum wird dabei als Differenz aus den Umsatzerlösen des aktuellen Jahres und denen des Vorjahrs, skaliert mit den Umsatzerlösen des Vorjahrs, gemessen.

In fast allen der hier untersuchten Länder ist das durchschnittliche Wachstum der Umsatzerlöse zweistellig und beträgt in den meisten Ländern zwischen 10 und 20 %. Lediglich die Werte für Australien, Kanada, Mexiko, Norwegen, Pakistan und Thailand weichen erheblich nach oben ab. Der weltweite Durchschnitt liegt bei 14,7 %. Über die Jahre verteilt ist das globale Unternehmenswachstum, nur mit Ausnahme der unterdurchschnittlichen Jahre 2002 und 2003, zweistellig.

---

[490] Die Ergebnisse anderer Studien sind entsprechend uneinheitlich. So ermitteln Reichelt/Wang (2010); Lee/Mande (2003); Frankel/Johnson/Nelson (2002) eine negative und Srindhi/Gul (2007); Ashbaugh/LaFond/Mayhew (2003); Kim/Chung/Firth (2003) eine positive Korrelation zwischen einem Verlust und dem Ausmaß an Bilanzpolitik.

[491] Vgl. Zimmermann (2008): 212 f. Dieser Zusammenhang wurde in verschiedenen Studien empirisch nachgewiesen. Beispielsweise bei Gul/Fung/Jaggi (2009); Tendeloo van/Vanstraelen (2008); Menon/Williams (2004).

Prüferwechsel (PW)

Aus dem Wechsel des Abschlussprüfers wird ebenfalls ein Effekt auf die Prüfungsqualität angenommen. Erstprüfungen sind meist von niedrigerer Qualität als Folgeprüfungen. Grund ist, dass die Prüfungen jeweils auf den Vorjahresergebnissen aufbauen und der Prüfer erst im Laufe der Jahre einen fundierten Eindruck vom Unternehmen gewinnt. Bis ein neuer Prüfer ein Unternehmen eingehend genug kennt, um es auf hohem Niveau prüfen zu können, vergeht daher einige Zeit.[492] Allerdings kann ein Prüferwechsel auch positive Effekte für die Prüfungsqualität haben. So bringt ein Prüferwechsel den Vorteil mit sich, dass ein neuer Prüfer oftmals andere Prüfungsmethoden anwendet und somit Fehler entdecken kann, die der vorherige womöglich nicht gefunden hätte.[493] Insgesamt wird aber vermutet, dass ein Prüferwechsel eher einen negativen Effekt auf die Prüfungsqualität ausübt. Der Prüferwechsel fließt als Dummy-Variable in die Untersuchung der vorliegenden Arbeit mit ein, wobei die Variable bei einer Änderung des Abschlussprüfers zum Vorjahr den Wert Eins erhält und, wenn der Prüfer nicht gewechselt hat, den Wert Null.

Die Häufigkeit von Prüferwechseln differenziert zwischen den betrachteten Ländern stark. So wechseln innerhalb des Untersuchungszeitraums in Neuseeland lediglich 5 % der Unternehmen den Abschlussprüfer, während es in Indonesien 35,4 % sind. Anders dargestellt, beauftragen Unternehmen in Neuseeland denselben Prüfer über fast 20 Jahre, wohingegen indonesische Unternehmen nur drei Jahre mit einem Prüfer zusammenarbeiten. In den meisten Ländern beträgt die Wechselquote zwischen 10 und 20 %. Der arithmetische Durchschnitt liegt bei 14,6 % und bleibt über den gesamten Zeitraum weitestgehend konstant.

Bestätigungsvermerk (BV)

Eine Einschränkung des Bestätigungsvermerks kann auf Bilanzpolitik hinweisen. So können beispielsweise bilanzpolitische Maßnahmen den Abschlussprüfer zu einer Ein-

---

[492] Vgl. Klein/Klaas (2006): 891; Ballwieser (2001): 110; Orth (2000): 175 f. Dieser Effekt wurde auch empirisch nachgewiesen. Z.B. von Chung/Kallapur (2003); Frankel/Johnson/Nelson (2002); Johnson/Khurana/Reynolds (2002).

[493] Vgl. Orth (2000): 176 f.

schränkung motivieren, falls er diese für nicht gesetzeskonform hält. Bei einer Einschränkung aufgrund einer Going-Concern-Beurteilung ist ebenfalls ein hohes Maß an Bilanzpolitik zu vermuten, da ein Unternehmen in schlechter wirtschaftlicher Lage versuchen könnte, seine Bilanzkennzahlen auf diese Art zu verbessern.[494] Die Erteilung eines uneingeschränkten Bestätigungsvermerks wird in der Analyse hier mit Eins, eine Einschränkung oder Versagung mit Null kodiert.

Die Quote der uneingeschränkten Bestätigungsvermerke erreicht in vielen Ländern nahezu 100 %. Lediglich in vier Ländern wurden mehr als fünf Prozent der Bestätigungsvermerke eingeschränkt oder versagt. Die einzigen Länder mit einem Wert unter 90 % sind Argentinien mit 77,4 % und Brasilien mit 88,6 %. Im Mittel liegt die Quote bei 97,4 %. Diese verändert sich im Zeitablauf kaum. Lediglich für 2007 und 2008 liegt die Quote bei über 99 %.

Land	BS in Mio. €	GKR in %	LEV in %	VER in %	WA in %	PW in %	BV in %
Argentinien	663	–0,9	51,6	31,8	8,3	19,4	77,4
Australien	266	–12,8	38,0	63,4	24,6	11,6	92,0
Belgien	1.178	0,4	60,0	25,3	13,1	14,2	98,2
Brasilien	1.573	–0,2	68,7	31,9	16,9	24,4	88,6
Chile	1.064	4,5	46,0	14,5	15,4	18,9	99,8
Dänemark	806	0,1	51,8	25,4	12,4	12,2	99,8
Deutschland	2.911	–1,9	58,2	33,0	14,3	15,0	98,6
Finnland	1.314	0,3	52,9	19,4	11,1	12,7	99,9
Frankreich	3.441	1,1	62,6	23,0	13,6	30,1	99,5
Griechenland	420	2,2	55,0	20,0	16,6	30,7	99,0
Großbritannien	1.660	–3,9	51,6	41,2	16,3	8,7	99,5
Hongkong	512	–2,1	46,4	32,7	14,1	12,4	97,2
Indonesien	255	1,2	62,4	25,0	12,7	35,4	98,4
Italien	3.053	0,4	60,6	26,9	14,9	10,8	98,7
Kanada	525	–9,4	43,4	59,9	24,4	10,6	98,6
Malaysia	223	2,1	42,7	22,1	12,9	17,4	99,6
Mexiko	3.276	4,4	47,8	19,5	23,4	9,0	100
Neuseeland	303	–0,4	42,3	27,6	17,2	5,3	98,1
Niederlande	4.554	1,4	58,9	22,8	11,4	6,4	99,4
Norwegen	1.225	–3,0	54,1	39,6	23,8	8,6	99,6
Österreich	1.068	0,7	61,0	20,7	16,9	14,7	98,7

[494] Die Quote der eingeschränkten Bestätigungsvermerke wird in den meisten Studien als endogene Variable zur Qualitätsmessung verwendet. Vgl. Abschnitt 3.3.3. Zimmermann ist der Ansicht, dass sie aber auch als Erklärung für die Höhe der Bilanzpolitik herangezogen werden kann. Vgl. Zimmermann (2008): 202 f.

Land	BS in Mio. €	GKR in %	LEV in %	VER in %	WA in %	PW in %	BV in %
Pakistan	194	5,9	56,6	12,7	22,1	12,2	100
Peru	277	4,1	42,4	18,3	14,1	33,2	94,5
Philippinen	297	−1,9	52,6	39,5	10,1	14,2	99,3
Schweden	809	−5,5	52,6	41,1	18,8	16,2	99,5
Schweiz	2.555	1,9	50,4	20,7	10,8	7,2	99,6
Singapur	305	1,6	47,8	23,0	14,1	8,4	99,2
Spanien	4.437	3,4	60,3	10,1	16,0	13,0	90,5
Südafrika	558	3,8	51,4	17,8	14,3	9,7	99,3
Südkorea	637	0,9	47,3	24,3	11,5	24,7	99,3
Taiwan	390	3,2	43,2	19,6	9,9	6,6	99,8
Thailand	193	4,1	51,7	18,1	31,8	12,4	99,9
Türkei	390	0,4	51,9	31,9	11,7	25,9	99,2
USA	1.978	−8,7	58,0	42,9	13,0	13,6	95,6
Durchschnitt	*1.266*	*−4,3*	*51,7*	*35,2*	*14,7*	*14,6*	*97,4*

Tabelle 14: Unternehmensspezifische Kennzahlen

6.3 Hypothesen

Große Prüfungsgesellschaften haben, wie in Abschnitt 4.1.3 gezeigt wurde, bei einem Bilanzskandal höhere Verlustrisiken als kleine Prüfungsgesellschaften. Da ein einzelnes Mandat bei großen Prüfungsgesellschaften nur einen kleinen Teil der gesamten Umsatzerlöse ausmacht, sind sie nicht von einem einzelnen Mandanten abhängig und können eher ihre Unabhängigkeit wahren. Außerdem vermögen sie im Zweifel mehr Ressourcen aufwenden, um strittige Bilanzierungsfragen zu klären, die zu einem Skandal führen könnten. Dabei steigt, wie in Abschnitt 5.4 erläutert wurde, modelltheoretisch gesehen der Anreiz, eine gute Prüfungsleistung zu erbringen, je strikter die Haftungsregelungen sind. Daher lautet Hypothese 1 (formuliert als Alternativhypothese):[495]

> Je höher das Haftungsrisiko, desto größer der Unterschied in der Prüfungsqualität zwischen großen und kleinen Prüfungsgesellschaften.

[495] Angegeben ist der unterstellte Zusammenhang. In der anschließenden Analyse wird versucht, die korrespondierende Nullhypothese zu widerlegen. Hierbei kann entweder eine ungerichtete oder gerichtete Nullhypothese aufgestellt werden. Falls gerichtete Nullhypothesen aufgestellt werden, impliziert dies die Durchführung einseitiger Signifikanztests. Vgl. Junc (2010): 121 f. Fn. 417. Einseitige Tests sollten nur vorgenommen werden, wenn hierzu ökonomische Gründe vorliegen. Vgl. Stock/Watson (2007): 154. Da dies in dieser Studie nicht der Fall ist, werden zweiseitige Signifikanztests durchgeführt und die Nullhypothese ist ungerichtet.

Eine ähnliche Wechselwirkung lässt sich für spezialisierte Prüfungsgesellschaften annehmen. Wie in Abschnitt 4.2.1 dargestellt wurde, haben Prüfungsgesellschaften Anreize, sich zu spezialisieren, um höhere Prüfungshonorare erzielen zu können. Damit sie die höheren Prüferhonorare, die aus ihrer Reputation als Spezialist entstehen, nicht verlieren, sind sie, wie in Abschnitt 4.2.3 gezeigt, motiviert, eine gute Prüfungsleistung zu erbringen. Da strenge Haftungsregelungen eher dazu führen, einen Reputationsschaden zu erleiden, sind spezialisierte Prüfungsgesellschaften stärker geneigt, eine hohe Prüfungsqualität zu erbringen als nichtspezialisierte Prüfungsgesellschaften. Somit lautet Hypothese 2 (formuliert als Alternativhypothese):

Je höher das Haftungsrisiko, desto größer der Unterschied in der Prüfungsqualität zwischen spezialisierten und nichtspezialisierten Prüfungsgesellschaften.

6.4 Auswertung der empirischen Daten

6.4.1 Univariate Analyse

Nachdem in Abschnitt 6.2.3 dargestellt wurde, für welche Variablen angenommen wird, dass sie die Höhe der Bilanzpolitik beeinflussen können, folgt eine Präselektion der Variablen. Hierzu wird eine univariate Regression durchgeführt. Die Variablen, bei denen ein signifikanter Zusammenhang festgestellt wird, fließen in die anschließende multiple Regression ein. Dabei muss beachtet werden, dass ein signifikantes Ergebnis bei einer univariaten Regression noch keine endgültigen Rückschlüsse auf das Verhältnis zweier Variablen zulässt, da der gemessene Zusammenhang auch durch eine dritte Variable hervorgerufen worden sein kann, die nicht im Modell implementiert ist.[496] Die Ergebnisse der univariaten Regression sind in Tabelle 15 dargestellt. Die jeweils absoluten nach dem Modified-Jones-Modell berechneten diskretionären Periodenabgrenzungen bilden hierbei die endogene Variable.

Wie hier ersichtlich ist, sind sämtliche Variablen stark signifikant mit Ausnahme des Herfindahl-Index, der aus diesem Grund von der weiteren Untersuchung ausgeschlos-

---

[496] Vgl. Backhaus et al. (2008): 52 f.

Exogene Variable	Erwartetes Vorzeichen	ß-Koeffizient	p-Wert (zweiseitig)	Signifikanz[497]
BSP	+	0,013	0,000	***
MK	+	0,013	0,000	***
AD	+	−0,016	0,000	***
KR	+	0,009	0,006	***
HI	+	0,050	0,056	*
RS	–	−0,019	0,000	***
LNBS	–	−0,218	0,000	***
GKR	–	−0,334	0,000	***
LEV	+	0,121	0,000	***
VER	+/–	0,205	0,000	***
WA	+	0,144	0,000	***
PW	+	0,038	0,000	***
BV	–	−0,063	0,000	***
WLI	–	0,021	0,000	***
BIG4	–	−0,099	0,000	***
SPEZ	–	−0,055	0,000	***
WLI×BIG4	–	−0,081	0,000	***
WLI×SPEZ	–	−0,064	0,000	***

Tabelle 15: Univariate Analyse

sen wird. Die erwarteten Vorzeichen des β-Koeffizienten wurden größtenteils bestätigt. Lediglich die Einflüsse der Variablen für die ausländischen Direktinvestitionen pro Bruttosozialprodukt und des Wingate Litigation Index weichen von den zuvor getroffenen Annahmen ab. Da sich die Ergebnisse in der multivariaten Analyse verändern können, erfolgt eine Interpretation erst im nächsten Abschnitt.

6.4.2 Multivariate Regressionsanalyse

Um die Hypothesen zu überprüfen, sollen im Folgenden zwei multivariate Regressionen auf Basis der Kleinstquadrate-Methode durchgeführt werden. Hierdurch kann festgestellt werden, ob zwischen der Haftung und dem Qualitätsunterschied zwischen großen und kleinen Prüfungsgesellschaften (Modell 1) sowie spezialisierten und nichtspezialisierten Prüfungsgesellschaften (Modell 2) ein signifikanter Zusammenhang besteht.

497 Mit * gekennzeichnete Variablen sind signifikant auf einem 10 %-Niveau, mit ** gekennzeichnete Variablen sind signifikant auf einem 5 %-Niveau und mit *** gekennzeichnete Variablen sind signifikant auf einem 1 %-Niveau.

6.4.2.1 *Überprüfung der Modellprämissen*

Zur Durchführung einer multivariaten Regressionen auf Basis der Kleinstquadrate-Methode müssen sechs Annahmen erfüllt sein. Im Folgenden werden diese Annahmen erläutert und die beiden multivariaten Modelle auf deren Einhaltung überprüft.[498]

6.4.2.1.1 *Fehlende Multikollinearität*

Die erste der sechs Annahmen im Rahmen der Kleinstquadrate-Methode ist die fehlende Multikollinearität der exogenen Variablen. Dies bedeutet, dass die exogenen Variablen untereinander nicht linear voneinander abhängig sein dürfen. Sonst würde eine Variable durch eine Kombination der übrigen Variablen exakt dargestellt werden. In diesem Fall läge perfekte Multikollinearität vor und das Modell könnte nicht geschätzt werden. Häufig ist in der Praxis ein gewisses Maß an Multikollinearität unvermeidbar. Die Regression kann dann zwar durchgeführt werden, die Standardfehler werden aber verzerrt wiedergegeben.[499] Die Variablen werden auf Multikollinearität überprüft, indem die Korrelationen zwischen den Variablen und die Variance Inflation Factors *VIFs* berechnet werden.[500] Die Ergebnisse sind in den Tabellen 16 und 17 dargestellt.

Wie in Tabelle 16 zu erkennen ist, weisen insbesondere die volkswirtschaftlichen Kennzahlen eine hohe Korrelation untereinander auf. Die höchste Korrelation wird hierbei zwischen dem Wingate Litigation Index und dem Bruttosozialprodukt pro Einwohner gemessen. Das Bruttosozialprodukt pro Einwohner weist ebenfalls den höchsten VIF auf. Da die $VIFs$ aber weit unter dem üblicherweise angenommenen Grenz-

[498] Kleinere Verletzungen der Annahmen führen allerdings nicht unmittelbar zur Nichtanwendbarkeit der multivariaten Regression auf Basis der Kleinstquadrate-Methode. Jedoch ist mit einer Verzerrung der Ergebnisse zu rechnen. Vgl. Backhaus et al. (2008): 91.

[499] Vgl. Backhaus et al. (2008): 87 f.; Stock/Watson (2007): 206-210. Die Größe der Verzerrung hängt dabei von anderen Eigenschaften des Modells, wie beispielsweise der Größe der Stichprobe, ab. Vgl. Dougherty (2007): 133.

[500] Der Variance Inflation Factor zeigt an, inwieweit sich die Varianzen der Regressionskoeffizienten mit zunehmender Multikollinearität vergrößern. Vgl. Backhaus et al. (2008): 89.

	BSP	MK	AD	KR	RS	LNBS	GKR	LEV	VER	WA	PW	BV	WLI	BIG4	SPEZ
BSP	1,00														
MK	−0,47	1,00													
AD	0,00	0,17	1,00												
KR	0,47	−0,09	0,11	1,00											
RS	0,42	0,06	0,15	0,53	1,00										
LNBS	0,09	−0,08	0,00	0,10	0,03	1,00									
GKR	−0,13	0,08	0,02	−0,09	−0,06	0,32	1,00								
LEV	0,05	−0,05	−0,02	0,03	−0,02	0,04	−0,28	1,00							
VER	0,11	−0,08	−0,01	0,07	0,05	−0,30	−0,53	0,13	1,00						
WA	0,01	0,01	0,05	−0,01	0,02	−0,05	−0,01	−0,02	−0,02	1,00					
PW	−0,07	−0,05	−0,04	−0,15	−0,15	−0,09	−0,05	0,02	0,05	0,01	1,00				
BV	−0,06	0,13	0,04	−0,09	−0,04	0,05	0,13	−0,09	−0,10	−0,02	−0,03	1,00			
WLI	0,75	−0,25	0,00	0,55	0,49	0,08	−0,15	0,03	0,13	0,02	−0,07	−0,15	1,00		
BIG4	0,03	0,02	0,05	0,26	0,13	0,40	0,13	−0,03	−0,12	−0,02	−0,21	0,04	0,05	1,00	
SPEZ	−0,10	0,06	0,02	0,01	0,00	0,22	0,08	0,00	−0,08	−0,02	−0,08	0,03	−0,09	0,35	1,00

Tabelle 16: Korrelationsmatrix

	BSP	MK	AD	KR	RS	LNBS	GKR	LEV	VER	WA	PW	BV	WLI	BIG4	SPEZ
VIF	4,97	1,87	1,53	1,99	1,77	1,51	1,63	1,32	1,46	1,01	1,07	1,05	3,52	1,47	1,19

Tabelle 17: Variance Inflation Factors

wert von zehn liegen,[501] wird keine Variable von der weiteren Untersuchung ausgeschlossen.

6.4.2.1.2 Linearität des Modells

Eine weitere Annahme ist die Linearität des Modells. Sämtliche exogenen Variablen müssen in einem linearen Zusammenhang zur endogenen Variablen stehen.[502] Zur Überprüfung der Linearität wird der sog. Regression Equation Specification Error Test (Reset-Test) nach *Ramsey* (1969) durchgeführt. Dieser kontrolliert, ob Fehlspezifikationen im Modell vorliegen.[503] Bei beiden in der vorliegenden Arbeit verwendeten Mo-

[501] Vgl. Brosius (2008): 569.

[502] Eine nicht entdeckte Nichtlinearität führt zu verzerrten Beta-Koeffizienten. Dies kann durch eine Transformation der Variablen behoben werden. Vgl. Backhaus et al. (2008): 81 und ausführlicher Dougherty (2007): 153-165.

[503] Vgl. Wooldridge (2002): 124 f.

dellen wird der kritische p-Wert von 0,05 überschritten (Modell 1: 0,258 und Modell 2: 0,106), sodass von einem linearen Zusammenhang ausgegangen werden kann.

6.4.2.1.3 Erwartungswert der Residuen gleich null

Die nächste Annahme besagt, dass der Erwartungswert der Residuen gleich null sein muss. Dies bedeutet, dass das Residuum nur zufällige Effekte umfasst und sich Schwankungen im Mittel ausgleichen. Da ein Verstoß dieser Annahme allerdings zu einer Verzerrung der Konstante führen würde[504] und diese hier nicht weiter analysiert wird, wird der Annahme keine weitere Bedeutung geschenkt.

6.4.2.1.4 Homoskedastizität

Damit die Annahme der Homoskedastizität gegeben ist, muss die Streuung der Residuen konstant sein. Diese Bedingung ist beispielsweise verletzt, wenn die Residuen von den exogenen Variablen oder von der Reihenfolge der Beobachtung abhängen. Falls die Varianz der Residuen nicht konstant ist, liegt Heteroskedastizität vor und die Standardfehler der Beta-Koeffizienten werden verfälscht. Auf die Güte der Beta-Koeffizienten hat Heteroskedastizität keine Auswirkungen.[505] Zur Überprüfung, ob Heteroskedastizität vorliegt, wird der White-Test durchgeführt. Dieser vergleicht die Varianzen der exogenen Variablen und der Residuen.[506] Mit einem p-Wert von 0,000, wonach Homoskedastizität vorliegt, muss die Nullhypothese abgelehnt werden. Da somit Heteroskedastizität angenommen werden muss, werden in der Regression robuste Schätzer verwendet, die die Standardfehler trotz Heteroskedastizität konsistent wiedergeben.[507]

[504] Vgl. Backhaus et al. (2008): 83.

[505] Vgl. Kohler/Kreuter (2008): 225; Stock/Watson (2007): 163 f.

[506] Vgl. Dougherty (2007): 230 f.

[507] Vgl. Kohler/Kreuter (2008): 226; Stock/Watson (2007): 164-166. Robuste Schätzer sollten allerdings nur bei großen Datenmengen verwendet werden. Vgl. Dougherty (2007): 238 f. Da die verwendete Stichprobe mehrere zehntausend Beobachtungen umfasst, stellt dies hier kein Problem dar.

6.4.2.1.5 *Fehlende Autokorrelation*

Die vierte Annahme verlangt, dass die Residuen in der Grundgesamtheit unkorreliert sind. Trifft dies nicht zu, spricht man von Autokorrelation der Residuen. Insbesondere bei Zeitreihen tritt das Problem der Autokorrelation auf. Als Ursachen kommen die Nichtaufnahme von relevanten Variablen in das Modell, ein falscher funktionaler Zusammenhang zwischen den exogenen und der endogenen Variablen sowie Messfehler bei der Erhebung von Daten in Frage. Die Folgen von Autokorrelation sind verzerrte Standardfehler. Die Signifikanzen der exogenen Variablen werden dann zu hoch ausgewiesen.[508] Zur Überprüfung der Modelle auf Autokorrelation wird der Durbin-Watson-Test durchgeführt.[509] Dieser misst die Ähnlichkeit zweier aufeinanderfolgender Residuen. Der ermittelte Durbin-Watson-Koeffizient kann Werte zwischen null und vier annehmen. Je näher der Wert bei zwei liegt, desto geringer ist die Wahrscheinlichkeit von Autokorrelation. Für beide Modelle hier beträgt der Durbin-Watson-Koeffizient 1,736. Daher wird keine Autokorrelation angenommen.[510]

6.4.2.1.6 *Normalverteilung der Residuen*

Die sechste und letzte Annahme betrifft die Verteilung der Residuen. Zur Durchführung von t- und F-Tests ist es erforderlich, dass die Residuen normalverteilt sind.[511] Zur Überprüfung werden Histogramme der Residuen erzeugt.[512] Auf den Histogrammen für die vorliegende Analyse ist eine deutliche Normalverteilung zu erkennen. Exemplarisch wird das Histogramm von Modell 1 dargestellt.[513]

---

[508] Vgl. Brosius (2008): 563 f.

[509] Dieser testet allerdings nur, ob eine Autokorrelation erster Ordnung vorliegt, also, ob die Beobachtungen zweier aufeinanderfolgender Jahre miteinander verknüpft sind. Vgl. Brosius (2008): 565. Da aber bei der vorliegenden Analyse Autokorrelationen höherer Ordnung unwahrscheinlich sind, wird auf weitere Tests verzichtet.

[510] Gemäß Brosius liegt der Akzeptanzbereich zwischen 1,5 und 2,5. Vgl. Brosius (2008): 565.

[511] Auf die Regressionskoeffizienten hat eine Durchbrechung dieser Annahme meist keinen Einfluss, da die Koeffizienten aufgrund des zentralen Grenzwertsatzes bei ausreichend großen Stichproben ($n>40$) trotzdem normalverteilt sind. Vgl. Backhaus et al. (2008): 90 f.

[512] Vgl. zum grafischen Test auf Normalverteilung Brosius (2008): 561-563.

[513] Das Histogramm von Modell 2 unterscheidet sich davon nur marginal.

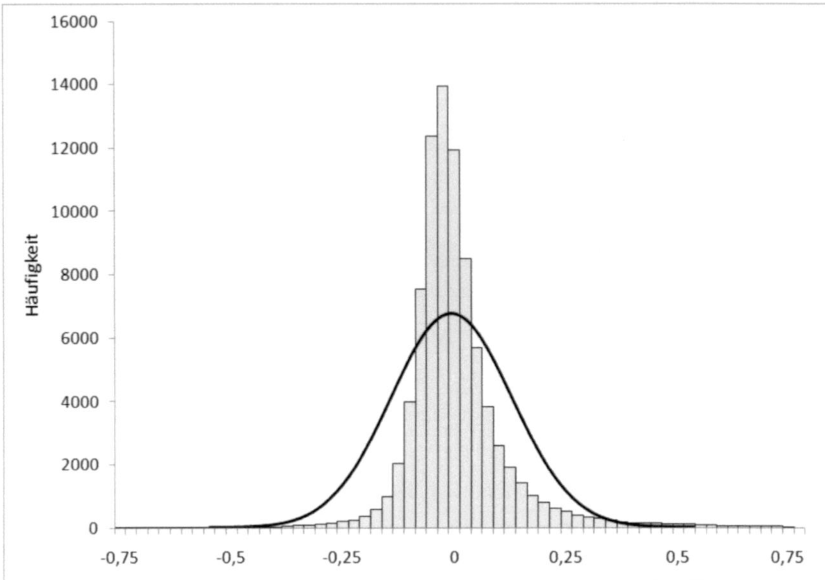

Abbildung 10: Verteilung der Residuen

6.4.2.2 Größe der Prüfungsgesellschaft

Da keine Multikollinearität der exogenen Variablen festgestellt wurde, werden sämtliche Variablen in das Modell aufgenommen, die sich in der univariaten Analyse als signifikant herausgestellt haben. Dementsprechend lautet Modell 1 wie folgt:

$$\begin{aligned} DPA_{ABS} = \beta_0 + \beta_1 BSP + \beta_2 MK + \beta_3 AD + \beta_4 KR + \beta_5 RS + \beta_6 LNBS + \beta_7 GKR \\ + \beta_8 LEV + \beta_9 VER + \beta_{10} WA + \beta_{11} PW + \beta_{12} BV + \beta_{13} WLI + \beta_{14} BIG4 \\ + \beta_{15} BIG4 \times WLI + \beta_{16} Branche + \beta_{17} Jahr + \varepsilon_i \end{aligned}$$

Die Ergebnisse der multivariaten Regression sind in Tabelle 18 dargestellt.[514]

Zur Bestätigung von Hypothese 1 aus Abschnitt 6.3 sind der ß-Koeffizient und der p-Wert der Interaktionsvariable $WLI \times BIG4$ entscheidend. Das negative Vorzeichen

[514] Auf die Angabe der Koeffizienten und p-Werte der einzelnen Branchen und Jahre wird der Übersicht halber in dieser und der folgenden Tabellen verzichtet.

	Erwartetes Vorzeichen	ß-Koeffizient	p-Wert (zweiseitig)	Signifikanz
BSP	+	0,021	0,000	***
MK	+	0,035	0,000	***
AD	+	–0,007	0,045	**
KR	+	0,020	0,000	***
RS	–	–0,043	0,000	***
LNBS	–	–0,117	0,000	***
GKR	–	–0,279	0,000	***
LEV	+	0,082	0,000	***
VER	+/–	0,000	0,931	n.s.
WA	+	0,132	0,000	***
PW	+	0,003	0,309	n.s.
BV	–	–0,015	0,000	***
WLI	+/–	0,012	0,180	n.s.
BIG4	+/–	0,015	0,034	**
WLI×BIG4	**–**	**–0,044**	**0,000**	***
Konstante[515]		0,131	0,000	***
n		84.854		
Korrigiertes R^2		17,30		
F-Statistik		167,04	0,000	***

Tabelle 18: Ergebnisse der multivariaten Regression zu Modell 1

des ß-Koeffizienten lässt darauf schließen, dass der Qualitätsunterschied zwischen großen und kleinen Prüfungsgesellschaften umso größer ist, je strenger die Haftungsregelungen sind. Dieser Effekt ist stark signifikant, sodass die Nullhypothese verworfen und Hypothese 1 als bestätigt angesehen werden kann. Das korrigierte R^2 des Modells liegt mit 17,30 über dem Niveau vergleichbarer Studien zur Bilanzpolitik.[516] Die Variable „Wingate Litigation Index" ist nicht signifikant. Dies deutet daraufhin, dass die Ausgestaltung der Haftung keinen Einfluss auf die Prüfungsqualität kleiner Prüfungsgesellschaften hat. Die Variable *BIG4* ist positiv und signifikant. Dies bedeutet, dass große Prüfungsgesellschaften in Ländern mit geringem Haftungsrisiko sogar eine schlechtere Qualität aufweisen als kleine Prüfungsgesellschaften.

---

[515] Bei den Werten in der Zeile Konstante handelt es sich in dieser Arbeit um die Regressionskoeffizienten und nicht um die ß-Koeffizienten.

[516] Bauwhede/Willekens (2004) messen in ihrer Untersuchung beispielsweise R^2 von 7–8, Francis/Wang (2008) ein korrigiertes R^2 von 16,2 und Zimmermann (2008) ein korrigiertes R^2 von 12–15.

Die Ergebnisse der multivariaten Regression bestätigen auch den Großteil der weiteren angenommenen Zusammenhänge. Bei den volkswirtschaftlichen Einflussgrößen sind das Bruttosozialprodukt pro Einwohner und die Marktkapitalisierung pro Bruttosozialprodukt signifikant und haben das erwartete Vorzeichen. Dies deutet darauf hin, dass der Entwicklungsstand eines Landes und die Bedeutung des Kapitalmarkts Einfluss auf die Bilanzpolitik von Unternehmen haben. Einzig bei den ausländischen Direktinvestitionen pro Bruttosozialprodukt wurde ein schwach signifikanter negativer Einfluss festgestellt, der nicht den Erwartungen entspricht.

Die Bedenken, dass eine hohe Konzentration des Prüfungsmarkts die Prüfungsqualität mindert, scheint zumindest bei Betrachtung der Konzentrationsrate berechtigt zu sein, da ein signifikant positiver Zusammenhang zwischen der Konzentrationsrate und der Höhe der Bilanzpolitik festgestellt wurde. Bei den Rechnungslegungsnormen hat sich die Erwartung bestätigt, dass die angloamerikanischen Rechnungslegungsnormen tendenziell weniger Bilanzpolitik zulassen.

Die unternehmensspezifischen Parameter sind, mit Ausnahme der Variable Verlust, stark signifikant und haben die erwarteten Vorzeichen. Insgesamt zeigt sich, dass größere Unternehmen, die positive Finanzkennzahlen ausweisen und einen uneingeschränkten Bestätigungsvermerk erhalten, offenbar weniger Bilanzpolitik betreiben. Das Vorzeichen des Bestätigungsvermerks belegt den in Abschnitt 6.2.3.3 postulierten negativen Zusammenhang. Hingegen scheint ein starkes Unternehmenswachstum Bilanzpolitik zu begünstigen. Ein Einfluss eines Prüferwechsels konnte nicht festgestellt werden.

6.4.2.3 Spezialisierung der Prüfungsgesellschaft

Modell 2 ist ähnlich aufgebaut wie Modell 1. Die Variable *BIG4* wird lediglich durch diejenige der Spezialisierung *SPEZ* ausgetauscht. Dementsprechend lautet die Regressionsgleichung:

$$\begin{aligned} DPA_{ABS} = \beta_0 &+ \beta_1 BSP + \beta_2 MK + \beta_3 AD + \beta_4 KR + \beta_5 RS + \beta_6 LNBS + \beta_7 GKR \\ &+ \beta_8 LEV + \beta_9 VER + \beta_{10} WA + \beta_{11} PW + \beta_{12} BV + \beta_{13} WLI \\ &+ \beta_{14} SPEZ + \beta_{15} SPEZ \times WLI + \beta_{16} Branche + \beta_{17} Jahr + \varepsilon_i \end{aligned}$$

Die Ergebnisse der multivariaten Regression sind in folgender Tabelle dargestellt:

	Erwartetes Vorzeichen	ß-Koeffizient	p-Wert (zweiseitig)	Signifikanz
BSP	+	0,023	0,000	***
MK	+	0,033	0,000	***
AD	+	–0,006	0,091	*
KR	+	0,019	0,000	***
RS	–	–0,044	0,000	***
LNBS	–	–0,127	0,000	***
GKR	–	–0,279	0,000	***
LEV	+	0,082	0,000	***
VER	+/–	0,000	0,969	n.s.
WA	+	0,132	0,000	***
PW	+	0,006	0,070	*
BV	–	–0,015	0,000	***
WLI	+/–	0,065	0,576	n.s.
SPEZ	+/–	0,027	0,000	***
WLI×SPEZ	**–**	**–0,032**	**0,000**	***
Konstante		0,134	0,000	***
n		84.854		
Korrigiertes R^2		17,43		
F-Statistik		168,27	0,000	***

Tabelle 19: Ergebnisse der multivariaten Regression zu Modell 2

Analog zu Modell 1 ist auch hier die Interaktionsvariable $WLI \times SPEZ$ ausschlaggebend für die Bestätigung von Hypothese 2 aus Abschnitt 6.3. Da bei gegebener Signifikanz das Vorzeichen des ß-Koeffizienten negativ ist, kann die Nullhypothese verworfen werden und Hypothese 2 wird bestätigt. Somit ist der Qualitätsunterschied zwischen spezialisierten und nichtspezialisierten Prüfungsgesellschaften umso größer, je strenger die Haftungsregelungen sind. Das korrigierte R^2 ist mit 17,43 auf demselben Niveau wie bei Modell 1. Die Variable „Wingate Litigation Index“ ist weiterhin nicht signifikant, während für die Spezialisierung ein positiver Zusammenhang gemessen wird. Demnach scheinen spezialisierte Prüfungsgesellschaften in Ländern mit einem geringen Haftungsrisiko eine schlechtere Prüfungsqualität zu leisten als nichtspezialisierte Prüfungsgesellschaften.

Die Koeffizienten und Signifikanzen der Kontrollvariablen weichen nur äußerst gering von Modell 1 ab. Bei den volkswirtschaftlichen Kennzahlen verlieren lediglich die ausländischen Direktinvestitionen an Signifikanz. Sowohl das Bruttosozialprodukt pro

Einwohner als auch die Marktkapitalisierung pro Bruttosozialprodukt bleiben signifikant und haben ein positives Vorzeichen. Auch die Vorzeichen der Konzentrationsrate und des Rechnungslegungsraums ändern sich nicht; ebenso ist die Stärke des Zusammenhangs nahezu unverändert.

Bei den unternehmensspezifischen Kennzahlen bleiben die Vorzeichen der Koeffizienten konstant. Auch die Stärke des Zusammenhangs ist mit den Ergebnissen aus Modell 1 zu vergleichen. Bei den Signifikanzen ergibt sich jedoch beim Prüferwechsel eine Abweichung. Hier wird ein signifikanter Zusammenhang gemessen. Somit scheint sich hier die Vermutung, dass ein Prüferwechsel zu einem erhöhten Ausmaß an Bilanzpolitik führt, zu bestätigen. Allerdings ist die ermittelte Signifikanz nur sehr schwach.

6.4.3 Sensitivitätsanalysen

Um die Robustheit der Ergebnisse zu erhöhen, werden im Folgenden weitere Analysen durchgeführt, bei denen die verwendeten Modellvariablen ausgetauscht, alternative statistische Verfahren angewandt und eine Mindestanzahl an Unternehmen pro Branche und Jahr verlangt werden.

6.4.3.1 Alternative Messung von Bilanzpolitik

Da zur Messung von Bilanzpolitik bekanntermaßen viele Möglichkeiten existieren,[517] sollen an dieser Stelle zur Validierung der Ergebnisse weitere Modelle geschätzt werden, in denen die endogene Variable ausgetauscht wird.

6.4.3.1.1 Jones-Modell

Als weitere Alternative zur Messung der Bilanzpolitik kommt das Jones-Modell in der Ursprungsversion in Frage.[518] In diesem werden im Gegensatz zum Modified-Jones-Modell die Forderungsänderungen nicht bei der Berechnung der nichtdiskretionären

[517] Vgl. Abschnitt 3.3.5.4.

[518] Die Parameter werden hier branchenspezifisch berechnet. Für eine unternehmensspezifische Berechnung stehen in der Datenbasis zu wenige Jahre pro Unternehmen zur Verfügung.

Periodenabgrenzungen betrachtet.[519] In den Tabellen 20 und 21 sind die Ergebnisse der Modelle enthalten.[520]

	Erwartetes Vorzeichen	ß-Koeffizient	p-Wert (zweiseitig)	Signifikanz
BSP	+	0,026	0,000	***
MK	+	–0,007	0,087	*
AD	+	0,000	0,820	n.s.
KR	+	–0,036	0,000	***
RS	–	–0,055	0,000	***
LNBS	–	–0,131	0,000	***
GKR	–	–0,217	0,000	***
LEV	+	0,068	0,000	***
VER	+/–	–0,002	0,670	n.s.
WA	+	0,104	0,000	***
PW	+	–0,011	0,001	***
BV	–	–0,009	0,014	**
WLI	+/–	0,005	0,542	n.s.
BIG4	+/–	0,097	0,213	n.s.
WLI×BIG4	**–**	**–0,042**	**0,000**	***
Konstante		0,190	0,000	***
n		84.863		
Korrigiertes R^2		13,49		
F-Statistik		151,58	0,000	***

Tabelle 20: Ergebnisse der multivariaten Regression nach dem Jones-Modell – bezogen auf die Größe einer Prüfungsgesellschaft

Die Ergebnisse der Regressionen unterscheiden sich im Vergleich zu denen der Ursprungsmodelle nur geringfügig. Beide Hypothesen werden bestätigt. Bei den Kontrollvariablen kehren sich die Vorzeichen der Marktkapitalisierung pro Bruttosozialprodukt, der Konzentrationsrate und des Prüferwechsels um. Dies widerspricht den Erwartungen. Das korrigierte R^2 nimmt in beiden Modellen im Vergleich zu den Ursprungsmodellen ab. Dies lässt auf eine bessere Spezifikation des Modified-Jones-Modells schließen.

---

[519] Siehe hierzu auch Abschnitt 3.3.5.4.5.2.

[520] Bei beiden Modellen wurden die Prämissen für eine multivariate Regression überprüft. Die Ergebnisse des Reset-Tests lauten 0,462 und 0,787 und sind somit über dem Schwellenwert von 5 %. Die Ergebnisse des Durbin-Watson-Tests lauten 1,749 und 1,750. Somit ist bei keinem der Modelle von Autokorrelation auszugehen. Der White-Test ist signifikant. Daher werden robuste Schätzer verwendet. Die Korrelationskoeffizienten, VIFs und das Histogramm bestätigen die weiteren Annahmen, werden hier aber der Übersicht halber nicht angegeben.

	Erwartetes Vorzeichen	ß-Koeffizient	p-Wert (zweiseitig)	Signifikanz
BSP	+	0,027	0,000	***
MK	+	–0,007	0,062	*
AD	+	0,000	0,844	n.s.
KR	+	–0,037	0,000	***
RS	–	–0,056	0,000	***
LNBS	–	–0,139	0,000	***
GKR	–	–0,217	0,000	***
LEV	+	0,068	0,000	***
VER	+/–	–0,002	0,695	n.s.
WA	+	0,104	0,000	***
PW	+	–0,009	0,012	**
BV	–	–0,010	0,012	**
WLI	+/–	–0,008	0,176	n.s.
SPEZ	+/–	0,030	0,000	***
WLI×SPEZ	**–**	**–0,043**	**0,000**	***
Konstante		0,165	0,000	***
n		84.863		
Korrigiertes R^2		13,49		
F-Statistik		154,77	0,000	***

Tabelle 21: Ergebnisse der multivariaten Regression nach dem Jones-Modell – bezogen auf die Spezialisierung einer Prüfungsgesellschaft

6.4.3.1.2 Forward-Looking Modified-Jones-Modell

Wie in Abschnitt 3.3.5.4.5.2 dargestellt wurde, hat das Modified-Jones-Modell weitere Modifikationen erfahren. Hierdurch sollen die nichtdiskretionären Periodenabgrenzungen genauer abgeschätzt werden können. Allerdings reduziert sich der Stichprobenumfang, da nicht nur zwei, sondern vier Jahre zur Berechnung der nichtdiskretionären Periodenabgrenzungen benötigt werden. Die Ergebnisse der Modelle sind in den folgenden Tabellen dargestellt:[521]

[521] Bei beiden Modellen wurden die Prämissen für eine multivariate Regression überprüft. Die Ergebnisse des Reset-Tests lauten 0,121 und 0,194 und sind somit über dem Schwellenwert von 5 %. Die Ergebnisse des Durbin-Watson-Tests lauten 0,408 und 0,409. Somit ist bei beiden Modellen von Autokorrelation auszugehen. Der White-Test ist signifikant. Daher werden Newey-West Schätzer verwendet, die sowohl bei Autokorrelation als auch bei Heteroskedastizität robuste Ergebnisse liefern. Vgl. Newey/West (1987). Die Korrelationskoeffizienten, VIFs und das Histogramm bestätigen die weiteren Annahmen, werden hier aber der Übersicht halber nicht angegeben.

	Erwartetes Vorzeichen	ß-Koeffizient	p-Wert (zweiseitig)	Signifikanz
BSP	+	0,003	0,681	n.s.
MK	+	0,051	0,000	***
AD	+	–0,017	0,000	***
KR	+	–0,008	0,179	n.s.
RS	–	–0,030	0,000	***
LNBS	–	–0,108	0,000	***
GKR	–	–0,249	0,000	***
LEV	+	0,067	0,000	***
VER	+/–	0,005	0,366	n.s.
WA	+	0,102	0,000	***
PW	+	0,007	0,083	*
BV	–	–0,020	0,000	***
WLI	+/–	0,013	0,225	n.s.
BIG4	+/–	0,033	0,000	***
WLI×BIG4	**–**	**–0,086**	**0,000**	***
Konstante		0,124	0,000	***
n		60.244		
Korrigiertes R^2		14,43		
F-Statistik		134,56	0,000	***

Tabelle 22: Ergebnisse der multivariaten Regression nach dem Forward-Looking Modified-Jones-Modell – bezogen auf die Größe einer Prüfungsgesellschaft

	Erwartetes Vorzeichen	ß-Koeffizient	p-Wert (zweiseitig)	Signifikanz
BSP	+	0,008	0,334	n.s.
MK	+	0,050	0,000	***
AD	+	–0,017	0,000	***
KR	+	–0,007	0,181	n.s.
RS	–	–0,032	0,000	***
LNBS	–	–0,125	0,000	***
GKR	–	–0,248	0,000	***
LEV	+	0,068	0,000	***
VER	+/–	0,006	0,327	n.s.
WA	+	0,102	0,000	***
PW	+	0,015	0,008	***
BV	–	–0,021	0,000	***
WLI	+/–	–0,017	0,021	**
SPEZ	+/–	0,070	0,000	***
WLI×SPEZ	**–**	**–0,074**	**0,000**	***
Konstante		0,127	0,000	***
n		60.244		
Korrigiertes R^2		14,43		
F-Statistik		134,95	0,000	***

Tabelle 23: Ergebnisse der multivariaten Regression nach dem Forward-Looking Modified-Jones-Modell – bezogen auf die Spezialisierung einer Prüfungsgesellschaft

Bei der Berechnung der Bilanzpolitik anhand des Forward-Looking Modified-Jones-Modells werden ebenfalls beide Hypothesen bestätigt. Die Koeffizienten der Interaktionsvariablen sind negativ und signifikant. Die Vorzeichen der Kontrollvariablen entsprechen größtenteils den Erwartungen. Das korrigierte R^2 liegt mit 14,43 bei beiden Modellen unter den Ursprungsmodellen.

6.4.3.1.3 Positive diskretionäre Periodenabgrenzungen

Wie in Abschnitt 6.2.2.1 erläutert wurde, ist für den Abschlussprüfer insbesondere ergebniserhöhende Bilanzpolitik von Bedeutung. Daher werden in den folgenden Modellen nur die positiven Periodenabgrenzungen betrachtet.[522] Die Regressionsgleichungen sind dieselben wie beim Ursprungsmodell, nur dass sich die endogene Variable ändert, daher werden diese hier nicht noch mal angegeben. Die Ergebnisse der Regression sind in den Tabellen 24 und 25 dargestellt.

Auch die Ergebnisse bei einer Beschränkung auf die positiven diskretionären Periodenabgrenzungen bestätigen die beiden Hypothesen. Der ß-Koeffizient der Interaktionsvariablen ist in beiden Fällen negativ und signifikant. Die Koeffizienten der Kontrollvariablen bestätigen ebenfalls größtenteils die zuvor angenommenen Zusammenhänge.[523] Das korrigierte R^2 ist niedriger und liegt bei 11,14 bzw. 11,21.

[522] Bei beiden Modellen wurden die Prämissen für eine multivariate Regression überprüft. Die Ergebnisse des Reset-Tests sind in beiden Fällen signifikant, sodass nicht von einer Linearität des Modells ausgegangen werden kann und zusätzlich eine Box-Cox-Transformation durchgeführt wird. Bei dieser werden die Variablen so transformiert, dass der Wert der Residuen minimal wird. Vgl. Siebertz/van Bebber/Hochkirchen (2010). Da sich die Ergebnisse aber nur gering, ohne Einfluss auf die Interpretation, ändern, wird auf eine Angabe verzichtet. Die Ergebnisse des Durbin-Watson-Tests lauten 0,275 und 0,274. Somit ist bei beiden Modellen von Autokorrelation auszugehen. Der White-Test ist signifikant. Daher werden Newey-West Schätzer verwendet, die sowohl bei Autokorrelation als auch bei Heteroskedastizität robuste Ergebnisse liefern. Die Korrelationskoeffizienten, VIFs und das Histogramm bestätigen die weiteren Annahmen, werden aber der Übersicht halber nicht angegeben.

[523] Lediglich der ß-Koeffizient der Gesamtkapitalrentabilität hat ein umgekehrtes Vorzeichen und ist signifikant. Diesen Zusammenhang konnten auch Prawitt/Smith/Wood (2009) und Butler/Leone/Willenborg (2004) bei ihren Studien feststellen.

	Erwartetes Vorzeichen	ß-Koeffizient	p-Wert (zweiseitig)	Signifikanz
BSP	+	0,013	0,169	n.s.
MK	+	0,041	0,000	***
AD	+	–0,005	0,370	n.s.
KR	+	0,034	0,000	***
RS	–	–0,055	0,000	***
LNBS	–	–0,206	0,000	***
GKR	–	0,076	0,000	***
LEV	+	0,107	0,000	***
VER	+/–	–0,029	0,000	***
WA	+	0,170	0,000	***
PW	+	0,006	0,298	n.s.
BV	–	–0,013	0,069	*
WLI	+/–	0,032	0,020	**
BIG4	+/–	0,017	0,107	n.s.
WLI×BIG4	**–**	**–0,053**	**0,000**	***
Konstante		0,127	0,000	***
n		34.179		
Korrigiertes R^2		11,14		
F-Statistik		58,72	0,000	***

Tabelle 24: Ergebnisse der multivariaten Regression, nur positive diskretionäre Periodenabgrenzungen – bezogen auf die Größe einer Prüfungsgesellschaft

	Erwartetes Vorzeichen	ß-Koeffizient	p-Wert (zweiseitig)	Signifikanz
BSP	+	0,012	0,194	n.s.
MK	+	0,038	0,000	***
AD	+	–0,006	0,306	n.s.
KR	+	0,029	0,000	***
RS	–	–0,052	0,000	***
LNBS	–	–0,217	0,000	***
GKR	–	0,077	0,000	***
LEV	+	0,108	0,000	***
VER	+/–	–0,029	0,000	***
WA	+	0,170	0,000	***
PW	+	0,009	0,111	n.s.
BV	–	–0,013	0,070	*
WLI	+/–	0,011	0,233	n.s.
SPEZ	+/–	0,030	0,000	***
WLI×SPEZ	**–**	**–0,036**	**0,000**	***
Konstante		0,135	0,000	***
n		34.179		
Korrigiertes R^2		11.21		
F-Statistik		58,77	0,000	***

Tabelle 25: Ergebnisse der multivariaten Regression, nur positive diskretionäre Periodenabgrenzungen – bezogen auf die Spezialisierung einer Prüfungsgesellschaft

6.4.3.2 *Alternative Einstufung der Länder nach ihren Haftungsregelungen*

Der Wingate Litigation Index ist, wie in Abschnitt 5.3 gezeigt, von einem Versicherungsunternehmen erstellt worden. Da die Vorgehensweise bei der Risikoeinschätzung nicht veröffentlicht wurde, ist die Beurteilung nicht nachvollziehbar. Aus diesem Grund wird als Alternative die Klassifizierung von *LaPorta/Lopez-De-Silanes/Shleifer* (2006) verwendet. Dies hat die zusätzlichen Vorteile, dass Änderungen im Zeitablauf kontrolliert werden können und die Einstufung aktueller ist. In den multiplen Regressionsmodellen hier wird somit die Variable Wingate Litigation Index *WLI* durch die Variable La Porta Index *LPI* ersetzt. Die Regressionsgleichung bezogen auf die Größe der Prüfungsgesellschaft lautet:

$$
\begin{aligned}
DPA_{ABS} = {} & \beta_0 + \beta_1 BSP + \beta_2 MK + \beta_3 AD + \beta_4 KR + \beta_5 RS + \beta_6 LNBS + \beta_7 GKR \\
& + \beta_8 LEV + \beta_9 VER + \beta_{10} WA + \beta_{11} PW + \beta_{12} BV + \beta_{13} LPI + \beta_{14} BIG4 \\
& + \beta_{15} BIG4 \times LPI + \beta_{16} Branche + \beta_{17} Jahr + \varepsilon_i
\end{aligned}
$$

Die Regressionsgleichung zur Spezialisierung der Prüfungsgesellschaft lautet:

$$
\begin{aligned}
DPA_{ABS} = {} & \beta_0 + \beta_1 BSP + \beta_2 MK + \beta_3 AD + \beta_4 KR + \beta_5 RS + \beta_6 LNBS + \beta_7 GKR \\
& + \beta_8 LEV + \beta_9 VER + \beta_{10} WA + \beta_{11} PW + \beta_{12} BV + \beta_{13} LPI + \beta_{14} Spez \\
& + \beta_{15} SPEZ \times LPI + \beta_{16} Branche + \beta_{17} Jahr + \varepsilon_i
\end{aligned}
$$

Die Ergebnisse sind in den Tabellen 26 und 27 dargestellt.[524] Wie an den Ergebnissen der Interaktionsvariablen in beiden Modellen ersichtlich wird, bestätigen sich auch bei Anwendung der Einstufung von La Porta et al. die Hypothesen 1 und 2. Die ß-Koeffizienten und Signifikanzen der Kontrollvariablen ändern sich durch den Austausch der Haftungsvariable kaum. Das korrigierte R^2 der Modelle bleibt mit 17,30 nahezu unverändert.

[524] Die Prämissen für eine multivariate Regression wurden hier ebenfalls im Vorfeld überprüft. Die Ergebnisse des Reset-Tests lauten 0,154 und 0,054 und sind somit über dem Schwellenwert von 5 %. Der Durbin-Watson-Test ergibt 1,732 und 1,733. Somit ist bei beiden Modellen nicht von Autokorrelation auszugehen. Der White-Test ist signifikant, sodass auch hier robuste Schätzer verwendet werden. Die Korrelationskoeffizienten, VIFs und das Histogramm bestätigen die weiteren Annahmen, werden hier aber der Übersicht halber nicht angegeben.

	Erwartetes Vorzeichen	ß-Koeffizient	p-Wert (zweiseitig)	Signifikanz
BSP	+	0,016	0,001	***
MK	+	0,035	0,000	***
AD	+	–0,006	0,075	*
KR	+	0,022	0,000	***
RS	–	–0,041	0,000	***
LNBS	–	–0,119	0,000	***
GKR	–	–0,279	0,000	***
LEV	+	0,081	0,000	***
VER	+/–	–0,001	0,904	n.s.
WA	+	0,131	0,000	***
PW	+	0,004	0,246	n.s.
BV	–	–0,015	0,001	***
LPI	+/–	0,010	0,139	n.s.
BIG4	+/–	0,024	0,005	***
LPI×BIG4	**–**	**–0,050**	**0,000**	***
Konstante		0,111	0,000	***
n		84,854		
Korrigiertes R^2		17,30		
F-Statistik		166,89	0,000	***

Tabelle 26: Ergebnisse der multivariaten Regression nach dem La Porta Index – bezogen auf die Größe einer Prüfungsgesellschaft

	Erwartetes Vorzeichen	ß-Koeffizient	p-Wert (zweiseitig)	Signifikanz
BSP	+	0,017	0,001	***
MK	+	0,035	0,000	***
AD	+	–0,007	0,051	*
KR	+	0,020	0,000	***
RS	–	–0,041	0,000	***
LNBS	–	–0,127	0,000	***
GKR	–	–0,278	0,000	***
LEV	+	0,082	0,000	***
VER	+/–	0,000	0,931	n.s.
WA	+	0,132	0,000	***
PW	+	0,006	0,079	*
BV	–	–0,015	0,001	***
LPI	+/–	–0,002	0,640	n.s.
SPEZ	+/–	0,047	0,000	***
LPI×SPEZ	**–**	**–0,054**	**0,000**	***
Konstante		0,116	0,000	***
n		84,854		
Korrigiertes R^2		17,30		
F-Statistik		167,83	0,000	***

Tabelle 27: Ergebnisse der multivariaten Regression nach dem La Porta Index – bezogen auf die Spezialisierung einer Prüfungsgesellschaft

6.4.3.3 *Alternative Bestimmung von Spezialisten*

Wie in Abschnitt 4.2.2 beschrieben, existieren mehrere Möglichkeiten, Prüfungsgesellschaften eine Spezialisierung zuzusprechen. Nachdem im Ursprungsmodell nur der Marktführer als Spezialist angesehen wurde, sollen in diesem Abschnitt eine engere und eine weitere Definition angewandt werden. Zum einen wird eine Prüfungsgesellschaft erst dann als Spezialist gesehen, wenn sie sowohl Marktführer ist als auch einen Marktanteil von mindestens 30 % erreicht. Zum anderen wird eine Prüfungsgesellschaft bereits als Spezialist eingestuft, wenn sie zu den drei Prüfungsgesellschaften mit dem höchsten Marktanteil gehört.[525] Während im Ursprungsmodell 27,3 % der Prüfungsgesellschaften zu den Spezialisten zählen, sind es bei der engeren Definition nur 21,7 % und bei der weiteren Definition bereits 59,0 %. Die Ergebnisse sind in den Tabellen 28 und 29 dargestellt.[526]

Die alternative Bestimmung einer Spezialisierung von Prüfungsgesellschaften führt hierbei zum selben Resultat: Der Qualitätsunterschied zwischen spezialisierten und nichtspezialisierten Prüfungsgesellschaften ist bei strengeren Haftungsregelungen größer als bei weniger strengen Haftungsregelungen. Die Ergebnisse ändern sich zum Ursprungsmodell nur marginal.

---

[525] Der Marktanteil wird dabei wie zuvor anhand der Quadratwurzel der Bilanzsumme der Mandanten gemessen.

[526] Bei beiden Modellen wurden die Prämissen für eine multivariate Regression überprüft. Die Ergebnisse des Reset-Tests lauten 0,146 und 0,205 und sind somit über dem Schwellenwert von 5 %. Der Durbin-Watson-Test ergibt 1,737 und 1,738. Somit ist bei beiden Modellen nicht von Autokorrelation auszugehen. Der White-Test ist signifikant, sodass auch hier robuste Schätzer verwendet werden. Die Korrelationskoeffizienten, VIFs und das Histogramm bestätigen die weiteren Annahmen, werden hier aber der Übersicht halber nicht angegeben.

	Erwartetes Vorzeichen	ß-Koeffizient	p-Wert (zweiseitig)	Signifikanz
BSP	+	0,026	0,000	***
MK	+	0,034	0,000	***
AD	+	–0,006	0,081	*
KR	+	0,018	0,000	***
RS	–	–0,044	0,000	***
LNBS	–	–0,128	0,000	***
GKR	–	–0,279	0,000	***
LEV	+	0,083	0,000	***
VER	+/–	0,000	0,982	n.s.
WA	+	0,132	0,000	***
PW	+	0,007	0,052	*
BV	–	–0,015	0,005	***
WLI	+/–	0,000	0,968	n.s.
SPEZ	+/–	0,050	0,000	***
WLI×SPEZ	**–**	**–0,052**	**0,000**	***
Konstante		0,134	0,000	***
n		84,854		
Korrigiertes R^2		17,43		
F-Statistik		168,72	0,000	***

Tabelle 28: Ergebnisse der multivariaten Regression mit einer alternativen Definition eines Spezialisten – bezogen auf den Marktführer und 30 % Marktanteil

	Erwartetes Vorzeichen	ß-Koeffizient	p-Wert (zweiseitig)	Signifikanz
BSP	+	0,023	0,000	***
MK	+	0,033	0,000	***
AD	+	–0,006	0,087	*
KR	+	0,020	0,000	***
RS	–	–0,044	0,000	***
LNBS	–	–0,123	0,000	***
GKR	–	–0,280	0,000	***
LEV	+	0,082	0,000	***
VER	+/–	0,000	0,977	n.s.
WA	+	0,132	0,000	***
PW	+	0,006	0,099	*
BV	–	–0,015	0,005	***
WLI	+/–	–0,001	0,916	n.s.
SPEZ	+/–	0,013	0,004	***
WLI×SPEZ	**–**	**–0,025**	**0,000**	***
Konstante		0,133	0,000	***
n		84,854		
Korrigiertes R^2		17,39		
F-Statistik		166,90	0,000	***

Tabelle 29: Ergebnisse der multivariaten Regression mit einer alternativen Definition eines Spezialisten – bezogen auf die Top 3

6.4.3.4 *Alternative statistische Verfahren*

6.4.3.4.1 *Gewichtete Analyse*

Wie in Abschnitt 6.2 dargestellt wurde, ist die Anzahl der Beobachtungen nicht über alle Länder gleich verteilt. Dies kann zu Verzerrungen der Ergebnisse führen, da Länder mit vielen Beobachtungen stärker auf das Ergebnis der Regression einwirken als Länder mit wenigen Beobachtungen.[527] Abhilfe schafft eine Gewichtung der Fälle. Durch die sog. Probability-Weights werden die Verzerrungen beseitigt.[528] Die folgenden Ergebnisse beruhen auf den Ursprungsmodellen.[529]

	Erwartetes Vorzeichen	ß-Koeffizient	p-Wert (zweiseitig)	Signifikanz
BSP	+	0,015	0,021	**
MK	+	0,037	0,000	***
AD	+	–0,003	0,373	n.s.
KR	+	0,009	0,080	*
RS	–	–0,041	0,000	***
LNBS	–	–0,118	0,000	***
GKR	–	–0,285	0,000	***
LEV	+	0,086	0,000	***
VER	+/–	–0,005	0,406	n.s.
WA	+	0,134	0,000	***
PW	+	0,005	0,236	n.s.
BV	–	–0,015	0,004	***
WLI	+/–	0,026	0,018	**
BIG4	+/–	0,002	0,832	n.s.
WLI×BIG4	**–**	**–0,042**	**0,000**	***
Konstante		0,140	0,000	***
n		84.854		
Korrigiertes R^2		18,14		
F-Statistik		145,33	0,000	***

Tabelle 30: Ergebnisse der gewichteten multivariaten Regression – bezogen auf die Größe einer Prüfungsgesellschaft

[527] Vgl. Brosius (2008): 289; Bühl (2008): 206.

[528] Vgl. Kohler/Kreutzer (2008): 72.

[529] Bei beiden Modellen wurden die Prämissen für eine multivariate Regression überprüft. Die Ergebnisse des Reset-Tests lauten 0,974 und 0,600 und sind somit über dem Schwellenwert von 5 %. Der Durbin-Watson-Test ergibt 1,785 und 1,784. Somit ist bei beiden Modellen von keiner Autokorrelation auszugehen. Da Heteroskedastizität durch eine Gewichtung der Beobachtungen behoben werden soll, wird kein Test auf Heteroskedastizität durchgeführt. Vgl. Dougherty (2007): 233 f.; Stock/Watson (2007): 691. Die Korrelationskoeffizienten, VIFs und das Histogramm bestätigen die weiteren Annahmen, werden hier aber der Übersicht halber nicht angegeben.

	Erwartetes Vorzeichen	ß-Koeffizient	p-Wert (zweiseitig)	Signifikanz
BSP	+	0,018	0,007	***
MK	+	0,035	0,000	***
AD	+	–0,002	0,570	n.s.
KR	+	0,005	0,284	n.s.
RS	–	–0,043	0,000	***
LNBS	–	–0,131	0,000	***
GKR	–	–0,286	0,000	***
LEV	+	0,087	0,000	***
VER	+/–	–0,004	0,501	n.s.
WA	+	0,134	0,000	***
PW	+	0,008	0,027	**
BV	–	–0,015	0,004	***
WLI	+/–	0,013	0,082	*
SPEZ	+/–	0,025	0,000	***
WLI×SPEZ	**–**	**–0,033**	**0,000**	***
Konstante		0,144	0,000	***
n		88.511		
Korrigiertes R^2		18,25		
F-Statistik		145,85	0,000	***

Tabelle 31: Ergebnisse der gewichteten multivariaten Regression – bezogen auf die Spezialisierung einer Prüfungsgesellschaft

Wie ersichtlich ist, werden auch bei einer Gewichtung der Beobachtungen die Hypothesen bestätigt. Beide Interaktionsvariablen sind signifikant und negativ. Die Koeffizienten und Signifikanzen der Kontrollvariablen haben sich kaum geändert. Das R^2 ist auf 18,14 bzw. 18,25 gestiegen.

6.4.3.4.2 Paneldatenanalyse

Paneldaten liegen vor, wenn es für einzelne Elemente einer Stichprobe mehrere Beobachtungen zu verschiedenen Zeitpunkten gibt.[530] Dies kann dazu führen, dass die Beobachtungen nicht unabhängig voneinander sind, sondern miteinander korrelieren. Ursache hierfür können unternehmensspezifische Faktoren sein, die nicht in die Untersuchung aufgenommen werden können.[531] Diese Verzerrungen können durch eine

[530] Vgl. Stock/Watson (2007): 350; Henze (2004): 68.

[531] Dies könnte beispielsweise die persönliche Einstellung des Managements zu Bilanzpolitik sein.

Paneldatenanalyse ausgeschaltet werden. Dabei wird das Residuum in der Regressionsgleichung um eine unternehmensspezifische Komponente ergänzt.[532]

Die unternehmensspezifischen Komponenten können dabei entweder als feste Effekte (Fixed Effects) oder als zufällige Effekte (Random Effects) berücksichtigt werden.[533] Die Wahl hängt davon ab, ob die unternehmensspezifische Komponente mit den anderen exogenen Variablen korreliert ist. Falls dies der Fall ist, sollten feste Effekte gewählt werden.[534] *Wooldridge* (2002) ist der Meinung, dass bei einem mikroökonomischen Panel eine Korrelation unwahrscheinlich ist, sodass auch zufällige Effekte gewählt werden dürfen.[535] Eine Konsequenz aus der Wahl fixer Effekte ist die Eliminierung von exogenen Variablen, die sich im Zeitablauf nicht verändern.[536] Da aber der Interaktionsterm bei vielen Unternehmen im Zeitablauf hier konstant ist,[537] kommen fixe Effekte in dieser Untersuchung nicht in Frage. Die Analyse wird demnach mit variablen Effekten durchgeführt. Im Vergleich zum Ursprungsmodell ändern sich die Modellgleichungen nicht. Die Ergebnisse sind in den folgenden Tabellen dargestellt.[538]

Die Ergebnisse der Paneldatenanalyse unterscheiden sich von denen der Regression nur marginal und bestätigen beide Hypothesen. Im Vergleich zu den Ursprungsmodellen sind weniger Kontrollvariablen signifikant. Das korrigierte R^2 liegt bei 17,22 und 17,24 auf einem Niveau mit den Ursprungsmodellen.

---

[532] Vgl. Stock/Watson (2007): 353-356; Woolridge (2002): 251 f.; Arminger/Müller (1990): 4 f.

[533] Vgl. Woolridge (2002): 251 f.

[534] Vgl. Allison (2005): 29.

[535] Vgl. Woolridge (2002): 251 f.

[536] Vgl. Kohler/Kreutzer (2008): 253.

[537] Eine Änderung ergibt sich lediglich, wenn der Prüfer wechselt und die neue Prüfungsgesellschaft nicht dieselbe Größe wie die vorherige hat.

[538] Die Prämissen, die bei einer Paneldatenanalyse erfüllt sein müssen, sind dieselben wie bei der multivariaten Regression. Vgl. Stock/Waston (2007): 364-366. Da die Bedingungen dort erfüllt sind, wird dies auch hier angenommen. Es werden auch weiterhin robuste Schätzer verwendet.

	Erwartetes Vorzeichen	ß-Koeffizient	p-Wert (zweiseitig)	Signifikanz
BSP	+	0,019	0,035	**
MK	+	0,045	0,000	***
AD	+	–0,006	0,123	n.s.
KR	+	0,011	0,049	**
RS	–	–0,047	0,000	***
LNBS	–	–0,113	0,000	***
GKR	–	–0,301	0,000	***
LEV	+	0,056	0,000	***
VER	+/–	–0,005	0,337	n.s.
WA	+	0,102	0,000	***
PW	+	0,004	0,238	n.s.
BV	–	–0,010	0,020	**
WLI	+/–	0,002	0,112	n.s.
BIG4	+/–	0,009	0,326	n.s.
WLI×BIG4	**–**	**–0,041**	**0,001**	*******
Konstante		0,016	0,000	***
n		85.363		
Korrigiertes R^2		17,22		
Wald Chi^2		3.805,90	0,000	***

Tabelle 32: Ergebnisse der Paneldatenanalyse – bezogen auf die Größe einer Prüfungsgesellschaft

	Erwartetes Vorzeichen	ß-Koeffizient	p-Wert (zweiseitig)	Signifikanz
BSP	+	0,022	0,015	**
MK	+	0,045	0,000	***
AD	+	–0,006	0,114	n.s.
KR	+	0,009	0,087	*
RS	–	–0,037	0,000	***
LNBS	–	–0,107	0,000	***
GKR	–	–0,278	0,000	***
LEV	+	0,071	0,000	***
VER	+/–	–0,005	0,363	n.s.
WA	+	0,114	0,000	***
PW	+	0,006	0,092	*
BV	–	–0,010	0,021	*
WLI	+/–	0,007	0,440	n.s.
SPEZ	+/–	0,025	0,001	***
WLI×SPEZ	**–**	**–0,040**	**0,000**	*******
Konstante		0,017	0,000	***
n		85.363		
Korrigiertes R^2		17,24		
Wald Chi^2		3.832,88	0,000	***

Tabelle 33: Ergebnisse der Paneldatenanalyse – bezogen auf die Spezialisierung einer Prüfungsgesellschaft

6.4.3.5 Berücksichtigung einer Mindestanzahl an Unternehmen pro Branche

Wie in Abschnitt 6.2.2.1 erläutert wurde, hängt die Bestimmung der Bilanzpolitik von der Anzahl der Unternehmen pro Branche ab. Je mehr Unternehmen in einer Branche vertreten sind, umso mehr Datensätze enthält die Regression zur Bestimmung der Parameter, die zur Berechnung der nichtdiskretionären Periodenabgrenzungen genutzt werden. Falls die Anzahl der Datensätze zu gering ist, werden die Parameter möglicherweise verzerrt geschätzt. Daher wird eine Analyse vorgenommen, die eine Mindestanzahl von 30 Unternehmen pro Jahr und Branche fordert. Der Modellaufbau verändert sich im Vergleich zu den Ursprungsmodellen nicht. Die Ergebnisse sind in den folgenden Tabellen dargestellt.[539]

	Erwartetes Vorzeichen	ß-Koeffizient	p-Wert (zweiseitig)	Signifikanz
BSP	+	0,012	0,197	n.s.
MK	+	0,046	0,000	***
AD	+	0,011	0,039	**
KR	+	–0,001	0,876	n.s.
RS	–	–0,066	0,000	***
LNBS	–	–0,120	0,000	***
GKR	–	–0,268	0,000	***
LEV	+	0,087	0,000	***
VER	+/–	–0,001	0,858	n.s.
WA	+	0,120	0,000	***
PW	+	0,005	0,226	n.s.
BV	–	–0,010	0,055	*
WLI	+/–	0,019	0,170	n.s.
BIG4	+/–	–0,008	0,414	n.s.
WLI×BIG4	**–**	**–0,041**	**0,000**	***
Konstante		0,168	0,000	***
n		58.038		
Korrigiertes R^2		16,64		
F-Statistik		123,52	0,000	***

Tabelle 34: Ergebnisse der multivariaten Analyse mit Mindestanzahl an Unternehmen pro Branche – bezogen auf die Größe einer Prüfungsgesellschaft

[539] Bei beiden Modellen wurden die Prämissen für eine multivariate Regression überprüft. Die Ergebnisse des Reset-Tests lauten 0,512 und 0,993 und sind somit über dem Schwellenwert von 5 %. Der Durbin-Watson-Test ergibt 1,818 und 1,817. Somit ist bei beiden Modellen nicht von Autokorrelation auszugehen. Der White-Test ist signifikant, sodass auch hier robuste Schätzer verwendet werden. Die Korrelationskoeffizienten, VIFs und das Histogramm bestätigen die weiteren Annahmen, werden hier aber der Übersicht halber nicht angegeben.

	Erwartetes Vorzeichen	ß-Koeffizient	p-Wert (zweiseitig)	Signifikanz
BSP	+	0,012	0,183	n.s.
MK	+	0,044	0,000	***
AD	+	0,011	0,055	*
KR	+	0,012	0,041	**
RS	–	–0,067	0,000	***
LNBS	–	–0,136	0,000	***
GKR	–	–0,268	0,000	***
LEV	+	0,088	0,000	***
VER	+/–	–0,001	0,924	n.s.
WA	+	0,120	0,000	***
PW	+	0,010	0,024	**
BV	–	–0,010	0,042	**
WLI	+/–	0,005	0,629	n.s.
SPEZ	+/–	0,012	0,132	n.s.
WLI×SPEZ	**–**	**–0,030**	**0,000**	***
Konstante		0,173	0,000	***
n		58.038		
Korrigiertes R^2		16,57		
F-Statistik		124,00	0,000	***

Tabelle 35: Ergebnisse der multivariaten Analyse mit Mindestanzahl an Unternehmen pro Branche – bezogen auf die Spezialisierung einer Prüfungsgesellschaft

Eine Mindestanzahl an Unternehmen pro Branche hat, wie die Ergebnisse zeigen, keinen nennenswerten Einfluss auf die Ergebnisse. Die Koeffizienten und Signifikanzen der exogenen Variablen ändern sich nur marginal. Die Hypothesen werden erneut bestätigt. Das R^2 sinkt auf 16,64 bzw. 16,57.

6.5 Zusammenfassung

Ziel dieses Kapitels war es zu eruieren, ob die Ausgestaltung von Haftungsregelungen einen Einfluss auf den Qualitätsunterschied zwischen großen und kleinen bzw. spezialisierten und nichtspezialisierten Prüfungsgesellschaften hat. Hierzu wurde zunächst der Datensatz beschrieben, der 214.270 Beobachtungen aus 34 Ländern für den Zeitraum von 1999 bis 2008 umfasst. Im Anschluss wurde dargestellt, welche Variablen im Modell verwendet werden sollen und wie diese im vorliegenden Datensatz ausgeprägt sind. Hierbei wurde unter anderem eine Interaktionsvariable generiert, die den Einfluss der Haftung auf den Unterschied in der Prüfungsqualität zwischen großen und kleinen bzw. spezialisierten und nichtspezialisierten Prüfungsgesellschaften abbildet. In Abschnitt 6.3 wurden dann zwei Hypothesen aufgestellt, die in der folgenden multivariaten Analyse überprüft werden sollten. Zuvor wurde eine univariate Analyse durchgeführt, um die Variablen für das multivariate Modell auszuwählen, bei denen ein signifikanter Einfluss auf die Bilanzpolitik festgestellt wurde.

Die Ergebnisse der Regression bestätigten die beiden Hypothesen. Auch der vermutete Zusammenhang zwischen den Kontrollvariablen und der Bilanzpolitik von Unternehmen konnte in den meisten Fällen nachgewiesen werden. Schließlich wurden Sensitivitätstests durchgeführt, um die Ergebnisse zu verifizieren. In allen Fällen wurden die Hypothesen bestätigt. Somit zeigen die Ergebnisse, dass strengere Haftungsregelungen zu größeren Differenzen in der Qualität von Abschlussprüfungen zwischen großen und kleinen bzw. spezialisierten und nichtspezialisierten Prüfungsgesellschaften führen.

7 Schlussbetrachtungen

In der vorliegenden Arbeit wurde untersucht, ob Größe und Spezialisierung einer Prüfungsgesellschaft einen Einfluss auf die Qualität einer Abschlussprüfung haben und ob ein möglicher Qualitätsunterschied von der Ausgestaltung der Haftungsregelungen abhängt.

Um Prüfungsqualität messen zu können, wurde diese im zweiten Kapitel definiert. Dazu wurde die Funktion der Abschlussprüfung erläutert, die darin besteht, sicherzustellen, dass im dem veröffentlichten Jahresabschluss keine wesentlichen Fehler enthalten sind. Da es bisher an einer gültigen Definition von Prüfungsqualität fehlt, wurden zunächst die Begriffe „Qualität" und „Dienstleistungsqualität" näher beschrieben. Hierbei wurde festgestellt, dass Dienstleistungsqualität – und somit als eine Form davon auch Prüfungsqualität – immer sowohl einen Bezug zur objektiven Beschaffenheit der Dienstleistung als auch zu den subjektiven Erwartungen der Nachfrager an die Dienstleistung hat. Die bisherigen Definitionsversuche in der Literatur wurden entweder aus der Kunden- oder aus der Produktperspektive vorgenommen. Aus diesem Grund wurde hier ein eigenes Qualitätsverständnis geschaffen, das beide Gesichtspunkte vereint.

Da Prüfungsqualität für Außenstehende nicht direkt beobachtbar ist, müssen zu ihrer Messung Surrogate herangezogen werden. Die in der Forschung verwendeten Verfahren zur Qualitätsmessung wurden in Kapitel drei analysiert und deren einzelne Vor- und Nachteile vorgestellt. Ein besonderes Augenmerk wurde auf die Qualitätsmessung anhand des Ausmaßes der Bilanzpolitik in einem Jahresabschluss gelegt. Es wurde dargestellt, dass Bilanzpolitik die Finanz-, Vermögens- und Ertragslage eines Unternehmens verzerren kann und die Informationen im Jahresabschluss den Adressaten somit nicht immer ein objektives Bild ermöglichen. Zur Messung der Bilanzpolitik wurden in den vergangenen Jahrzenten mehrere Verfahren entwickelt. Am häufigsten wurden Modelle genutzt, die die Periodenabgrenzungen in einem Jahresabschluss in solche aufteilen, die entweder aus normaler Geschäftstätigkeit oder aus Bilanzpolitik entstehen. Insbesondere das Jones-Modell und die Erweiterungen dieses Modells dienten sehr häufig zur Qualitätsmessung.

Im vierten Kapitel wurden die Determinanten von Prüfungsgesellschaften dargestellt, von denen ein Einfluss auf die Prüfungsqualität vermutet wird: Die Größe und die Spezialisierung einer Prüfungsgesellschaft. Für beide wurde modelltheoretisch gezeigt, dass sie sich positiv auf die Prüfungsqualität auswirken. Empirische Studien konnten den Qualitätsunterschied zwischen großen und kleinen bzw. spezialisierten und nichtspezialisierten Prüfungsgesellschaften mehrfach bestätigen – insbesondere im angloamerikanischen Raum. In Untersuchungen, die in anderen Ländern durchgeführt wurden, ist nur selten ein Unterschied festgestellt worden. Daher ist zu vermuten, dass länderspezifische Faktoren ebenfalls eine Rolle spielen.

Als ein entscheidender Faktor für die Prüfungsqualität wurden in Kapitel fünf die Haftungsregelungen angeführt. Durch einen Vergleich der deutschen mit den US-amerikanischen Haftungsregelungen wurde gezeigt, dass große nationale Differenzen bestehen. Dies bestätigte auch eine empirische Betrachtung der Haftungsfälle in Deutschland und in den USA. Dort kam es in den letzten Jahrzehnten zu fünfzig Mal mehr Haftungsfällen als in Deutschland. Schließlich wurde in einem spieltheoretischen Modell gezeigt, dass der Einfluss der Haftungsregelungen auf die Prüfungsqualität unter anderem wesentlich von der Reputation einer Prüfungsgesellschaft abhängt. Die Motivation zur Erbringung hoher Prüfungsqualität steigt, je größer das Risiko ist, verklagt zu werden, und je höher die Reputation des Abschlussprüfers ist. Somit ist zu vermuten, dass bei strengeren Haftungsregelungen der Qualitätsunterschied zwischen großen und kleinen bzw. spezialisierten und nichtspezialisierten Prüfungsgesellschaften größer ausfällt. Zum Einfluss von Haftungsregelungen auf die Prüfungsqualität sind bisher nur wenige Untersuchungen durchgeführt worden. Studien in den USA und in China zeigten einheitlich, dass ein höheres Haftungsrisiko zu einer besseren Prüfungsqualität führt. Dagegen wiesen Studien, in denen ein Ländervergleich vorgenommen wurde, gemischte Ergebnisse auf.

Der Zusammenhang zwischen den Haftungsregelungen und der Prüfungsqualität wurde im sechsten Kapitel empirisch untersucht. Anhand eines Datensatzes mit 214.270 Unternehmensbetrachtungen aus 34 Ländern für den Zeitraum von 1999 bis 2008 konnte in einer multivariaten Regressionsanalyse bestätigt werden, dass der Qualitätsunterschied zwischen großen und kleinen bzw. spezialisierten und nichtspezialisierten Prüfungsgesellschaften von den bestehenden Haftungsregelungen abhängt. Der Zusammenhang konnte in mehreren Sensitivitätstests belegt werden. In der vorliegenden Arbeit konnte demnach der Einfluss von Haftungsregelungen auf den Qualitätsunterschied von Abschlussprüfungen zwischen großen und kleinen bzw. spezialisierten und nichtspezialisierten Prüfungsgesellschaften nachgewiesen werden.

Trotz zahlreicher Sensitivitätstests bleiben Einschränkungen in den Ergebnissen bestehen. So wurden die Länder statisch nach ihren Haftungsregelungen eingestuft. Zwar sind die Einstufungen zu zwei verschiedenen Zeitpunkten vorgenommen worden, Risikoänderungen in den Ländern können aber nicht ausgeschlossen werden. Außerdem haften der Prüfungsqualitätsmessung anhand der Höhe der Bilanzpolitik Probleme an – wie in Abschnitt 3.3.5.4.5 dargestellt –, die zu Verzerrungen in den Ergebnissen geführt haben könnten. Weiterhin ist es möglich, dass neben den in die multivariate Analyse implementierten Variablen weitere Faktoren existieren, die die Prüfungsqualität beeinflussen, aber nicht in die Untersuchung mit aufgenommen wurden (beispielsweise die Ausbildung von Abschlussprüfern oder die Ausgestaltung einer externen Qualitätskontrolle). Schließlich kann, auch wenn gezeigt wurde, dass ein Zusammenhang zwischen den Haftungsregelungen und der Prüfungsqualität besteht, an dieser Stelle nicht die Frage nach einer optimalen Ausgestaltung eines Haftungssystems beantwortet werden. Hierfür müsste zunächst bestimmt werden, welcher Wert der Abschlussprüfung volkswirtschaftlich beigemessen wird. Grundsätzlich könnte eine höhere Prüfungsqualität als positiv angesehen werden. Tatsächlich führt eine Intensivierung der Prüfung aber zu höheren Kosten für die Unternehmen und belastet somit die Volkswirtschaft. Falls diese den Nutzen einer stärkeren Validierung der Jahresabschlussangaben überstiegen, wäre dies nicht wünschenswert.

In Hinsicht auf die aktuellen Initiativen der Europäischen Kommission kann aber gesagt werden, dass Maßnahmen zur Entkonsolidierung des Prüfungsmarkts in Bezug auf die Prüfungsqualität kritisch zu sehen sind. Zwar konnten die Aussagen der modelltheoretischen Ansätze, dass große und spezialisierte Prüfungsgesellschaften per se eine bessere Prüfungsqualität leisten, nicht durch die empirischen Ergebnisse bestätigt werden, aber für Länder mit einem hohen Haftungsrisiko, was Prüfungsgesellschaften angeht, scheint dies zuzutreffen. Dies sollten die Normensetzer bei der Festlegung der Haftungsbestimmungen für Abschlussprüfer beachten. Eine Verschärfung der Haftungsbestimmungen wirkt sich nicht nur auf die Marktkonzentration, sondern ebenfalls auf die Prüfungsqualität aus.

Anhang

Anhang A: Empirische Studien zum tatsächlichen Qualitätsunterschied zwischen großen und kleinen Prüfungsgesellschaften

Autor	Simunic, D.	
Titel der Studie	The Pricing of Audit Services: Theory and Evidence	
Erscheinungsjahr	1980	
Datenmaterial	Zeitraum	1977
	Land	USA
	Stichprobe	397 Datensätze
Untersuchungsgegenstand	Simunic untersuchte den Zusammenhang zwischen der Größe einer Prüfungsgesellschaft und der Höhe der Prüfungshonorare. Da die Honorare in den USA 1977 nicht veröffentlicht werden mussten, befragte er 1.207 Unternehmen, von denen 397 (33 %) brauchbare Antworten zurücksendeten. In der Arbeit wurde unterstellt, dass sich die Prüfungshonorare als Produkt aus Preis pro Stunde und den geleisteten Prüfungsstunden ergibt. Unterschiede in der Höhe der Prüfungshonorare können daher nur durch die geleisteten Arbeitsstunden oder durch den Stundensatz begründet sein. Um mögliche Faktoren auszuschließen, die ebenfalls Einfluss auf das Prüferhonorar haben könnten (z.B. die Größe des Unternehmens oder Komplexität der Prüfung), bezog Simunic diese Faktoren mit in die Regression ein.[540]	
Unterscheidung der Prüfungsgesellschaften	Big 8 vs. Nicht-Big 8	
Methode zur Qualitätsmessung	Höhe der Prüfungshonorare	
Statistisches Verfahren	Multivariate Regression	
Ergebnis der Untersuchung	Entgegen der Hypothese, dass ein Unterschied in der Höhe der Honorare besteht, konnte Simunic keinen Unterschied zwischen Big 8 und Nicht-Big 8 Prüfungsgesellschaften[541] feststellen. Dies führte er aller-	

[540] Siehe auch Abschnitt 3.3.4.

[541] Mit Ausnahme von Price Waterhouse & Co., die signifikant höhere Prüfungsgebühren verlangten.

	dings nicht auf einen mangelnden Qualitätsunterschied, sondern auf Economies of Scale zurück, die an die Mandanten der Big 8 weitergeben werden.

Autor	Francis, J. R.	
Titel der Studie	The Effect of Audit Firm Size on Audit Prices – A Study of the Australian Market	
Erscheinungsjahr	1984	
Datenmaterial	Zeitraum	1974-1978
	Land	Australien
	Stichprobe	150 Datensätze[542]
Untersuchungsgegenstand	Francis setzte auf der Studie von Simunic auf und untersuchte, ob in Australien (wo die Prüfungshonorare von den Unternehmen veröffentlicht werden müssen) ein Unterschied in der Höhe der Honorare zwischen Big 8 und Nicht-Big 8 Prüfungsgesellschaften existiert. Hierzu entwarf er drei Szenarien: 1. Es existiert kein Unterschied, was weder auf einen Qualitätsunterschied noch auf Economies of Scale schließen lässt. 2. Es existieren höhere Honorare bei den Big 8, was auf eine bessere Qualität schließen lässt. 3. Die Nicht-Big 8 erzielen höhere Honorare, was auf die Existenz von Econmoies of Scale bei den Big 8 schließen lässt.	
Unterscheidung der Prüfungsgesellschaften	Big 8 vs. Nicht-Big 8	
Methode zur Qualitätsmessung	Höhe der Prüfungshonorare	
Statistisches Verfahren	Multivariate Regression	
Ergebnis der Untersuchung	Resultat der Studie ist ein signifikanter Unterschied zwischen den Prüfungshonoraren großer und kleiner Prüfungsgesellschaften. Francis führte dies auf einen Qualitätsunterschied zwischen den Größenklassen zurück.	

542 71 der Unternehmen ließen sich von einer der Big 8 und 79 von kleineren Prüfungsgesellschaften prüfen.

Autor	Palmrose, Z.-V.	
Titel der Studie	Audit Fees and Auditor Size: Further Evidence	
Erscheinungsjahr	1986	
Datenmaterial	Zeitraum	1974-1978
	Land	USA
	Stichprobe	361 Fragebögen
Untersuchungsgegenstand	Die Studie von Palmrose gleicht der von Francis in hohem Maße. Palmrose untersuchte nur zusätzlich, ob eine Branchenspezialisierung Einfluss auf die Prüfungshonorare hat.	
Unterscheidung der Prüfungsgesellschaften	Big 8 vs. Nicht-Big 8 Marktanteilsmethode (Top 1, 2 oder 3, je nach Abstand zum Rest der Prüfungsgesellschaften)	
Methode zur Qualitätsmessung	Höhe der Prüfungshonorare	
Statistisches Verfahren	Multivariate Regression	
Ergebnis der Untersuchung	Das Resultat der Studie stimmt mit dem von Francis überein. Palmrose stellte einen signifikanten Unterschied zwischen den Prüfungshonoraren großer und kleiner Prüfungsgesellschaften fest. Dies steht im Widerspruch zu den Ergebnissen von Simunic. In Bezug auf Spezialisten stellte Palmrose keinen Unterschied zwischen den Honoraren fest. Hierbei ist aber zu kritisieren, dass aufgrund der geringen Rücklaufquote des Fragebogens (30 %) die Spezialisten evtl. auch nicht genau bestimmt werden konnten.	

Autoren	Francis, J. R. und Simon, D. T.	
Titel der Studie	A Test of Audit Pricing in the Small-Client Segment of the U.S. Audit Market	
Erscheinungsjahr	1987	
Datenmaterial	Zeitraum	1984
	Land	USA
	Stichprobe	210 Datensätze
Untersuchungsgegenstand	Ziel der Studie war der Nachweis eines Unterschieds in der Höhe der Honorare bei der Prüfung von kleinen Unternehmen. Die Autoren wollten herausfinden, ob die berichteten Ergebnisse von Simunic oder Palmrose mit der Realität übereinstimmen.	

Unterscheidung der Prüfungsgesellschaften	Big 8 vs. Nicht-Big 8
Methode zur Qualitätsmessung	Höhe der Prüfungshonorare
Statistisches Verfahren	Multivariate Regression
Ergebnis der Untersuchung	Die Autoren stellten einen signifikanten Unterschied in der Höhe der Honorare zwischen Big 8 und Nicht-Big 8 Prüfungsgesellschaften bei der Prüfung kleiner Unternehmen fest und bestätigten somit Palmroses Ergebnisse. Als Erklärung gaben sie an, dass aufgrund einiger großer Mandanten in der Stichprobe von Simunic dessen Ergebnis verzerrt worden wäre.

Autor	Palmrose, Z.-V.	
Titel der Studie	An Analysis of Auditor Litigation and Audit Service Quality	
Erscheinungsjahr	1988	
Datenmaterial	Zeitraum	1960-1985
	Land	USA
	Stichprobe	472 Datensätze[543]
Untersuchungsgegenstand	Palmrose war in ihrer Studie die erste, die eine Verbindung zwischen der Qualität von Abschlussprüfungen und Haftungsfällen von Prüfungsgesellschaften herstellte. Sie ging dabei von der Annahme aus, dass eine höhere Anzahl an Rechtstreitigkeiten auf eine niedrige Qualität schließen lässt.[544]	
Unterscheidung der Prüfungsgesellschaften	Big 8 vs. Nicht-Big 8	
Methode zur Qualitätsmessung	Haftungsfälle	
Statistisches Verfahren	Chi-Quadrat Test	

[543] Für einen Teil der Analysen wurde allerdings nur eine verkleinerte Stichprobe von 183 Datensätzen von Unternehmen genutzt, bei denen der Rechtsstreit mittlerweile beendet war.

[544] Für eine ausführliche Darstellung sei auf Abschnitt 3.3.1 verwiesen.

Ergebnis der Untersuchung	Die Ergebnisse der empirischen Analyse zeigen eine größere Anzahl an Rechtsstreitigkeiten bei Nicht-Big 8 Prüfungsgesellschaften. Dies setzte Palmrose mit einer geringeren Prüfungsqualität von kleineren Prüfungsgesellschaften gleich.[545]

Autoren	Simon, D. T. und Francis, J. R.	
Titel der Studie	The Effects of Auditor Change on Audit Fees: Tests of Price Cutting and Price Recovery	
Erscheinungsjahr	1988	
Datenmaterial	Zeitraum	1979-1984
	Land	USA
	Stichprobe	440 Datensätze[546]
Untersuchungsgegenstand	Ziel der Studie war die Überprüfung der Frage, ob ein Low Balling-Effekt bei einem Prüferwechsel existiert. Außerdem untersuchten die Autoren, ob die Prüfungshonorare bei Big 8 und Nicht-Big 8 Prüfungsgesellschaften eine unterschiedliche Höhe aufweisen.	
Unterscheidung der Prüfungsgesellschaften	Big 8 vs. Nicht-Big 8	
Methode zur Qualitätsmessung	Höhe der Prüfungshonorare	
Statistisches Verfahren	Multivariate Regression	
Ergebnis der Untersuchung	Die Autoren ermittelten eine Reduzierung der Prüfungskosten bei einer Erstprüfung um durchschnittlich 24 %. Außerdem stellten sie fest, dass die Prüfungshonorare bei großen Prüfungsgesellschaften um 16 % über denen von kleinen Prüfungsgesellschaften liegen.	

[545] Marten merkte an, dass die geringe Anzahl an untersuchten Rechtsstreitigkeiten Zweifel an der externen Validität auslösen könnte. Vgl. Marten (1999): 66. Bei einem Vergleich zu den bisherigen Untersuchungen liegt die Studie bei der Stichprobengröße aber eher im Mittelfeld. Außerdem kritisierte Marten, dass Palmrose keine Veränderungen im rechtlichen und sozioökonomischen Umfeld berücksichtigte. Allerdings dürften diese sich sowohl auf kleine als auch auf große Prüfungsgesellschaften auswirken, sodass hierdurch keine starken Verzerrungen zu erwarten sind.

[546] Davon hatten 214 Unternehmen einen Prüferwechsel; 226 Unternehmen in einer Kontrollgruppe waren ohne Prüferwechsel.

Autor	Stice, J. D.	
Titel der Studie	Using Financial and Market Information to Identify Pre-Engagement Factors Associated with Lawsuits Against Auditors	
Erscheinungsjahr	1991	
Datenmaterial	Zeitraum	1960-1985
	Land	USA
	Stichprobe	49 Datensätze[547]
Untersuchungsgegenstand	In der Studie sollte ermittelt werden, welche Charakteristika von Mandanten und Prüfungsgesellschaften zu einer Klage gegen Abschlussprüfer führen. Dabei wurde unter anderem auch der Unterschied zwischen Big 8 und Nicht-Big 8 Prüfungsgesellschaften gemessen.	
Unterscheidung der Prüfungsgesellschaften	Big 8 vs. Nicht-Big 8	
Methode zur Qualitätsmessung	Haftungsfälle	
Statistisches Verfahren	Multivariate Regression (Matched Pair Design)	
Ergebnis der Untersuchung	Stice konnte in der Arbeit keinen signifikanten Einfluss der Größe einer Prüfungsgesellschaft auf die Wahrscheinlichkeit eines Haftungsfalles messen. Verschiedene Eigenschaften des Mandanten scheinen aber Einfluss zu haben. Auf das Studienergebnis zur Größe einer Prüfungsgesellschaft wirkte sich jedoch einschränkend aus, dass nur elf der Haftungsfälle bei Nicht-Big 8 Prüfungsgesellschaften auftraten. Ob sich aus dieser niedrigen Anzahl valide Ergebnisse ableiten lassen, ist zweifelhaft.	

Autor	Firth, M. und Smith, A.	
Titel der Studie	Selection of auditor firms by companies in the new issue market	
Erscheinungsjahr	1992	
Datenmaterial	Zeitraum	1983-1986
	Land	Neuseeland
	Stichprobe	103 Datensätze
Untersuchungsgegenstand	Die Autoren wollten in ihrer Studie ergründen, ob es eine Produktdifferenzierung im Prüfungsmarkt in Neuseeland gibt. Hierzu untersuchten sie, ob die Wahl des Prüfers mit den Agency-Kosten des Mandanten zu-	

547 Ursprünglich wurden 164 Klagen gegen Abschlussprüfer ermittelt. Aufgrund von fehlenden Daten und der Eliminierung einzelner Branchen reduzierte sich die Zahl der Datensätze aber erheblich.

	sammenhängt, einen Effekt auf das Underpricing bei einer IPO hat und ob die Größe der Prüfungsgesellschaft Auswirkungen auf die Genauigkeit von Gewinnprognosen hat.
Unterscheidung der Prüfungsgesellschaften	Big 8 vs. Nicht-Big 8
Methode zur Qualitätsmessung	Agency Conflicts IPO Underpricing Earnings Forecasts
Statistisches Verfahren	Multivariate Regression
Ergebnis der Untersuchung	Die Autoren konnten einen positiven Zusammenhang zwischen den Agency-Kosten und der Prüferwahl feststellen. Die Größe des Prüfers hatte aber keinen Einfluss auf die Höhe des Underpricings und die Genauigkeit der Gewinnprognosen.

Autoren	Davidson, R. A. und Neu, D.	
Titel der Studie	A Note on the Association between Audit Firm Size and Audit Quality	
Erscheinungsjahr	1993	
Datenmaterial	Zeitraum	1983-1987
	Land	Kanada
	Stichprobe	112 Datensätze[548]
Untersuchungsgegenstand	Ziel der Studie war die Überprüfung der Annahme, dass große Prüfungsgesellschaften eine bessere Prüfungsqualität liefern als kleine. Hierzu unterstellten die Autoren, dass eine hochwertige Prüfung bei einem Unternehmen zu großen Abweichungen zwischen den Gewinnprognosen des Managements und dem tatsächlichen Gewinn führen müsste. Das Management hat demzufolge Anreize, das Ergebnis im Jahresabschluss so zu steuern, dass die Prognosen eingehalten werden. Einen guten Prüfer zeichnet aus, dass er die Einflussnahme auf das Ergebnis verhindert.[549]	

[548] 40 Wechsel fanden von einer kleinen zu einer großen Prüfungsgesellschaft statt, 15 von einer großen zu einer kleinen Prüfungsgesellschaft und 67 Wechsel waren ohne Größenänderung.

[549] Siehe hierzu auch Abschnitt 3.3.5.4.2.

Unterscheidung der Prüfungsgesellschaften	Big 8 vs. Nicht-Big 8[550]
Methode zur Qualitätsmessung	Bilanzpolitik: Earnings Forecasts
Statistisches Verfahren	Multivariate Regression
Ergebnis der Untersuchung	Die Ergebnisse der Regression konnten die Annahme bestätigen, dass die Wahl großer Prüfungsgesellschaften für Unternehmen zu höheren Abweichungen zwischen prognostiziertem und realisiertem Gewinn führen. Somit scheint bei den Big 8 die Prüfungsqualität besser zu sein als bei kleinen Prüfungsgesellschaften.

Autoren	Jäckel, A. und Leker, J.	
Titel der Studie	Abschlußprüfer und Konzernpublizität	
Erscheinungsjahr	1995	
Datenmaterial	Zeitraum	1991
	Land	Deutschland
	Stichprobe	102 Datensätze
Untersuchungsgegenstand	Jäckel/Leker untersuchten in ihrer Studie, ob die Größe einer Prüfungsgesellschaft Einfluss auf die Publizitätsqualität von Konzernabschlüssen in Deutschland hat. Hierzu benutzten sie ein von Bötzel entwickeltes Scoring-Modell zur Analyse der Berichterstattung im Anhang.	
Unterscheidung der Prüfungsgesellschaften	Big 2 vs. Middle 3 vs. Nicht-Big 5	
Methode zur Qualitätsmessung	Bilanzpolitik: Scoring-Modell	
Statistisches Verfahren	Mittelwertvergleich	

550 Zu dem Zeitpunkt der Studie waren die Big 8 in den USA und Kanada nicht deckungsgleich. Statt Arthur Andersen war in Kanada Doane Raymond (international unter dem Namen Grant Thornton bekannt) eine der Big 8 Prüfungsgesellschaften.

Ergebnis der Untersuchung	Beim Vergleich der Mittelwerte der Scoring-Ergebnisse ergaben sich umso bessere Ergebnisse, je größer die Prüfungsgesellschaft war. Bei der Analyse wurden allerdings keine anderen Einflussfaktoren wie beispielsweise die Größe des Mandanten betrachtet, sodass auch andere Wirkungszusammenhänge bestehen könnten.

Autoren	Becker, C. L. et al.	
Titel der Studie	The Effect of Audit Quality on Earnings Management	
Erscheinungsjahr	1998	
Datenmaterial	Zeitraum	1989-1992
	Land	USA
	Stichprobe	12.566 Datensätze[551]
Untersuchungsgegenstand	Becker et al. waren die ersten, die die diskretionären Periodenabgrenzungen als Maßstab für die Prüfungsqualität nutzen. Die Autoren verwendeten das ursprüngliche Jones-Modell (allerdings mit Parametern, die branchenspezifisch geschätzt werden) und betrachteten sowohl die positiven diskretionären Periodenabgrenzungen als auch deren absoluten Betrag. Negative Periodenabgrenzungen untersuchten sie nicht gesondert, da sie davon ausgingen, dass der Abschlussprüfer eine gute Qualität erbringt, um nicht verklagt zu werden, dies aber bei Gewinn mindernden Maßnahmen nur äußerst selten der Fall ist.	
Unterscheidung der Prüfungsgesellschaften	Big 6 vs. Nicht-Big 6	
Methode zur Qualitätsmessung	Bilanzpolitik Jones-Model (Branchenspezifisch)	
Statistisches Verfahren	Multivariate Regression	
Ergebnis der Untersuchung	Die Resultate der empirischen Untersuchung belegten die Hypothesen. Die diskretionären Periodenabgrenzungen waren bei Mandanten von Nicht-Big 6 Prüfungsgesellschaften signifikant höher. Obwohl die Autoren Kontrollvariablen in die Untersuchung miteinbezogen, schränkten sie das Ergebnis dahin gehend ein, dass die Gründe für die höheren diskretionären Periodenabgrenzungen auch bei den Mandanten liegen könnten.	

551 9.035 Unternehmen wurden von Big 6 und 1.846 Unternehmen von Nicht-Big 6 Prüfungsgesellschaften geprüft.

Autoren	Craswell, A. T. und Francis, J. R.	
Titel der Studie	The Effects of Auditor Change on Audit Fees: Tests of Price Cutting and Price Recovery	
Erscheinungsjahr	1999	
Datenmaterial	Zeitraum	1987
	Land	Australien
	Stichprobe	1.468 Datensätze[552]
Untersuchungsgegenstand	Craswell/Francis wollten in ihrer Studie ermitteln, ob die Honorargestaltung bei Erstprüfungen in Australien dem Modell von DeAngelo oder dem Modell von Dye entspricht.[553]	
Unterscheidung der Prüfungsgesellschaften	Big 8 vs. Nicht-Big 8	
Methode zur Qualitätsmessung	Höhe der Prüfungshonorare	
Statistisches Verfahren	Multivariate Regression	
Ergebnis der Untersuchung	Die Ergebnisse zeigen, dass sich ein Preisnachlass nur bei einem Wechsel von einer kleinen zu einer großen Prüfungsgesellschaft ergibt. Die Autoren begründeten dies damit, dass die Abschlussprüfung ein Erfahrungsgut ist und die Mandanten erst von der Qualität überzeugt werden müssen. Somit gingen sie nicht von einem Low Balling aus. Insgesamt stellten sie darüber hinaus signifikant höhere Prüfungshonorare für große Prüfungsgesellschaften fest.	

Autoren	Francis, J. R., Maydew, E. L. und Sparks, H. C.	
Titel der Studie	The Role of Big 6 Auditors in the Credible Reporting of Accruals	
Erscheinungsjahr	1999	
Datenmaterial	Zeitraum	1975-1994
	Land	USA
	Stichprobe	42.685-52.121 Datensätze

552 Von den 1.468 Datensätzen stammten 224 aus Prüferwechseln und 1.244 aus bestehenden Mandatsverhältnissen.

553 Das Modell von Dye prognostiziert, dass es zu keinem Low Balling kommt, wenn die Prüfungshonorare öffentlich publiziert werden müssen. DeAngelo geht dagegen (wie in Abschnitt 4.1.3.1 beschrieben) von einem Low Balling-Effekt bei Erstprüfungen aus. Vgl. Dye (1991): 362 f.

Untersuchungsgegenstand	Die Studie ähnelt derjenigen von Becker et al., erweiterte diese aber an mehreren Stellen. Wie in der Studie von Becker et al. untersuchten die Autoren, ob die diskretionären Periodenabgrenzungen bei Mandanten großer Prüfungsgesellschaften höher waren als bei solchen kleiner Prüfungsgesellschaften. Zusätzlich wurde überprüft, ob Mandanten von Big 6 Prüfungsgesellschaften per se weniger Periodenabgrenzungen ausweisen als Mandanten anderer Prüfungsgesellschaften. Zur Berechnung der Periodenabgrenzungen verwendeten die Autoren sowohl das Jones-Modell (Cross-Sectional) wie auch das Modified-Jones-Modell (Cross-Sectional). Bei der Differenzierung der Prüfungsgesellschaften nahmen die Autoren sowohl eine Differenzierung in Big 6/Nicht-Big 6 als auch eine Differenzierung in Big 6/Second-Tier-/Kleinere Prüfungsgesellschaften vor.
Unterscheidung der Prüfungsgesellschaften	Big 6 vs. Nicht-Big 6 Big 6 vs. Second-Tier- vs. Kleinere Prüfungsgesellschaften.
Methode zur Qualitätsmessung	Bilanzpolitik: Jones-Model (Branchenspezifisch) Modified-Jones-Model (Branchenspezifisch)
Statistisches Verfahren	Multivariate Regression
Ergebnis der Untersuchung	Die Autoren ermittelten, dass die Mandanten von großen Prüfungsgesellschaften signifikant höhere gesamte Periodenabgrenzungen aufweisen. Die diskretionären Periodenabgrenzungen waren bei diesen Mandaten aber niedriger. Daraus schlossen die Autoren, dass Unternehmen mit hohen Periodenabgrenzungen Anreize dazu haben, einen Prüfer mit guter Reputation zu beauftragen. Die niedrigeren diskretionären Periodenabgrenzungen wiederum sind ein Zeichen von besserer Prüfungsqualität der großen Prüfungsgesellschaften. Dies wurde bei beiden Modellen und Differenzierungsformen bestätigt.

Autor	Lennox, C.	
Titel der Studie	Are large Auditors more accurate than small auditors?	
Erscheinungsjahr	1999	
Datenmaterial	Zeitraum	1987-1994
	Land	Großbritannien
	Stichprobe	7.104 Datensätze

Untersuchungsgegenstand	Lennox untersuchte in seiner Studie, ob große Prüfungsgesellschaften in Großbritannien eine bessere Prüfungsqualität leisten als kleine Prüfungsgesellschaften. Hierzu maß er, ob große Prüfungsgesellschaften bei insolventen Unternehmen im Vorfeld prozentual häufiger das Testat aufgrund einer Going-Concern Opinion einschränkten.
Unterscheidung der Prüfungsgesellschaften	Big 4 vs. Nicht-Big 4
Methode zur Qualitätsmessung	Testatseinschränkungen (Going-Concern-Opinions)
Statistisches Verfahren	Logistische Regression
Ergebnis der Untersuchung	Die Ergebnisse bestätigten die Vermutung, dass große Prüfungsgesellschaften später insolventen Unternehmen zuvor eine Going-Concern Opinion erteilten. Somit schloss Lennox, dass die Prüfungsqualität großer Prüfungsgesellschaften besser als die kleiner Prüfungsgesellschaften ist.

Autoren	Krishnan, J. und Schauer, P. C.	
Titel der Studie	The Differentiation of Quality among Auditors: Evidence from the Not-for-Profit Sector	
Erscheinungsjahr	2000	
Datenmaterial	Zeitraum	1994-1995
	Land	USA
	Stichprobe	164 Datensätze[554]
Untersuchungsgegenstand	Krishnan/Schauer wollten in ihrer Studie den Nachweis erbringen, dass der Qualitätsunterschied zwischen großen und kleinen Prüfungsgesellschaften auch für den Not-for-Profit Sector gilt. Hierzu analysierten sie die Jahresabschlüsse der Unternehmen und erstellten ein Scoring, das anzeigen sollte, inwieweit die Abschlüsse den GAAP Reporting Requirements genügen.	
Unterscheidung der Prüfungsgesellschaften	Big 6 vs. Große Nicht-Big 6 vs. Kleine Nicht-Big 6 Anzahl der Mitarbeiter in der jeweiligen Niederlassung	

[554] Von den 164 Unternehmen wurden 35 durch eine der Big 6, 65 durch eine große Nicht-Big 6 und 64 durch eine kleine Nicht-Big 6 Prüfungsgesellschaft geprüft.

Methode zur Qualitätsmessung	Übereinstimmung mit GAAP Reporting Requirements
Statistisches Verfahren	Multivariate Regression
Ergebnis der Untersuchung	Sowohl die Ergebnisse der Regressionen mit der Größenunterscheidung in drei Gruppen als auch die Differenzierung nach Mitarbeiterzahl pro Niederlassung ergaben, dass die Unternehmen, die von einer möglichst großen Prüfungsgesellschaft geprüft wurden, das beste Scoring erhielten. Somit wiesen Krishnan/Schauer für den Not-for-Profit-Sector in den USA einen Qualitätsunterschied zwischen großen und kleinen Prüfungsgesellschaften nach.

Autoren	Ireland, J. C. und Lennoxx, C. S.	
Titel der Studie	The Large Audit Firm Fee Premium: A Case of Selectivity Bias?	
Erscheinungsjahr	2002	
Datenmaterial	Zeitraum	1997-1998
	Land	Großbritannien
	Stichprobe	1.326 Datensätze
Untersuchungsgegenstand	Ireland/Lennoxx erweiterten die Forschung bezüglich der Honorarhöhe von großen und kleinen Prüfungsgesellschaften, indem sie die Qualität der Jahresabschlüsse von Mandanten und den damit verbundenen Prüfungsaufwand berücksichtigten. Dabei gingen sie davon aus, dass Mandanten mit hoher Qualität geringere Prüfungskosten verursachen und diese Kostenvorteile vom Prüfer an den Mandanten in Form niedrigerer Prüfungshonorare weitergegeben werden.	
Unterscheidung der Prüfungsgesellschaften	Big 5 vs. Nicht-Big 5	
Methode zur Qualitätsmessung	Höhe der Prüfungshonorare	
Statistisches Verfahren	Multivariate Regression	
Ergebnis der Untersuchung	Die Ergebnisse zeigen, dass die Unterschiede zwischen großen und kleinen Prüfungsgesellschaften mehr als doppelt so hoch (53,4 % im Vergleich zu 19,4 %) ausfallen, wenn die Qualität der Jahresabschlüsse von Mandanten in die Untersuchung mit einbezogen wird. Große Prüfungsgesellschaften verlangen somit deutlich höhere Honorare und liefern demnach eine bessere Prüfungsqualität.	

Autoren	Bauwhede, H. V., Willekens, M. und Gaeremynck, A.	
Titel der Studie	Audit firm size, public ownership, and firms' discretionary accruals management	
Erscheinungsjahr	2003	
Datenmaterial	Zeitraum	1991-1997
	Land	Belgien
	Stichprobe	136 Datensätze
Untersuchungsgegenstand	Ziel der Studie war eine Analyse der Bilanzpolitik in Belgien. Die Autoren wollten herausfinden, ob Bilanzpolitik zur Gewinnglättung betrieben wird, ob die Größe der Prüfungsgesellschaft die Höhe der Bilanzpolitik beeinflusst und ob es einen Unterschied macht, ob Unternehmen börsennotiert sind oder nicht.	
Unterscheidung der Prüfungsgesellschaften	Big 6 vs. Nicht-Big 6	
Methode zur Qualitätsmessung	Bilanzpolitik: Random-Walk-Model	
Statistisches Verfahren	Multivariate Regression	
Ergebnis der Untersuchung	Die Autoren stellten fest, dass in Belgien Bilanzpolitik zur Gewinnglättung betrieben wird. Die Größe der Prüfungsgesellschaft hatte dabei nur Einfluss auf die Höhe der Bilanzpolitik, wenn es sich um ergebnismindernde Bilanzpolitik handelte. Dies widerspricht den Ergebnissen anderer Studien und wurde mit den geringen Haftungsrisiken und dem größeren Einfluss der Steuerbehörden in Belgien begründet.	

Autoren	Kim, J.-B./Chung, R./Firth, M.	
Titel der Studie	Auditor Conservatism, Asymmetric Monitoring, and Earnings Management	
Erscheinungsjahr	2003	
Datenmaterial	Zeitraum	1983-1998
	Land	USA
	Stichprobe	33.163 Datensätze
Untersuchungsgegenstand	Die Autoren untersuchten, ob große Prüfungsgesellschaften jegliche Bilanzpolitik einschränken oder ob dies auf die ergebniserhöhende Bilanzpolitik begrenzt ist. Hierzu schätzten sie in einem ersten Schritt, ob	

	ein Unternehmen eine Motivation zu einer ergebniserhöhenden oder ergebnismindernden Bilanzpolitik hat.[555] Außerdem berücksichtigten sie den Selektionsprozess der Prüferwahl. Dabei gingen sie davon aus, dass das Management den Abschlussprüfer bestimmt.
Unterscheidung der Prüfungsgesellschaften	Big 6 vs. Nicht-Big 6
Methode zur Qualitätsmessung	Bilanzpolitik: Modified-Jones-Model erweitert um die Veränderung des operativen Cashflows (Branchenspezifisch)
Statistisches Verfahren	Multivariate Regression
Ergebnis der Untersuchung	Die Annahmen der Autoren wurden durch die empirischen Ergebnisse bestätigt. Große Prüfungsgesellschaften schränken ergebniserhöhende Bilanzpolitik stärker ein als kleine Prüfungsgesellschaften. Bei ergebnismindernder Bilanzpolitik ermittelten die Autoren keine Unterschiede. Sie führten dies auf die Angst der großen Prüfungsgesellschaften vor einem Haftungsfall zurück, der eher bei einer ergebniserhöhenden Bilanzpolitik zu befürchten ist.

Autor	Lee, P. J. et al.	
Titel der Studie	The association between audit quality, accounting disclosures and firm-specific risk: Evidence from initial public offerings	
Erscheinungsjahr	2003	
Datenmaterial	Zeitraum	1983-1986
	Land	Neuseeland
	Stichprobe	103 Datensätze
Untersuchungsgegenstand	Die Autoren wollten in ihrer Studie ergründen, ob es eine Produktdifferenzierung im Prüfungsmarkt in Neuseeland gibt. Hierzu untersuchten sie, ob die Wahl des Prüfers mit den Agency-Kosten des Mandanten zusammenhängt, ob die Wahl des Prüfers einen Effekt auf das Underpricing bei einer IPO und ob die Größe der Prüfungsgesellschaft Auswirkungen auf die Genauigkeit von Gewinnprognosen hat.	

[555] Eine Unterscheidung in ergebniserhöhende und ergebnismindernde Bilanzpolitik nehmen auch andere Studien vor, diese differenzieren dabei aber nur nach dem Vorzeichen der diskretionären Periodenabgrenzungen.

Unterscheidung der Prüfungsgesellschaften	Big 8 vs. Nicht-Big 8
Methode zur Qualitätsmessung	Agency-Kosten IPO Underpricing Earnings Forecasts
Statistisches Verfahren	Multivariate Regression
Ergebnis der Untersuchung	Die Autoren konnten einen positiven Zusammenhang zwischen den Agency-Kosten und der Prüferwahl feststellen. Die Größe des Prüfers hatte aber keinen Einfluss auf die Höhe des Underpricing und die Genauigkeit der Gewinnprognosen.

Autoren	Bauwhede, H. V. und Willekens, M.	
Titel der Studie	Audit Quality and the Pricing of Discretionary Accruals	
Erscheinungsjahr	2004	
Datenmaterial	Zeitraum	1994-1996
	Land	Belgien
	Stichprobe	1.302 Datensätze
Untersuchungsgegenstand	Bauwhede/Willekens wollten in ihrer Studie herausfinden, ob der in einigen Ländern (insbesondere in den USA) festgestellte Qualitätsunterschied zwischen großen und kleinen Prüfungsgesellschaften auch in Belgien existiert. Der belgische Prüfungsmarkt unterscheidet sich vor allem bezüglich der Konzentrationsrate. Außerdem sind die geprüften Unternehmen meist nicht börsennotiert, sondern in Privatbesitz. Schließlich sind die Haftungsregelungen in Belgien weniger streng als in den USA. Eine zweite Forschungsfrage beschäftigte sich mit der Messung der Größe der Prüfungsgesellschaften. Die Autoren testeten, ob andere Abgrenzungskriterien als ein dichotomer Maßstab besser dazu geeignet sind, die Struktur des belgischen Prüfungsmarktes abzubilden.	
Unterscheidung der Prüfungsgesellschaften	Big 6 vs. Nicht-Big 6 Marktanteil Anzahl der Partner Anzahl der Mandanten Bilanzsumme der Prüfungsgesellschaft Operativer Gewinn der Prüfungsgesellschaft	

Methode zur Qualitätsmessung	Bilanzpolitik: DPA Modell von Sercu/Vander Bauwhede/Willekens(2002)[556] Modified-Jones-Model (Branchenspezifisch)
Statistisches Verfahren	Multivariate Regression
Ergebnis der Untersuchung	Die Ergebnisse ließen auf keine Qualitätsunterschiede zwischen großen und kleinen Prüfungsgesellschaften schließen. Dies gilt für sämtliche Abgrenzungskriterien zur Messung der Größe einer Prüfungsgesellschaft und überrascht nicht, da die Kriterien hoch miteinander korreliert sind.

Autoren	Jeong, S. W. und Rho, J.	
Titel der Studie	Big Six auditors and audit quality: The Korean evidence	
Erscheinungsjahr	2004	
Datenmaterial	Zeitraum	1994-1998[557]
	Land	Südkorea
	Stichprobe	2.406 Datensätze[558]
Untersuchungsgegenstand	Ziel der Studie von Jeong und Rho war es herauszufinden, ob der Unterschied in der Prüfungsqualität zwischen großen und kleinen Prüfungsgesellschaften aufgrund von besseren Methoden und qualifizierteren Mitarbeitern oder aufgrund einer größeren Motivation zu Stande kommt. Hierzu maßen sie den Unterschied zwischen der Prüfungsqualität von großen und kleinen Prüfungsgesellschaften, für die die Gefahr einer Klage und somit die Motivation zur Erbringung einer überdurchschnittlichen Qualität gering ist. Sie analysierten dabei sowohl bestehende Mandatsverhältnisse wie auch Prüferwechsel.	
Unterscheidung der Prüfungsgesellschaften	Big 6 vs. Nicht-Big 6	
Methode zur Qualitätsmessung	Bilanzpolitik: Modified-Jones-Model (Branchenspezifisch)	

[556] Dieses Modell wird sonst selten verwendet und daher in dieser Arbeit nur kurz vorgestellt: Die diskretionären Periodenabgrenzungen werden in einer Regression mit den unabhängigen Variablen Bruttosachanlagevermögen, Differenz der Änderungen der Umsatzerlöse und Forderungen, der Änderung des operativen Cashflow und den gesamten Periodenabgrenzungen des Vorjahres, die mit den durchschnittlichen Periodenabgrenzungen der Branche im Vorjahr skaliert werden.

[557] Bei den Prüferwechseln wurden nur die Jahre 1995-1998 betrachtet, da 1994 als Vergleichsjahr fungiert.

[558] Davon waren 2.117 Unternehmen ohne und 289 Unternehmen mit Prüferwechsel.

Statistisches Verfahren	Multivariate Regression
Ergebnis der Untersuchung	Wie von den Autoren erwartet wurde, ergaben sich weder bei den bestehenden Mandatsverhältnissen noch bei Prüferwechseln Differenzen zwischen der Prüfungsqualität von großen und kleinen Prüfungsgesellschaften.

Autoren	Lee, P. J., Taylor, S. J. und Taylor, S. L.	
Titel der Studie	Auditor Conservatism and Audit Quality: Evidence from IPO Earnings Forecasts	
Erscheinungsjahr	2006	
Datenmaterial	Zeitraum	1991-1998
	Land	Australien
	Stichprobe	179 Datensätze
Untersuchungsgegenstand	Ziel der Studie war es festzustellen, ob die Prüfungsgesellschaften bei einer IPO eine bessere Prüfungsqualität leisten oder ob dies evtl. nur vom Markt so wahrgenommen wird. Dazu analysierten die Autoren die von den Abschlussprüfern geprüften Gewinnprognosen der Unternehmen bei IPOs.	
Unterscheidung der Prüfungsgesellschaften	Big 6 vs. Nicht-Big 6	
Methode zur Qualitätsmessung	IPO (Earnings Forecasts)	
Statistisches Verfahren	Multivariate Regression	
Ergebnis der Untersuchung	Die Ergebnisse zeigen, dass die Mandanten von großen Prüfungsgesellschaften genauere Gewinnprognosen geben als die Mandanten von kleinen Prüfungsgesellschaften. Dies hält aber nicht sämtlichen Robustheits-Checks Stand. Eindeutigere Ergebnisse ermittelten die Autoren für ihre Analyse, ob die Prognosen von Mandanten großer Prüfungsgesellschaften konservativer sind. Dies wurde in allen Modellen festgestellt.	

Autoren	Maijoor, S. J. und Vanstraelen, A.	
Titel der Studie	Earnings management within Europe: the effects of member state audit environment, audit firm quality and international capital markets	
Erscheinungsjahr	2006	
Datenmaterial	Zeitraum	1992-2000
	Land	Deutschland, Frankreich und Großbritannien
	Stichprobe	17.394 Datensätze
Untersuchungsgegenstand	In der Studie analysierten die Autoren, welche länderspezifischen Besonderheiten sich auf die Prüfungsqualität auswirken. Hierzu untersuchten sie die Höhe der Bilanzpolitik in drei Ländern, die unterschiedliche Rahmenbedingungen bieten.	
Unterscheidung der Prüfungsgesellschaften	Big 4 vs. Nicht-Big 4	
Methode zur Qualitätsmessung	Bilanzpolitik: Working Capital Accruals[559]	
Statistisches Verfahren	Multivariate Regression	
Ergebnis der Untersuchung	Die Ergebnisse der Untersuchung deuten an, dass ein Unterschied in der Prüfungsqualität zwischen den betrachteten Ländern besteht. Umso strenger die Vorschriften für Prüfungsgesellschaften sind, desto geringer ist das Ausmaß an Bilanzpolitik. Einen signifikanten Unterschied in der Prüfungsqualität zwischen großen und kleinen Prüfungsgesellschaften konnten die Autoren nur für Großbritannien feststellen, nicht aber für Deutschland und Frankreich. Dies begründeten die Autoren mit einem geringeren Investorenschutz in diesen Ländern.	

Autoren	Albring, S. M., Elder, R. J. und Zhou, J.	
Titel der Studie	IPO Underpricing and Audit Quality Differentiation within Non-Big 5 Firms	
Erscheinungsjahr	2007	
Datenmaterial	Zeitraum	1990-1998
	Land	USA
	Stichprobe	166 Datensätze

[559] Maijoor/Vanstraelen nutzten ein Modell, um die Bilanzpolitik zu berechnen, das auf dem Working Capital beruht. Es schätzt die nichtdiskretionären Working Capital Accruals auf Basis des Vorjahres Working Capitals und der Veränderungen der Umsatzerlöse.

Untersuchungsgegenstand	Ziel der Studie war die Erbringung des Nachweises, dass auch bei den Nicht-Big 4 Prüfungsgesellschaften eine Differenzierung in der wahrgenommenen Prüfungsqualität besteht. Diese maßen die Autoren zum einen am Underpricing und zum anderen an der Höhe des Prüfungshonorars bei einer IPO. Als Einflussfaktoren auf die Reputation der Prüfungsgesellschaft wählten sie die Größe einer Prüfungsgesellschaft, die Anzahl an SEC-Mandaten und die Differenzierung in nationale und lokale Prüfungsgesellschaften. Hieraus bildeten sie ein gesellschaftsspezifisches Scoring. Sie maßen darüber hinaus die getrennten Einflüsse.
Unterscheidung der Prüfungsgesellschaften	Nationale- vs. Nicht-Nationale-Prüfungsgesellschaften Anzahl der Partner
Methode zur Qualitätsmessung	IPO Underpricing Prüfungshonorare
Statistisches Verfahren	Multivariate Regression
Ergebnis der Untersuchung	Die Auswertung der Daten bestätigte die Hypothesen. Generell geht die Reputation einer Prüfungsgesellschaft mit einer Verringerung des Underpricings bei einer IPO und mit einem Anstieg der Prüfungshonorare einher. Bei der Analyse der einzelnen Faktoren ergaben sich aber nur signifikante Ergebnisse für die Differenzierung in nationale/lokale Prüfungsgesellschaften. Die SEC-Erfahrung zeigt lediglich einen Einfluss auf die Höhe der Honorare; die Anzahl der Partner gibt keinen Einfluss an. Aufgrund der hohen Korrelation[560] der drei Parameter könnten hierfür aber auch Messfehler verantwortlich sein.

Autoren	Ajona, L. A., Dallo, F. L. und Alegria, S. S.	
Titel der Studie	Discretionary Accruals and Auditor Behaviour in Code-Law Contexts: An Application to Failing Spanish Firms	
Erscheinungsjahr	2008	
Datenmaterial	Zeitraum	1993-2002
	Land	Spanien
	Stichprobe	1.261 Datensätze
Untersuchungsgegenstand	Die Autoren wollten in ihrer Studie die Besonderheiten des spanischen Prüfungsmarktes ausnutzen, um das Verhalten von Abschlussprüfern besser zu verstehen. In Spanien enthalten eingeschränkte Bestätigungs-	

[560] Die Korrelation der drei Variablen liegt zwischen 0,62 und 0,72.

	vermerke mehr Informationen als in anderen Ländern. Die Autoren analysierten, ob ein Zusammenhang zwischen der Größe der Prüfungsgesellschaft, der Bilanzpolitik und der Einschränkung der Bestätigungsvermerke besteht. Hierbei betrachteten die Autoren lediglich wirtschaftlich angeschlagene Unternehmen.
Unterscheidung der Prüfungsgesellschaften	Big 6 vs. Nicht-Big 6
Methode zur Qualitätsmessung	Testatseinschränkungen Bilanzpolitik: Cash-Flow-Model[561]
Statistisches Verfahren	Multivariate Regression Logistische Regression
Ergebnis der Untersuchung	Die Autoren ermittelten einen signifikanten Zusammenhang zwischen der Größe der Prüfungsgesellschaft und der Höhe der Bilanzpolitik bzw. der Wahrscheinlichkeit einer Going-Concern Opinion. Daraus schlossen sie, dass die Prüfungsqualität im Bereich der finanziell angeschlagenen Unternehmen bei großen Prüfungsgesellschaften höher ist. Ob dies aber für alle Unternehmen in Spanien gilt, stellten die Autoren in Frage. Die Ergebnisse zwischen der Höhe der Bilanzpolitik und der Einschränkung der Bestätigungsvermerke sind divergierend. Zwischen der Bilanzpolitik und Going-Concern-Opinions ermittelten die Autoren eine signifikant negative und zwischen der Bilanzpolitik und anderen Einschränkungen des Testats eine positive Korrelation.

Autor	Choi et al.	
Titel der Studie	Audit Pricing, Legal Liability Regimes, and Big 4 Premiums: Theory and Cross-country Evidence	
Erscheinungsjahr	2008	
Datenmaterial	Zeitraum	1996-2002
	Land	15 Länder (Australien, Dänemark, Großbritannien, Hongkong, Indien, Irland, Italien, Malaysia, Neuseeland, Norwegen, Pakistan, Schweden, Singapur, Südafrika und USA)
	Stichprobe	21.559 Datensätze
Untersuchungsgegenstand	Choi et al. wollten ich ihrer Studie herausfinden, ob die höheren Prüfungshonorare für große Prüfungsgesellschaften ein Phänomen einzel-	

561 Das Cash-Flow Modell basiert auf dem Jones-Modell, erweitert dies aber um eine Betrachtung des operativen Cash-Flows.

	ner Länder sind oder weltweit verbreitet. Sie trafen dabei die Annahme, dass dies nicht der Fall ist, sondern der Preisunterschied durch die unterschiedlichen Haftungsregeln in den Ländern bedingt wird. Entgegen der Annahme, die in der vorliegenden Arbeit getroffen wurde, gingen die Autoren davon aus, dass der Unterschied in der Höhe der Honorare geringer wird. Sie argumentierten, dass große Prüfungsgesellschaften per se eine höhere Prüfungsqualität anbieten. Da die Kosten für kleine Prüfungsgesellschaften in Ländern mit strengen Haftungsregelungen stärker ansteigen als die von großen, nahmen Choi et al. an, dass die Differenz in den Prüfungshonoraren bei strengeren Haftungsregeln geringer wird. Für ihre Analyse verwendeten sie (wie auch in der vorliegenden Arbeit) den Litigation Index von Wingate.
Unterscheidung der Prüfungsgesellschaften	Big 4 vs. Nicht-Big 4
Methode zur Qualitätsmessung	Prüfungshonorare
Statistisches Verfahren	Multivariate Regression T-Test
Ergebnis der Untersuchung	Die Ergebnisse zeigen, dass Haftungsregelungen die Höhe der Prüfungshonorare insgesamt wesentlich beeinflussen. Je strikter die Haftungsregelungen, desto höher sind die durchschnittlichen Prüfungshonorare. Des Weiteren ermittelten die Autoren einen signifikanten Unterschied in der Höhe der Prüfungshonorare, der kleiner wird, je strenger die Haftungsregelungen sind. Damit wurde die Annahme der Autoren bestätigt.

Autoren	Chuntao, L., Song, F. M. und Wong, S. M. L.	
Titel der Studie	A Continuous Relation between Audit Firm Size and Audit Opinions: Evidence from China	
Erscheinungsjahr	2008	
Datenmaterial	Zeitraum	2001-2003
	Land	China
	Stichprobe	2.969 Datensätze[562]

[562] Von den 2.969 Bestätigungsvermerken wurden 323 eingeschränkt oder versagt. 2.646 Bestätigungsvermerke enthielten keine Einschränkung.

Untersuchungsgegenstand	Ziel der Studie war der Nachweis einer Qualitätsdifferenzierung in einem Markt, dessen Konzentration weit unter der in anderen Ländern liegt. Dies gab den Autoren die Gelegenheit zu analysieren, ob ein stetiger Zusammenhang zwischen der Größe der Prüfungsgesellschaft und der Prüfungsqualität vorliegt.
Unterscheidung der Prüfungsgesellschaften	Logarithmierte Bilanzsumme der Mandanten Logarithmierte Umsatzerlöse der Mandanten Logarithmierte Prüfungshonorare der Prüfungsgesellschaft
Methode zur Qualitätsmessung	Testatseinschränkungen
Statistisches Verfahren	Logistische Regression
Ergebnis der Untersuchung	Die Ergebnisse zeigen, dass größere Prüfungsgesellschaft signifikant mehr Bestätigungsvermerke einschränken als kleine Prüfungsgesellschaften. Somit schlossen die Autoren auf eine Qualitätsdifferenzierung der Prüfungsgesellschaften in China.

Autoren	Francis, J. R. und Wang, D.	
Titel der Studie	The Joint Effect of Investor Protection and Big 4 Audits on Earnings Quality around the World	
Erscheinungsjahr	2008	
Datenmaterial	Zeitraum	1994-2004
	Land	42 Länder
	Stichprobe	85.193 Datensätze[563]
Untersuchungsgegenstand	Ähnlich wie Choi et al. wollten auch Francis/Wang den Unterschied in der Prüfungsqualität zwischen großen und kleinen Prüfungsgesellschaften weltweit untersuchen. Hierzu wählten sie ein anderes Vorgehen. Im Gegensatz zu Choi et al. maßen sie die Prüfungsqualität anhand der diskretionären Periodenabgrenzungen, der Vermeidung des Ausweises von Verlusten und dem „Earnings Conservatism"[564]. Außerdem wählten sie als Einflussgröße nicht die Haftungsregelungen nach Wingate, sondern	

[563] Dies betrifft die Analyse der Vermeidung von Verlusten. Bei der Analyse der diskretionären Periodenabgrenzungen waren es 57.966 Datensätze und bei der „Earnings Conservatism" waren es 68.167 Datensätze.

[564] Das Modell zum Earnings Conservatism wurde von Basu (1997) entwickelt. Dieser interpretiert Earnings Conservatism als die frühzeitigere Berücksichtigung von Verlusten als Gewinnen.

	die Einstufung der Länder gemäß ihrem Investorenschutz von La Porta.[565] Entgegen der Hypothese von Choi et al. gingen die Autoren davon aus, dass die Differenz in der Prüfungsqualität zwischen großen und kleinen Prüfungsgesellschaften umso größer wird, je strikter die Haftungsregeln sind.
Unterscheidung der Prüfungsgesellschaften	Big 4 vs. Nicht-Big 4
Methode zur Qualitätsmessung	Bilanzpolitik: Vermeidung des Ausweises von Verlusten Earnings Conservatism Modell von DeFond/Park[566]
Statistisches Verfahren	Multivariate Regression Logistische Regression
Ergebnis der Untersuchung	Die Ergebnisse bestätigten die Annahmen von Francis/Wang. Während bei Ländern, in denen die Haftungsregelungen relativ locker sind, kein Qualitätsunterschied festgestellt wurde, ist dies in Ländern mit strengen Haftungsregeln anders. Hier liefern große Prüfungsgesellschaften eine signifikant höhere Prüfungsqualität. Zu kritisieren ist das Messmodell zur Berechnung der diskretionären Periodenabgrenzungen. Das Modell von DeFond/Wang wurde entwickelt, um die unerwartete Abweichung zwischen dem tatsächlichen Working Capital und der Erwartung des Marktes zu messen. Die Erwartung wird hierbei aber lediglich durch die Höhe der Umsatzerlöse bestimmt.[567] Da die Periodenabgrenzungen aber nicht linear von den Umsatzerlösen abhängen, dürften große Messfehler die Folge sein. DeFond und Park gaben dies selbst zu und erklären, dass sie in ihrer Studie auch nur das Vorzeichen der diskretionären Periodenabgrenzungen aber nicht die Höhe betrachten.[568]

[565] Zu den beiden Einstufungen siehe die Abschnitte 5.3 und 6.4.3.2.

[566] Francis und Wang nutzten ein Modell zur Berechnung der diskretionären Periodenabgrenzungen, das DeFond und Park entwickelt haben. Es bemisst die diskretionären Periodenabgrenzungen an der Differenz zwischen dem realisierten Working Capital und dem von Investoren erwarteten Working Capital. Dieses ist allerdings nicht direkt beobachtbar, sondern wird in einem Modell, das auf den Umsatzerlösen und Abschreibungen des Vorjahres basiert. Vgl. DeFond/Park (2001): 380 f.

[567] Francis/Wang betrachteten zwar zusätzlich noch die Entwicklung des Anlagevermögens, subtrahierten das Wachstum entgegen anderen Modellen (wie z. B. dem Jones-Modell) aber vom Umsatzwachstum.

[568] Vgl. DeFond/Wang (2001): 381.

Autoren	Tendeloo, van B. und Vanstraelen, A.	
Titel der Studie	Earnings Management and Audit Quality in Europe: Evidence from the Private Client Segment Market	
Erscheinungsjahr	2008	
Datenmaterial	Zeitraum	1998-2002
	Land	6 Länder (Belgien, Finnland, Frankreich, Großbritannien, Niederlande und Spanien)
	Stichprobe	64.353 Datensätze
Untersuchungsgegenstand	Tendeloo und Vanstraelen wollten untersuchen, ob es einen Qualitätsunterschied zwischen großen und kleinen Prüfungsgesellschaften in dem Bereich der nicht-börsennotierten Unternehmen gibt. Hierzu analysierten sie die Abschlüsse in sechs europäischen Ländern.	
Unterscheidung der Prüfungsgesellschaften	Big 4 vs. Nicht-Big 4	
Methode zur Qualitätsmessung	Bilanzpolitik: Vermeidung des Ausweises von Verlusten Relation aus gesamten Periodenabgrenzungen und operativem Cashflow Gewinnglättung (Standardabweichung des operativen Ergebnisses, skaliert durch die Standardabweichung des operativen Cashflow und Spearman Korrelation zwischen der Änderung der gesamten Periodenabgrenzungen und Änderungen des operativen Cashflows)	
Statistisches Verfahren	T-Test Multivariate Regression	
Ergebnis der Untersuchung	Die Autorinnen konnten auch im Segment der nicht-börsennotierten Unternehmen einen signifikanten Qualitätsunterschied zwischen großen und kleinen Prüfungsgesellschaften feststellen. Dies gilt aber nur für die Länder, in denen die Jahresabschlüsse auch zur Bemessung der Steuern genutzt werden. Die Autorinnen konnten dagegen keinen Einfluss der Haftungsregeln feststellen.	

Autor	Zimmermann, R.-C.	
Titel der Studie	Abschlussprüfer und Bilanzpolitik der Mandanten	
Erscheinungsjahr	2008	
Datenmaterial	Zeitraum	2003-2005
	Land	Deutschland
	Stichprobe	102 Datensätze

Untersuchungsgegenstand	In der Studie von Zimmermann wurden zum einen die Honorargestaltung der Abschlussprüfung und zum anderen die Einflussfaktoren auf die Bilanzpolitik des Mandanten untersucht.
Unterscheidung der Prüfungsgesellschaften	Big 4 vs. Nicht-Big 4
Methode zur Qualitätsmessung	Bilanzpolitik: Durchschnittsbildung Random-Walk-Model
Statistisches Verfahren	Multivariate Regression
Ergebnis der Untersuchung	Bei der Betrachtung der Bilanzpolitik konnte Zimmermann keinen Einfluss auf die Prüfungsqualität durch Beratungsleistungen des Abschlussprüfers feststellen. Bei der Betrachtung der Größe der Wirtschaftsprüfungsgesellschaft ermittelte sie entgegen ihrer Annahme einen signifikanten positiven Zusammenhang, was mit einer geringeren Prüfungsqualität der großen Prüfungsgesellschaft zusammenhängt. An der Studie zu kritisieren sind die geringe Stichprobengröße und die zur Berechnung der Bilanzpolitik verwendeten Modelle. Diese stellen zwar grundlegende Modelle zur Berechnung dar, finden in der aktuellen Forschung aber nur selten Beachtung.

Autor	Li, C.	
Titel der Studie	Does Client Importance Affect Auditor Independence at the Office Level? Empirical Evidence from Going-Concern Opinions	
Erscheinungsjahr	2009	
Datenmaterial	Zeitraum	2001 und 2003
	Land	USA
	Stichprobe	3.461 Datensätze[569]
Untersuchungsgegenstand	Li versuchte in seiner Studie herauszufinden, ob die Größe des Mandanten in Relation zur Niederlassungsgröße der Prüfungsgesellschaft Einfluss auf die Unabhängigkeit hat, gemessen an Going-Concern-Opinions. Dabei untersuchte er auch, ob sich die Größe der Prüfungsgesellschaft auf die Wahrscheinlichkeit einer Going-Concern Opinion auswirkt.	

[569] Von den 3.461 Bestätigungsvermerken wurden 234 eingeschränkt oder versagt. 3.227 Bestätigungsvermerke enthielten keine Einschränkung.

Unterscheidung der Prüfungsgesellschaften	Big 4 vs. Nicht-Big 4
Methode zur Qualitätsmessung	Testatseinschränkungen (Going-Concern-Opinions)
Statistisches Verfahren	Logistische Regression
Ergebnis der Untersuchung	Beim Größenvergleich ergaben sich insgesamt signifikante Unterschiede in der Wahrscheinlichkeit einer Einschränkung der Bestätigungsvermerke. Bei der Betrachtung der einzelnen Jahre konnte dies aber nur für 2001 bestätigt werden. Die Hypothese, dass die Bedeutung des Mandanten einen Einfluss auf die Erteilung eines Bestätigungsvermerks haben könnte, wurde nicht bestätigt.

Autor	Lennox, C. und Pittman, J. A.	
Titel der Studie	Big Five Audits and Accounting Fraud	
Erscheinungsjahr	2010	
Datenmaterial	Zeitraum	1981-2001
	Land	USA
	Stichprobe	163.913 Datensätze[570]
Untersuchungsgegenstand	Aufgrund der zahlreichen Bilanzskandale Ende des Jahrtausends wurde bezweifelt, dass der bisher unterstellte Zusammenhang zwischen der Größe der Prüfungsgesellschaft und der Prüfungsqualität weiterhin Bestand hat. Lennox/Pittmann analysierten die Untersuchungsberichte der SEC (Accounting and Auditing Enforcement Releases) für die Jahre 1981 bis 2001, um herauszufinden, ob sich der Qualitätsunterschied in dem Zeitraum verändert hat.	
Unterscheidung der Prüfungsgesellschaften	Big 5 vs. Nicht-Big 5	
Methode zur Qualitätsmessung	Accounting and Auditing Enforcement Releases	
Statistisches Verfahren	Random Effects Probit	

[570] Hiervon wurde bei 1.109 Prüfungen eine Bilanzmanipulation festgestellt. 162.804 Datensätze dienten als Kontrollgruppe.

Ergebnis der Untersuchung	Die univariaten Ergebnisse lassen zuerst darauf schließen, dass die Unterschiede in der Prüfungsqualität ab 1995 tatsächlich geringer geworden sind. Bei Einbezug der Kontrollvariablen in der multivariaten Analyse zeigt sich aber, dass der Qualitätsunterschied sogar etwas größer geworden ist. Die Autoren führten den Unterschied auf die mangelnde Berücksichtigung der Mandantengröße in der univariaten Analyse zurück.

Anhang B: Empirische Studien zum wahrgenommenen Qualitätsunterschied zwischen großen und kleinen Prüfungsgesellschaften

Autoren	Fried, D. und Schiff, A.	
Titel der Studie	CPA Switches and Associated Market Reactions	
Erscheinungsjahr	1981	
Datenmaterial	Zeitraum	1972-1975
	Land	USA
	Stichprobe	48 Datensätze
Untersuchungsgegenstand	Die Autoren untersuchten die Sinnhaftigkeit der SEC-Bestimmungen zur Veröffentlichung der Gründe für einen Prüferwechsel.[571] Hierzu maßen sie die Kapitalmarktreaktion infolge des Prüferwechsels. Dabei untersuchten sie auch, ob es einen Unterschied macht, wenn ein Prüfwechsel zu einer der Big 8 stattfindet.	
Unterscheidung der Prüfungsgesellschaften	Big 8 vs. Nicht-Big 8	
Methode zur Qualitätsmessung	Kapitalmarktreaktionen auf Prüferwechsel	
Statistisches Verfahren	T-Test	
Ergebnis der Untersuchung	Bei einem Prüferwechsel ermittelten die Verfasser eine signifikant negative Kapitalmarktreaktion. Dabei war es unerheblich, ob ein Wechsel zu oder von einer Big 8 Prüfungsgesellschaft erfolgte. Zu beachten ist bei der Studie aber der geringe Stichprobenumfang, der eine Verallgemeinerung schwierig erscheinen lässt. Die Studie umfasste lediglich sieben Prüferwechsel von einer kleinen zu einer großen Prüfungsgesellschaft und zwei Wechsel von einer großen zu einer kleinen Prüfungsgesellschaft.	

[571] Von den 48 Prüferwechseln wurde 25 Mal angegeben, dass kein Konflikt zwischen dem Prüfer und dem Mandanten vorlag (genaue Gründe für den Wechsel wurden nicht genannt), zehn Wechsel fanden aufgrund von Konflikten mit dem Prüfer statt, zwei Wechsel auf Vorschlag des Audit Committee, zwei Wechsel aufgrund von Rotationsvorschriften, ein Wechsel wegen eines Gerichtsverfahrens, ein weiterer Wechsel, damit alle Konzernunternehmen den gleichen Prüfer hatten und sieben Wechsel komplett ohne Angabe von Gründen.

Autor	Shockley, R. A.	
Titel der Studie	Perceptions of Auditors' Independence: An Empirical Analysis	
Erscheinungsjahr	1981	
Datenmaterial	Zeitraum	Nicht angegeben
	Land	USA
	Stichprobe	176 Probanden
Untersuchungsgegenstand	In dem Experiment sollte herausgefunden werden, ob Wettbewerb, Beratungsleistungen, die Größe der Prüfungsgesellschaft und die Dauer der Vertragsbeziehung zwischen Prüfer und Mandant Einfluss auf die wahrgenommene Prüfungsqualität[572] haben. Hierzu hat Shockley ein Experiment mit Partnern von Prüfungsgesellschaften (sowohl Big 8 als auch Nicht-Big 8), Kreditsachbearbeitern und Finanzanalysten durchgeführt. Den Probanden wurden dabei 16 verschiedene Szenarien vorgestellt, bei denen sie die Gefährdung der Unabhängigkeit angeben sollten.	
Unterscheidung der Prüfungsgesellschaften	Prüfungsgesellschaften mit SEC-registrierten Mandanten vs. Prüfungsgesellschaften ohne SEC-registrierte Mandanten	
Methode zur Qualitätsmessung	Experiment	
Statistisches Verfahren	ANOVA	
Ergebnis der Untersuchung	Das Experiment ergab, dass ein hoher Wettbewerb, ein hoher Beratungsanteil und eine geringe Größe der Prüfungsgesellschaft als unabhängigkeitsgefährdend eingestuft wurden. Von den vier Gruppen sahen lediglich die Partner der Nicht-Big 8 Prüfungsgesellschaften die Größe der Prüfungsgesellschaft als nicht unabhängigkeitsgefährdend an.	

[572] In der Studie wurde zwar nicht nach der Prüfungsqualität, sondern nach der Unabhängigkeit gefragt, da diese aber eine Komponente der Prüfungsqualität darstellt (siehe Abschnitt 2.3.3), kann hier auch von Prüfungsqualität allgemein gesprochen werden.

Autoren	Nichols, D. R. und Smith, D. B.	
Titel der Studie	Auditor Credibility and Auditor Changes	
Erscheinungsjahr	1983	
Datenmaterial	Zeitraum	1973-1979
	Land	USA
	Stichprobe	51 Datensätze[573]
Untersuchungsgegenstand	In der Studie wurde untersucht, ob die Big 8 Prüfungsgesellschaften den Prüfungsmarkt dominieren und ob Investoren die Qualität von großen und kleinen Prüfungsgesellschaften unterschiedlich einschätzen. Hierzu maßen sie die Kapitalmarktreaktionen bei einem Wechsel von einer großen zu einer kleinen Prüfungsgesellschaft (et vice versa).	
Unterscheidung der Prüfungsgesellschaften	Big 8 vs. Nicht-Big 8	
Methode zur Qualitätsmessung	Kapitalmarktreaktionen auf Prüferwechsel	
Statistisches Verfahren	T-Test	
Ergebnis der Untersuchung	Die Verfasser konnten bei ihrer Studie keinen Unterschied in den Kapitalmarktreaktionen bei einem Prüferwechsel feststellen. Auch ein Vergleich mit einer Kontrollstichprobe ohne Prüferwechsel ergab keine Differenzen. Die Autoren schränkten ihre Ergebnisse insofern ein, dass für sie unbeobachtbare Einflüsse existiert haben könnten (z.B. erwartete höhere Prüfungsgebühren bei einem großen Prüfer), die das Resultat ihrer Studie verzerren. Diese Einschränkung scheint nicht unbegründet, da in der Studie ein einfacher T-Test erfolgt ist und keine Kontrollvariablen berücksichtigt wurden. Zu kritisieren ist bei der Studie außerdem der geringe Stichprobenumfang.	

[573] Von den 51 Prüferwechseln fanden 22 von einer großen zu einer kleinen und 29 von einer kleinen zu einer großen Prüfungsgesellschaft statt.

Autoren	McKinley, S., Pany, K. und Reckers, P. M. J.	
Titel der Studie	An Examination of the Influence of CPA Firm Type, Size, and MAS Provision on Loan Officer Decisions and Perceptions	
Erscheinungsjahr	1985	
Datenmaterial	Zeitraum	Nicht angegeben
	Land	USA
	Stichprobe	261 Probanden
Untersuchungsgegenstand	Die Autoren wollten in der Studie herausfinden, ob zum einen eine gleichzeitige Beratung neben der Prüfung und zum anderen die Charakteristika des Prüfungsteams (kommt dieses von einer Big 8/Nicht-Big 8 Prüfungsgesellschaft und gehört es zu einer großen/kleinen Niederlassung) die Unabhängigkeitseinschätzungen von Adressaten beeinflussen. Hierzu führten sie ein Experiment mit Kreditsachbearbeitern durch, denen verschiedene Szenarien vorgelegt wurden und die daran ihre Kreditvergabe anknüpfen sollten.	
Unterscheidung der Prüfungsgesellschaften	Big 8 vs. Nicht-Big 8	
Methode zur Qualitätsmessung	Experiment	
Statistisches Verfahren	ANOVA	
Ergebnis der Untersuchung	Die Kreditsachbearbeiter betrachteten Beratungsleistungen durch den Prüfer und eine geringe Größe der Prüfungsgesellschaft als unabhängigkeitsgefährdend. Die Größe der Niederlassung hatte dagegen keinen Einfluss auf die wahrgenommene Unabhängigkeit.	

Autoren	Simunic, D. A. und Stein, M. T.	
Titel der Studie	Product Differentiation in Auditing: Auditor Choice in the Market for Unseasoned New Issues	
Erscheinungsjahr	1987	
Datenmaterial	Zeitraum	1981
	Land	USA
	Stichprobe	469 Datensätze

Untersuchungsgegenstand	Simunic/Stein gingen in ihrer Studie davon aus, dass der Mandant umso höhere Anreize hat, einen qualitativ hochwertigen Abschlussprüfer zu bestellen, je höher sowohl die internen als auch die externen Agency-Kosten des Unternehmens sind. Diese schätzten sie in einem gesonderten Modell.
Unterscheidung der Prüfungsgesellschaften	Big 8 vs. Middle Size Firms vs. Small Size Firms
Methode zur Qualitätsmessung	Agency-Kosten
Statistisches Verfahren	Multivariate Regression
Ergebnis der Untersuchung	Insbesondere hohe interne Agency-Kosten veranlassten Unternehmen dazu, eine große Prüfungsgesellschaft zu wählen. Bei hohen externen Agency-Kosten konnte dieser Zusammenhang ebenfalls festgestellt werden, war allerdings nicht so stark ausgeprägt.

Autoren	Francis, J. R. und Wilson, E. R.	
Titel der Studie	Auditor Changes: A Joint Test of Theories Relating to Agency Costs and Auditor Differentiation	
Erscheinungsjahr	1988	
Datenmaterial	Zeitraum	1978-1985
	Land	USA
	Stichprobe	196 Datensätze[574]
Untersuchungsgegenstand	Die Autoren wollten mit der Studie einen Zusammenhang zwischen Agency-Kosten und der Wahl des Abschlussprüfers nachweisen. Als Indikatoren für Agency-Kosten wählten Francis/Wilson den Anteil des vom Management gehaltenen Eigenkapitals, die Implementierung erfolgsabhängiger Vergütungen, die Streuung des Eigenkapitals und den Anteil des langfristigen Fremdkapitals am Gesamtkapital. Bei steigenden Agency-Kosten erwarteten sie die Beauftragung einen Prüfers mit hoher Reputation, die sie mit einer Big 8 Prüfungsgesellschaft verbinden.	
Unterscheidung der Prüfungsgesellschaften	Big 8 vs. Nicht-Big 8 Stetige Größenunterscheidung auf Basis der Umsatzerlöse der Mandanten	

[574] 118 der Wechsel fanden ohne Änderung der Größenklasse statt. 57 Wechsel von einer kleinen zu einer großen und 21 Wechsel von einer großen zu einer kleinen Prüfungsgesellschaft.

Methode zur Qualitätsmessung	Agency-Kosten
Statistisches Verfahren	Multivariate Regression
Ergebnis der Untersuchung	Die Autoren ermittelten einen Zusammenhang zwischen den Agency-Kosten und der Beauftragung eines Big 8/Nicht-Big 8-Prüfers. Unternehmen mit hohen Agency-Kosten tendierten dazu, einen Big 8-Prüfer zu wählen. Bei der Messung der Größe der Prüfungsgesellschaft über eine stetige Variable konnte dieser Zusammenhang allerdings nicht nachgewiesen werden.

Autor	Beatty, R. P.	
Titel der Studie	Auditor Reputation and the Pricing of Initial Public Offerings	
Erscheinungsjahr	1989	
Datenmaterial	Zeitraum	1975-1984
	Land	USA
	Stichprobe	2.215 Datensätze
Untersuchungsgegenstand	Beatty strebte in der Studie einen Nachweis über den Qualitätsunterschied zwischen großen und kleinen Prüfungsgesellschaften mit Hilfe der Betrachtung von IPOs an. Hierzu analysierte er die Höhe des Underpricings. Er ging davon aus, dass ein niedriges Underpricing ein Indiz für eine positiv wahrgenommene Prüfungsqualität darstellt.[575] In der Studie wurde nicht nur zwischen Big 8 und Nicht-Big 8 unterschieden, sondern ebenfalls in Largest 5, Middle 6 und Smallest 9.	
Unterscheidung der Prüfungsgesellschaften	Big 8 vs. Nicht-Big 8 und Largest 5 vs. Middle 6 vs. Smallest 9	
Methode zur Qualitätsmessung	IPO Underpricing	
Statistisches Verfahren	Multivariate Regression	

[575] Eine ausführliche Darstellung der Messung der Prüfungsqualität anhand der Höhe des IPO Underpricings findet sich in Abschnitt 3.2.2.

Ergebnis der Untersuchung	Die Ergebnisse bestätigen den erwarteten Zusammenhang. Das Underpricing war bei großen Prüfungsgesellschaften geringer als bei kleinen Prüfungsgesellschaften. Außerdem stellte Beatty fest, dass höhere Prüfungshonorare und das IPO Underpricing ebenfalls negativ korreliert waren.

Autoren	Eichenseher, J. W., Hagigi, M. und Shields, D.	
Titel der Studie	Market Reaction to Auditor Changes by OTC Companies	
Erscheinungsjahr	1989	
Datenmaterial	Zeitraum	1980-1982
	Land	USA
	Stichprobe	87 Datensätze[576]
Untersuchungsgegenstand	Die Autoren wollten in der Studie zu ermitteln, ob der Anteil des Eigenkapitals, das von Managern gehalten wird, sowie die Existenz eines Audit Committee und die Größe der Prüfungsgesellschaft einen Einfluss auf die Kapitalmarktreaktionen bei einem Prüferwechseln haben.	
Unterscheidung der Prüfungsgesellschaften	Big 8 vs. Nicht-Big 8	
Methode zur Qualitätsmessung	Kapitalmarktreaktionen	
Statistisches Verfahren	Univariate Regression und ANOVA	
Ergebnis der Untersuchung	Die Ergebnisse lassen darauf schließen, dass Unternehmen, deren Eigenkapital zu großen Teilen dem Management gehört, hohe Kursabschläge bei einem Prüferwechsel befürchten müssen. Die Existenz eines Audit Committees hatte dagegen keinen Einfluss. Der Wechsel des Prüfers hatte positive Reaktionen zur Folge, die allerdings nur bei einem Wechsel zu einer Big 8 Prüfungsgesellschaft signifikant waren. In einer ex post Betrachtung ermittelten die Verfasser, dass sich ein Prüfwechsel stets positiv auf den Kapitalmarkt auswirkte, das Ausmaß aber von der Größe der Prüfungsgesellschaft abhing.	

[576] Von den 87 Prüferwechseln fanden 11 von einer großen zu einer kleinen und 23 von einer kleinen zu einer großen Prüfungsgesellschaft statt. Bei 53 Wechseln änderte sich nichts an der Größe der Prüfungsgesellschaft.

Autoren	Lindsay, D.	
Titel der Studie	Financial Statements Users' Perceptions of Factors Affecting the Ability of Auditors to Resist Client Pressure in a Conflict Situation	
Erscheinungsjahr	1989	
Datenmaterial	Zeitraum	Keine Angabe
	Land	Australien
	Stichprobe	118 Probanden
Untersuchungsgegenstand	Lindsay erweiterte die experimentellen Studien zur wahrgenommen Prüfungsqualität durch ein Experiment in Australien, das sie mit Hilfe von 49 Finanzanalysten und 69 Bankern durchführte. Neben der Größe der Prüfungsgesellschaft wurde auch untersucht, ob Beratungstätigkeiten und der Wettbewerb in der Prüfungsbranche Einfluss auf die wahrgenommene Unabhängigkeit haben.	
Unterscheidung der Prüfungsgesellschaften	Big 8 vs. Nicht-Big 8	
Methode zur Qualitätsmessung	Experiment	
Statistisches Verfahren	ANOVA	
Ergebnis der Untersuchung	Die Ergebnisse zeigen, dass die Unabhängigkeit als hoch eingestuft wird, wenn der Prüfer groß ist und sowohl der Wettbewerbsdruck als auch der Anteil der Beratungsleistungen niedrig sind.	

Autoren	Feltham, G. A., Hughes, J. S. und Simunic, D. A.	
Titel der Studie	Empirical assessment of the impact of auditor quality on the valuation of new issues	
Erscheinungsjahr	1991	
Datenmaterial	Zeitraum	1981
	Land	USA
	Stichprobe	297 Datensätze
Untersuchungsgegenstand	Die Autoren wollten das theoretische Modell von Datar/Feltham/ Hughes[577] empirisch belegen. Die Studienautoren stellten demnach die Hypothesen auf, dass (1) ein hohes Unternehmensrisiko zur Anstellung einer Prüfungsgesellschaft mit positiver Reputation und dass (2) die Beauftragung einer Prüfungsgesellschaft mit guter Reputation zu einer	

[577] Eine ausführlichere Darstellung erfolgt in Abschnitt 3.2.1.

	positiven Marktreaktion führt. Als Prüfungsgesellschaft mit positiver Reaktion legten die Autoren die Big 8 und als Prüfungsgesellschaften ohne positive Reputation diejenigen Prüfungsgesellschaften fest, die nicht zu den 14 größten zählten.
Unterscheidung der Prüfungsgesellschaften	Big 8 vs. Nicht-Big 14
Methode zur Qualitätsmessung	Agency-Konflikte IPO Underpricing
Statistisches Verfahren	Multivariate Regression
Ergebnis der Untersuchung	Entgegen dem Modell von Datar/Feltham/Hughes ließen sich die Hypothesen nicht beweisen. Für Hypothese eins wurde nur ein schwach positiver Zusammenhang gefunden, für Hypothese zwei gar keine signifikante Korrelation. Die Autoren erklärten dies mit Effekten, die sich auf der Angebotsseite befinden. Aufgrund der fehlenden Signifikanz der Ergebnisse sahen sie die Ergebnisse aber auch nicht als Bestätigung für das konkurrierende Modell von Titman/Trueman an.[578]

Autoren	Knapp, M. C.	
Titel der Studie	Factors that Audit Committee Members Use as Surrogates for Audit Quality	
Erscheinungsjahr	1991	
Datenmaterial	Zeitraum	Nicht angegeben
	Land	USA
	Stichprobe	122 Probanden
Untersuchungsgegenstand	Knapp erweiterte den Probandenkreis bei Experimenten in Bezug auf die Prüfungsqualität um unternehmensinterne Personen. Er begründete diesen Schritt damit, dass Audit Committees einen besseren Einblick in die Prozesse des Abschlussprüfers haben, diese aber trotzdem objektiv einschätzen können. Als Einflussvariablen wählte er die Größe der Prüfungsgesellschaft, die Dauer des Mandatsverhältnisses und den Prüfungsansatz.	
Unterscheidung der Prüfungsgesellschaften	Big 8 vs. Nicht-Big 8	

578 Siehe auch hier Abschnitt 3.2.1.

Methode zur Qualitätsmessung	Experiment
Statistisches Verfahren	ANOVA
Ergebnis der Untersuchung	Insgesamt zeigen die Ergebnisse, dass eine lange Mandatsbeziehung und eine geringe Größe der Prüfungsgesellschaft von den Audit Committees als unabhängigkeitsgefährdend eingestuft werden. Die Art des Prüfungsprozesses hatte dagegen keinen Einfluss. Allerdings ergaben sich Unterschiede bei den verschiedenen Gruppen der Audit Committee Mitglieder. Diejenigen, die nur Erfahrungen mit Big 8 Prüfungsgesellschaften hatten, schätzten deren Qualität als höher ein als die von Nicht-Big 8 Prüfungsgesellschaften. Mitglieder, die Erfahrungen mit kleinen und großen Prüfungsgesellschaften gemacht hatten, sahen keinen Unterschied. Allerdings machten diese nur einen sehr kleinen Teil der Stichprobe aus (26 Probanden).

Autoren	DeFond, M. L.	
Titel der Studie	The Association Between Changes in Client Firm Agency Costs and Auditor Switching	
Erscheinungsjahr	1992	
Datenmaterial	Zeitraum	1979-1983
	Land	USA
	Stichprobe	131 Datensätze
Untersuchungsgegenstand	Die Studie gleicht der von Francis/Wilson (1988). Auch DeFond wollte den Effekt von Agency-Kosten auf die Wahl des Prüfers untersuchen. Für die Messung der Agency-Kosten wählte er allerdings größtenteils andere Variablen wie den Verschuldungsgrad, die Höhe der kurzfristigen Periodenabgrenzungen und den Anteil des vom Management gehaltenen Eigenkapitals. Die Prüfungsgesellschaften wurden nach ihrer Größe, der Reputation, der Branchenspezialisierung und ihrer Unabhängigkeit differenziert. DeFond ging davon aus, dass bei einem Anstieg der Agency-Kosten ein Prüferwechsel zu einem besser qualifizierten Prüfer erfolgen müsste.	
Unterscheidung der Prüfungsgesellschaften	Stetige Größenunterscheidung auf Basis der Umsatzerlöse der Mandanten Big 8 vs. Second-Tier- vs. kleinere Prüfungsgesellschaften Spezialisten gemessen an der Marktanteilsmethode (> 10 Prozent)	
Methode zur Qualitätsmessung	Ageny-Kosten	

Statistisches Verfahren	Multivariate Regression
Ergebnis der Untersuchung	Die Ergebnisse lassen insgesamt den Schluss zu, dass Unternehmen mit höheren Agency-Kosten zu einer Prüfungsgesellschaft mit guter Reputation (möglichst groß, zu den Big 8 gehörend und Spezialist) wechseln. Einzelne Regressionsergebnisse waren jedoch insignifikant.

Autoren	Hagigi, M., Kluger, B. D. und Shields, D.	
Titel der Studie	Auditor Change Announcements and Dispersion of Investor Expectations	
Erscheinungsjahr	1993	
Datenmaterial	Zeitraum	1980-1982
	Land	USA
	Stichprobe	122 Datensätze[579]
Untersuchungsgegenstand	Die Studie reiht sich in die Analysen zu Kapitalmarktreaktionen auf Prüferwechsel ein. Im Gegensatz zu den bisherigen Studien betrachteten die Autoren aber das Handelsvolumen und den Bid-Ask-Spread.	
Unterscheidung der Prüfungsgesellschaften	Big 8 vs. Nicht-Big 8	
Methode zur Qualitätsmessung	Kapitalmarktreaktionen	
Statistisches Verfahren	T-Test	
Ergebnis der Untersuchung	Die Autoren stellten fest, dass der Kapitalmarkt positiv auf einen Prüferwechsel reagiert. Dies wurde durch den Abbau von Informationsasymmetrien begründet. Dabei war lediglich der Wechsel von einer Nicht-Big 8 zu einer Big 8 Prüfungsgesellschaft beim Handelsvolumen signifikant positiv, sodass insgesamt von keinem erheblichen Einfluss der Größe einer Prüfungsgesellschaft gesprochen werden kann. Die Anzahl der Wechsel von einer großen zu einer kleinen Prüfungsgesellschaft war aber auch sehr niedrig.	

579 40 Wechsel fanden von einer kleinen zu einer großen, 15 von einer großen zu einer kleinen Prüfungsgesellschaft und 67 Wechsel ohne Größenänderung statt.

Autor	Jang, H.-Y. J. und Lin, C.-J.	
Titel der Studie	Audit Quality and Trading Volume Reaction: A Study of Initial Public Offering of Stocks	
Erscheinungsjahr	1993	
Datenmaterial	Zeitraum	1986-1987
	Land	USA
	Stichprobe	680 Datensätze
Untersuchungsgegenstand	Die Autoren wollten in ihrer Studie einen weiteren Nachweis zur Qualitätsdifferenzierung zwischen großen und kleinen Prüfungsgesellschaften in den USA erbringen. Hierzu analysierten sie das Handelsvolumen im Anschluss an eine IPO. Sie gingen davon aus, dass ein hohes Handelsvolumen kurz nach der IPO von einer positiven Qualitätseinschätzung der Investoren zeugt.	
Unterscheidung der Prüfungsgesellschaften	Big 8 vs. Nicht-Big 8	
Methode zur Qualitätsmessung	IPO (Handelsvolumen)	
Statistisches Verfahren	Multivariate Regression	
Ergebnis der Untersuchung	Wie die Autoren erwarteten, war das Handelsvolumen bei Unternehmen, die durch eine der Big 8 Prüfungsgesellschaften geprüft wurden, an den ersten Tagen nach einer IPO größer. Erst nach mehreren Tagen holten die Unternehmen auf, die von kleineren Prüfungsgesellschaften geprüft wurden. Dies stimmt mit der Hypothese, dass die Big 8 Prüfungsgesellschaften mit einer hohen Qualität verbunden werden, überein.	

Autoren	Teoh, S. H. und Wong, T. J.	
Titel der Studie	Perceived Auditor Quality and the Earnings Response Coefficient	
Erscheinungsjahr	1993	
Datenmaterial	Zeitraum	1980-1989
	Land	USA
	Stichprobe	1.416 Datensätze[580]

[580] Hiervon waren 1.282 Beobachtungen in dem Matched-Pair Sample und 134 in dem Switch Sample.

Untersuchungsgegenstand	Ziel der Studie war ein Vergleich der Kapitalmarktreaktionen auf Jahresabschlüsse, die entweder von einer Big 8 oder einer Nicht-Big 8 Prüfungsgesellschaft geprüft werden. Diese Reaktion maßen sie am Earnings Response Coefficient[581]. Je größer dieser war, desto höher schätzten sie die wahrgenommene Prüfungsqualität ein. Für den Vergleich bildeten die Autoren zwei Samples. Ein Matched-Pair Sample und ein Switch Sample.
Unterscheidung der Prüfungsgesellschaften	Big 8 vs. Nicht-Big 8
Methode zur Qualitätsmessung	Kapitalmarktreaktionen
Statistisches Verfahren	Multivariate Regression
Ergebnis der Untersuchung	Die Ergebnisse bestätigten die Vermutung der Autoren. Der Earnings Response Coefficient war in beiden Samples für Unternehmen, die von Big 8 Prüfungsgesellschaften geprüft wurden, höher als für Unternehmen, die von kleinen Gesellschaften geprüft wurden.

Autor	Clarkson, P. M. und Simunic, D. A.	
Titel der Studie	The association between audit quality, retains ownership, and firm-specific risk in U.S. vs. Canadian IPO markets	
Erscheinungsjahr	1994	
Datenmaterial	Zeitraum	1984-1987
	Land	Kanada und USA
	Stichprobe	174 Datensätze
Untersuchungsgegenstand	Nachdem die Studien von Simunic/Stein (1997), Beatty (1989) und Feltham/Hughes/Simunic (1991) das theoretische Modell von Datar/ Feltham/Hughes nicht beweisen konnten, versuchten Clarkson und Simunic das Modell in einem anderen Rechtsraum zu belegen. Sie vermuteten, dass die Haftungsrisiken in den USA zu so hohen Kosten für die Anstellung einer Prüfungsgesellschaft mit guter Reputation führen, dass sich diese nicht für Unternehmen mit hohen Unternehmensrisiken lohnt.	

[581] Der Earnings Response Coefficient gibt die Intensität des Zusammenhangs zwischen Kursen und Gewinnen wieder. In den meisten Studien wird er als Regressionskoeffizient für unerwartete Gewinne in einer Regression abnormaler Renditen auf unerwartete Gewinne definiert. Vgl. Lindemann (2006): 975.

Unterscheidung der Prüfungsgesellschaften	Big 8 vs. Nicht-Big 8
Methode zur Qualitätsmessung	IPO
Statistisches Verfahren	Multivariate Regression
Ergebnis der Untersuchung	Die Ergebnisse bestätigten die Vermutungen der Autoren. In Kanada wurde ein signifikanter Zusammenhang zwischen dem Unternehmensrisiko und der Anstellung eines Abschlussprüfers mit guter Reputation festgestellt. Ein Vergleich zu den USA zeigt hier Differenzen. Dort wurde kein Unterschied zwischen Big 8 und Nicht-Big 8 Prüfungsgesellschaften ermittelt.

Autor	Hogan, C. E.	
Titel der Studie	Costs and Benefits of Audit Quality in the IPO Market: A Self-Selection Analysis	
Erscheinungsjahr	1997	
Datenmaterial	Zeitraum	1990-1992
	Land	USA
	Stichprobe	692 Datensätze
Untersuchungsgegenstand	Hogan erweiterte die bisherigen Forschungsansätze zur Wahl des Abschlussprüfers bei einer IPO, indem er ein Modell entwickelte, in dem sowohl die Höhe des erwarteten Underpricings als auch die Kosten für den Abschlussprüfer berücksichtigt wurden, da seiner Meinung nach beides für ein Unternehmen relevant ist. Für Unternehmen mit großen Unternehmensrisiken wurden höhere Kosten bei der Wahl eines Abschlussprüfers mit positiver Reputation erwartet, sodass Hogan davon ausging, dass diese seltener eine der Big 6 Prüfungsgesellschaften wählen.	
Unterscheidung der Prüfungsgesellschaften	Big 6 vs. Nicht-Big 6	
Methode zur Qualitätsmessung	IPO	
Statistisches Verfahren	Multivariate Regression	

Ergebnis der Untersuchung	Die Resultate der empirischen Analyse belegten den von Hogan vorausgesagten Effekt, dass Unternehmen mit größeren Risiken seltener einen Big 6 Prüfer wählen, obwohl bei diesen das Underpricing geringer ausfallen würde.[582]

Autoren	Khurana, I. K. und Raman, K. K.	
Titel der Studie	Litigation Risk and the Financial Reporting Credibility of Big 4 versus Non-Big 4 Audits: Evidence from Anglo-American Countries	
Erscheinungsjahr	2004	
Datenmaterial	Zeitraum	1990-1999
	Land	Australien, Großbritannien, Kanada und USA
	Stichprobe	19.517 Datensätze[583]
Untersuchungsgegenstand	Khurana und Raman wollten in ihrer Studie feststellen, ob die Qualität der großen Prüfungsgesellschaften aufgrund von Haftungsregelungen oder aufgrund ihrer Reputation als hoch eingestuft wird. Sie nahmen an, dass die Haftungsrisiken in den USA strenger, die Reputationen der Prüfungsgesellschaften aber vergleichbar sind. Um die wahrgenommene Prüfungsqualität zu messen, nutzten sie ex ante Kapitalkosten.	
Unterscheidung der Prüfungsgesellschaften	Big 4 vs. Nicht-Big 4	
Methode zur Qualitätsmessung	Kapitalmarktreaktionen	
Statistisches Verfahren	Multivariate Regression	
Ergebnis der Untersuchung	Übereinstimmend mit ihren Erwartungen ermittelten die Autoren in den USA abweichende Kapitalkosten zwischen Mandanten von großen und kleinen Prüfungsgesellschaften. Für die anderen drei Länder lagen keine Differenzen vor. Somit führten sie den Qualitätsunterschied auf die Haftungsregelungen und nicht auf die Reputation zurück. Die Autoren vernachlässigten allerdings den Zusammenhang zwischen	

[582] Marten kritisiert, dass der Entscheidungsprozess bei der Wahl des Abschlussprüfers komplexer sein dürfte als hier dargestellt. Er geht davon aus, dass eine weitere Motivation für Unternehmen, einen Big 6 Prüfer zu wählen, darin besteht, dass das Management des Unternehmens sich später die Haftungskosten mit dem Prüfer teilt. Somit dürfte sich eine Zunahme des Unternehmensrisikos entgegengesetzt zu dem vermuteten Effekt von Hogan auswirken. Vgl. Marten (1999): 76.

[583] Davon waren 15.817 Datensätze aus den USA, 579 aus Australien, 945 aus Kanada und 2.176 aus Großbritannien.

	Haftungsfällen und Reputationsschäden. Ein Haftungsfall würde in allen vier Ländern ebenfalls einen Reputationsschaden nach sich ziehen. Dementsprechend haben die Prüfungsgesellschaften einen Anreiz, eine höhere tatsächliche Prüfungsqualität zu erbringen. Dieser Anreiz dürfte in den USA am höchsten sein. Dementsprechend kann aus den strengeren Haftungsregelungen möglicherweise erst der Reputationsgewinn erfolgen, der dementsprechend in den verschiedenen Ländern unterschiedlich wahrgenommen wird.

Autor	Fan, J. P. H. und Wong, T. J.	
Titel der Studie	Do External Auditors Perform a Corporate Governance Role in Emerging Markets? Evidence from East Asia	
Erscheinungsjahr	2005	
Datenmaterial	Zeitraum	1994-1996
	Land	8 Länder (Hongkong, Indonesien, Malaysia, Philippinen, Singapur, Südkorea, Taiwan und Thailand)
	Stichprobe	3.672 Datensätze
Untersuchungsgegenstand	Die asiatischen Unternehmen sind durch große Agency-Konflike gekennzeichnet, die zwischen den geschäftsführenden Eigentümern und den Minderheitsgesellschaftern bestehen. Die internen Governance Mechanismen sind aber nur schwach ausgeprägt. Die Autoren wollten mit ihrer Studie herausfinden, ob Abschlussprüfer als externe Akteure dazu beauftragt werden, die Agency-Kosten zu minimieren.	
Unterscheidung der Prüfungsgesellschaften	Big 5 vs. Nicht-Big 5	
Methode zur Qualitätsmessung	Agency-Kosten	
Statistisches Verfahren	Logit Regression Multivariate Regression	
Ergebnis der Untersuchung	Die Ergebnisse bestätigen, dass Unternehmen mit größeren Agency-Kosten eher dazu tendieren, eine Big 5 Prüfungsgesellschaft zu beauftragen. Somit scheinen Unternehmen in Asien die Qualität von großen Prüfungsgesellschaften höher einzuschätzen als die von kleinen Prüfungsgesellschaften.	

Anhang C: Empirische Studien zum tatsächlichen Qualitätsunterschied zwischen spezialisierten und nichtspezialisierten Prüfungsgesellschaften

Autor	O'Keefe, T. B., King, R. D. und Gaver, K. M.	
Titel der Studie	Audit Fees, Industry Specialization, and Compliance with GAAS Reporting Standards	
Erscheinungsjahr	1994	
Datenmaterial	Zeitraum	1986
	Land	USA
	Stichprobe	935 Datensätze
Untersuchungsgegenstand	Ziel der Studie war es herauszufinden, ob höhere Prüfungshonorare und eine Spezialisierung der Prüfungsgesellschaften zu einer besseren Prüfungsqualität führen. Hierzu untersuchten die Autoren die Nachprüfungen der Abschlussprüfungen, die bei öffentlichen Schulen in den USA durchgeführt wurden.	
Unterscheidung der Prüfungsgesellschaften	Marktanteilsmethode: Metrischer Maßstab	
Methode zur Qualitätsmessung	Verstöße gegen die GAAS	
Statistisches Verfahren	Multivariate Regression	
Ergebnis der Untersuchung	Die Ergebnisse zeigen, dass sich sowohl die Höhe der Prüfungshonorare als auch eine Spezialisierung der Prüfungsgesellschaft positiv auf die Einhaltung der Generally Accepted Auditing Standards (GAAS) und somit auf die Prüfungsqualität auswirkt.	

Autoren	Craswell, A. T., Francis, R. J. und Taylor, S. L.	
Titel der Studie	Auditor brand name reputations and industry specializations	
Erscheinungsjahr	1995	
Datenmaterial	Zeitraum	1987
	Land	Australien
	Stichprobe	1.448 Datensätze[584]
Untersuchungsgegenstand	Die Autoren wollten in ihrer Studie überprüfen, ob es neben höheren Honoraren für große Prüfungsgesellschaften auch Zuschläge für spezialisierte Prüfungsgesellschaften gibt. Hierzu verglichen sie die Prüfungshonorare von Big 8 Prüfungsgesellschaften, die entweder Spezialisten oder Nichtspezialisten sind.	
Unterscheidung der Prüfungsgesellschaften	Big 8 vs. Nicht-Big 8 Marktanteilsmethode: Mindestens 10 bzw. 20 % Marktanteil	
Methode zur Qualitätsmessung	Höhe der Prüfungshonorare	
Statistisches Verfahren	Multivariate Regression	
Ergebnis der Untersuchung	Die Ergebnisse bestätigen einen Preiszuschlag bei großen Prüfungsgesellschaften. Dieser lag bei ca. 30 %. Bei der Differenzierung nach der Spezialisierung ergab sich ein signifikanter Zuschlag von 34 %. Dies gilt aber nur bei der Zugrundelegung einer 10 %-Marktanteilsschwelle. Bei der Verwendung einer 20 %-Schwelle sind die Ergebnisse insignifikant.	

Autor	Langendijk, H.	
Titel der Studie	The market for audit services in the Netherlands	
Erscheinungsjahr	1997	
Datenmaterial	Zeitraum	1990
	Land	Niederlande
	Stichprobe	381 Datensätze[585]

[584] Hiervon wurden bei einer Schwelle von 10 % 204 Unternehmen als Spezialisten und bei einer Schwelle von 20 % 67 Unternehmen als Spezialisten bezeichnet.

[585] Da die Prüfungshonorare zu dem Zeitpunkt der Studie nicht frei verfügbar waren, versandte Langendijk Fragebögen an die Unternehmen. Von 829 Unternehmen haben 381 geantwortet, was einer Quote von 46 % entspricht.

Untersuchungsgegenstand	Langendijk wollte feststellen, ob die erhöhten Prüfungshonorare für große Prüfungsgesellschaften und Spezialisten ein angloamerikanisches Phänomen sind oder auch in kontinentaleuropäischen Ländern auftreten. Hierzu analysierte er die Honorargestaltung von sämtlichen börsennotierten und nicht-notierten Unternehmen in den Niederlanden. Eine gesonderte Auswertung nahm er für den Finanzsektor vor.
Unterscheidung der Prüfungsgesellschaften	Big 6 vs. Nicht-Big 6 Marktanteilsmethode: Mindestens 10 bzw. 20 % Marktanteil
Methode zur Qualitätsmessung	Höhe der Prüfungshonorare
Statistisches Verfahren	Multivariate Regression
Ergebnis der Untersuchung	Im Gegensatz zu den angloamerikanischen Studien konnte Langendijk keinen Unterschied zwischen den Honoraren von großen und kleinen Prüfungsgesellschaften feststellen. Die einzige Ausnahme stellte KPMG dar, die höhere Prüfungshonorare erhielt. Die gesonderte Analyse des Finanzsektors ergab keinen Unterschied zwischen spezialisierten und nichtspezialisierten Prüfungsgesellschaften. Ob dies für andere Branchen ebenfalls gilt, wurde in der Studie jedoch nicht untersucht.

Autoren	Wright, S. und Wright, A. M.	
Titel der Studie	The Effect of Industry Experience on Hypothesis Generation and Audit Planning Decisions	
Erscheinungsjahr	1997	
Datenmaterial	Zeitraum	Nicht angegeben
	Land	USA
	Stichprobe	122 Probanden
Untersuchungsgegenstand	Die Autoren wollten in einem Experiment feststellen, ob Prüfer mit einer großen Branchenerfahrung eine höhere Prüfungsqualität liefern. Hierzu analysierten sie das Verhalten von Partnern, Managern und Prüfungsleitern von zwei der damaligen Big 6 Prüfungsgesellschaften.	
Unterscheidung der Prüfungsgesellschaften	Wright/Wright bemaßen die Branchenerfahrung anhand von Schulungsstunden und der Anzahl der betreuten Mandanten im Einzelhandel.	
Methode zur Qualitätsmessung	Experiment	

Statistisches Verfahren	Multivariate Regression
Ergebnis der Untersuchung	Das Verhalten der Probanden lässt insgesamt darauf schließen, dass Spezialisten eine höhere Prüfungsqualität liefern. Diese stellten bessere Hypothesen hinsichtlich der Existenz von Fehlern auf. Allerdings sind nicht sämtliche Aspekte von den Spezialisten besser gelöst worden. So wirkte sich die bessere Hypothesengenerierung nicht auf die Planung der Prüfungsstunden aus.

Autoren	Solomon, I., Shields, M. D. und Whittington, O. R.	
Titel der Studie	What Do Industry-Specialist Auditors Know?	
Erscheinungsjahr	1999	
Datenmaterial	Zeitraum	Nicht angegeben
	Land	USA
	Stichprobe	97 Probanden
Untersuchungsgegenstand	Mit Hilfe ihres Experiments wollten Solomon/Shields/Whittington herausfinden, ob Spezialisten besser in der Lage sind, Fehler in einem Jahresabschluss zu erkennen. Hierzu führten sie zwei Experimente mit Spezialisten in den Bereichen Banken und Gesundheitswesen durch.	
Unterscheidung der Prüfungsgesellschaften	Prüfer wurden als Spezialisten angesehen, wenn sie von der Prüfungsgesellschaft als diese bezeichnet wurden.	
Methode zur Qualitätsmessung	Experiment	
Statistisches Verfahren	Multivariate Regression	
Ergebnis der Untersuchung	Die Ergebnisse der Untersuchung sind nicht eindeutig. Während im ersten Experiment festgestellt wurde, dass Spezialisten besser in der Lage sind, Fehler im Jahresabschluss zu erkennen, widersprachen dem die Ergebnisse des zweiten Experiments. Bei Angaben, die keine Fehler enthielten, ergab sich ein ähnliches Bild. Auch hier waren die Ergebnisse gemischt.	

Autoren	DeFond, M. L., Francis, J. R. und Wong, T. J.	
Titel der Studie	Auditor Industry Specialization and Market Segmentation: Evidence from Hong Kong	
Erscheinungsjahr	2000	
Datenmaterial	Zeitraum	1992
	Land	Hongkong
	Stichprobe	348 Datensätze
Untersuchungsgegenstand	Die Autoren untersuchten die Preisgestaltung der Big 6 Prüfungsgesellschaften in Hongkong. Dabei differenzierten sie außerdem, ob die Prüfungsgesellschaft ein Spezialist ist oder nicht.	
Unterscheidung der Prüfungsgesellschaften	Big 6 vs. Nicht-Big 6 Marktanteilsmethode: Top 3	
Methode zur Qualitätsmessung	Höhe der Prüfungshonorare	
Statistisches Verfahren	Multivariate Regression	
Ergebnis der Untersuchung	Die Ergebnisse zeigen, dass nichtspezialisierte große Prüfungsgesellschaften Honorare erhalten, die 37 % über denen von nicht-spezialisierten kleinen Prüfungsgesellschaften liegen. Spezialisierte große Prüfungsgesellschaften erhalten wiederum Honorare, die 29 % über denen von nichtspezialisierten Big 6 Prüfungsgesellschaften liegen. Bei der Preisgestaltung der nicht zu den Big 6 gehörenden, aber in der Immobilienbranche zu den Spezialisten zählenden Gesellschaft KWTF konnten keine signifikanten Preisunterschiede festgestellt werden. Daraus schlossen die Autoren, dass ein Brand Name notwendig ist, um als Spezialist höhere Honorare zu erzielen.	

Autoren	Menon, K. und Williams, D. D.	
Titel der Studie	Long-Term Trends in Audit Fees	
Erscheinungsjahr	2001	
Datenmaterial	Zeitraum	1980-1997
	Land	USA
	Stichprobe	1.330 Datensätze
Untersuchungsgegenstand	Menon und Williams untersuchten, wie sich die Prüfungshonorare im Zeitablauf verändert haben. Hierzu analysierten sie die freiwilligen Angaben über Prüfungshonorare von Mandanten, die von den Big 6 Prüfungsgesellschaften geprüft wurden. Dabei testeten sie auch, ob spezia-	

	lisierte Prüfungsgesellschaften höhere Prüfungshonorare erhalten als nichtspezialisierte Prüfungsgesellschaften.
Unterscheidung der Prüfungsgesellschaften	Marktanteilsmethode: Metrischer Maßstab
Methode zur Qualitätsmessung	Höhe der Prüfungshonorare
Statistisches Verfahren	Multivariate Regression
Ergebnis der Untersuchung	Die Autoren stellten fest, dass die Prüfungshonorare in den Neunzigerjahren stetig anstiegen, während sie danach eher konstant geblieben sind. Die Fusionen der Big 8 Prüfungsgesellschaften zu den Big 6 scheint einen kurzfristigen Anstieg der Honorare verursacht zu haben, der aber nicht von Dauer war. Höhere Honorare für Spezialisten konnten durchweg nicht festgestellt werden. Hierbei ist allerdings anzumerken, dass die Berechnung der Spezialisierung anhand der Marktanteilsmethode nur auf einem Bruchteil des gesamten Marktes basierte,[586] sodass bei der Bestimmung der Spezialisten von großen Verzerrungen auszugehen ist.

Autoren	Zhou, J. und Elder, R.	
Titel der Studie	Audit Firm Size, Industry Specialization and Earnings Management by Initial Public Offering Firms	
Erscheinungsjahr	2001	
Datenmaterial	Zeitraum	1996-1998
	Land	USA
	Stichprobe	1.048 Datensätze
Untersuchungsgegenstand	Zhou/Elder untersuchten in ihrer Studie das Ausmaß an Bilanzpolitik bei IPOs. Sie wollten herausfinden, ob die Größe und Spezialisierung der Prüfungsgesellschaft Einfluss auf die Höhe der Bilanzpolitik haben und somit eine bessere Prüfungsqualität liefern.	
Unterscheidung der Prüfungsgesellschaften	Big 5 vs. Nicht-Big 5 Marktanteilsmethode: Mindestens 15 % Marktanteil	

[586] Es wurden nur die Unternehmen in die Untersuchung mit einbezogen, die freiwillig die Prüfungshonorare veröffentlicht haben. Dies sind im Schnitt pro Jahr ca. 74 Unternehmen bei einer gesamten Anzahl börsennotierter Unternehmen von mehreren tausend.

Methode zur Qualitätsmessung	Bilanzpolitik: Modified-Jones-Modell (Branchenspezifisch)
Statistisches Verfahren	Multivariate Regression
Ergebnis der Untersuchung	Die Ergebnisse der empirischen Untersuchung bestätigten die Hypothesen der Autoren. Die Mandanten von großen und spezialisierten Prüfungsgesellschaften wiesen signifikant niedrigere diskretionäre Periodenabgrenzungen auf.

Autoren	Ferguson, A. und Stokes, D.	
Titel der Studie	Brand Name Audit Pricing, Industry Specialization, and Leadership Premiums post-Big 8 and Big 6 Mergers	
Erscheinungsjahr	2002	
Datenmaterial	Zeitraum	1990, 1992, 1994, 1998
	Land	Australien
	Stichprobe	4.292 Datensätze
Untersuchungsgegenstand	Ferguson/Stokes wollten die Ergebnisse von Craswell/Francis/Taylor überprüfen, indem sie den Qualitätsunterschied zwischen spezialisierten und nichtspezialisierten Prüfungsgesellschaften in verschiedenen Jahren und mit unterschiedlichen Definitionen von Spezialisierung maßen. Außerdem untersuchten sie den Unterschied der Honorare zwischen großen und kleinen Prüfungsgesellschaften.	
Unterscheidung der Prüfungsgesellschaften	Big 6/5 vs. Nicht-Big 6/5 Marktanteilsmethode: Mindestens 10, 15 bzw. 20 % Marktanteil Top 1 und Top 3	
Methode zur Qualitätsmessung	Höhe der Prüfungshonorare	
Statistisches Verfahren	Multivariate Regression	
Ergebnis der Untersuchung	Die Ergebnisse der Studie lassen den Schluss bei der Differenzierung in große und kleine Prüfungsgesellschaften zu, dass sich ein Unterschied in der Honorarhöhe nur ergibt, wenn in der Branche Spezialisten existieren. Ist dem nicht so, sind die Honorare für große und kleine nichtspezialisierte Prüfungsgesellschaften gleich. Bei der Analyse der Honorarunterschiede zwischen Spezialisten und Nichtspezialisten ergaben sich wenig Signifikanzen. Die Honorare scheinen am ehesten zwischen dem Marktführer und den anderen Prüfungsgesellschaften unterschiedlich	

	hoch auszufallen. Bei alternativen Definitionen von Spezialisierung ergaben sich kaum Honorarunterschiede.

Autoren	Balsam, S., Krishnan, J. und Yang, J. S.	
Titel der Studie	Auditor Industry Specialization and Earnings Quality	
Erscheinungsjahr	2003	
Datenmaterial	Zeitraum	1991-1999
	Land	USA
	Stichprobe	50.116/19.091 Datensätze[587]
Untersuchungsgegenstand	Nachdem mehrfach eine positive Wirkung der Größe einer Prüfungsgesellschaft auf die Jahresabschlussqualität – gemessen anhand der diskretionären Periodenabgrenzungen und des Earnings Response Coefficient in den USA – nachgewiesen werden konnte, wollten die Autoren untersuchen, ob auch spezialisierte Prüfungsgesellschaften eine bessere Qualität erbringen.	
Unterscheidung der Prüfungsgesellschaften	Marktanteilsmethode: Top 1 Top 1 und mindestens 10 % mehr Marktanteil als die Prüfungsgesellschaft mit dem zweithöchsten Marktanteil Metrischer Maßstab Meiste Mandanten in der Branche Anzahl der Mandanten: Top 1 Marktanteil gemessen an der Anzahl der Mandate in einer Branche Anzahl der Mandate	
Methode zur Qualitätsmessung	Bilanzpolitik: Earnings Response Coefficient Jones-Modell (Branchenspezifisch)	
Statistisches Verfahren	Multivariate Regression	
Ergebnis der Untersuchung	Die Ergebnisse bestätigten die Hypothesen der Autoren in elf von zwölf Fällen. Daraus schlossen die Autoren, dass spezialisierte Abschlussprüfer eine bessere Prüfungsqualität liefern, die zu einer verbesserten Jahresabschlussqualität führt.	

[587] Bei der Berechnung der diskretionären Periodenabgrenzungen wurden 50.116 Datensätze und bei der Berechnung des Earnings Response Coefficient 19.091 Datensätze genutzt.

Autoren	Ferguson, A., Francis, J. R. und Stokes, D.	
Titel der Studie	The Effects of Firm-Wide and Office-Level Industry Expertise on Audit Pricing	
Erscheinungsjahr	2003	
Datenmaterial	Zeitraum	1998
	Land	Australien
	Stichprobe	1.046 Datensätze
Untersuchungsgegenstand	Ziel der Studie war es herauszufinden, ob die Reputation einer Prüfungsgesellschaft als Spezialist für ein ganzes Land oder nur für einzelne Niederlassungen gilt. Hierzu analysierten die Autoren die Prüfungshonorare von Spezialisten und Nichtspezialisten, die sie zum einen für den gesamten Prüfungsmarkt und zum anderen für einzelne Städte bestimmt hatten.	
Unterscheidung der Prüfungsgesellschaften	Big 5 vs. Nicht-Big 5 Marktanteilsmethode: Top 1, Top 2 und Top 3	
Methode zur Qualitätsmessung	Höhe der Prüfungshonorare	
Statistisches Verfahren	Multivariate Regression	
Ergebnis der Untersuchung	Die Ergebnisse zeigen, dass Prüfungsgesellschaften nur ein höheres Honorar erhalten, wenn sie nicht nur den höchsten Marktanteil im gesamten Markt halten, sondern wenn sie zusätzlich auch in der jeweiligen Stadt Marktführer sind. Prüfungsgesellschaften, die gesamter Marktführer sind, aber in der jeweiligen Stadt zu den Nichtspezialisten zählen, erhalten keine höheren Prüfungshonorare. Die Autoren schränkten die Übertragbarkeit der Ergebnisse dahin gehend ein, dass es in Australien lediglich fünf bedeutende Städte gibt, die zum Teil weit auseinander liegen. In anderen Ländern können die Ergebnisse anders ausfallen.	

Autoren	Krishnan, G. V.	
Titel der Studie	Does Big 6 Auditor Industry Expertise Constrain Earnings Management?	
Erscheinungsjahr	2003	
Datenmaterial	Zeitraum	1989-1998
	Land	USA
	Stichprobe	24.114 Datensätze

Untersuchungsgegenstand	Ziel der Analyse war die Feststellung, ob spezialisierte Prüfungsgesellschaften Bilanzpolitik mehr einschränken als nichtspezialisierte Prüfungsgesellschaften. Die Spezialisierung wurde hierbei sowohl anhand der Portfolio- als auch der Marktanteilsmethode ermittelt.
Unterscheidung der Prüfungsgesellschaften	Portfoliomethode: Top 3 Marktanteilsmethode: Mindestens 15 % Marktanteil
Methode zur Qualitätsmessung	Bilanzpolitik: Jones-Modell (Branchenspezifisch)
Statistisches Verfahren	Multivariate Regression
Ergebnis der Untersuchung	Sowohl die Ergebnisse anhand der Portfoliomethode als auch diejenigen anhand der Marktanteilsmethode lassen darauf schließen, dass spezialisierte Prüfungsgesellschaften die Bilanzpolitik stärker einschränken als nichtspezialisierte Prüfungsgesellschaften.

Autor	Carcello, J. V./Nagy, A. L.	
Titel der Studie	Client size, auditor specialization and fraudulent financial reporting	
Erscheinungsjahr	2004	
Datenmaterial	Zeitraum	1990-2001
	Land	USA
	Stichprobe	218 Datensätze[588]
Untersuchungsgegenstand	Carcello/Nagy erweiterten die Forschung bezüglich des Qualitätsunterschiedes zwischen Spezialisten und Nicht-Spezialisten, indem sie die Größe des Mandanten explizit berücksichtigten.[589] Zur Messung der Qualität nutzten sie die Accounting and Auditing Enforcement Releases der SEC und matchten das Sample der Unternehmen mit einer Bilanzmanipulation mit je einem Kontrollunternehmen.	
Unterscheidung der Prüfungsgesellschaften	Marktanteilsmethode: Metrischer Maßstab Top 1 Mindestens 20 % Marktanteil	

[588] Davon waren 109 Unternehmen mit Bilanzmanipulationen und 109 Unternehmen in der Kontrollgruppe ohne Bilanzmanipulationen.

[589] In anderen Studien wird die Größe des Mandanten gewöhnlicherweise als Kontrollvariable mit in die Untersuchung einbezogen. Allerdings werden keine gesonderten Tests durchgeführt.

Methode zur Qualitätsmessung	Accounting and Auditing Enforcement Releases
Statistisches Verfahren	Logit Regression
Ergebnis der Untersuchung	Die Ergebnisse bestätigten den auch von anderen Studien festgestellten Zusammenhang zwischen der Spezialisierung und der Prüfungsqualität. Die Mandanten von Spezialisten wiesen signifikant seltener Bilanzmanipulationen auf. Dieser Effekt nahm aber mit der Größe des Mandanten ab.

Autoren	Jenkins, D. S., Kane, G. D. und Velury, U.	
Titel der Studie	Earnings quality decline and the effect of industry specialist auditors: An analysis of the late 1990s	
Erscheinungsjahr	2006	
Datenmaterial	Zeitraum	1990-1999
	Land	USA
	Stichprobe	6.370 Datensätze
Untersuchungsgegenstand	Die Autoren wollten in der Studie feststellen, ob sich die Prüfungsqualität im Zeitablauf verschlechtert hat. Insbesondere wollten sie nachweisen, ob eine Spezialisierung diesen Effekt vermindert.	
Unterscheidung der Prüfungsgesellschaften	Marktanteilsmethode: Mindestens 20 bzw. 25 % Marktanteil Meiste Mandanten in der Branche	
Methode zur Qualitätsmessung	Bilanzpolitik: Earnings Response Coefficient Jones-Modell (Cross-Sectional)	
Statistisches Verfahren	Multivariate Regression	
Ergebnis der Untersuchung	Die Ergebnisse zeigen, dass die Bilanzpolitik in den Jahren 1996-1999 signifikant höher ausfällt als in den Jahren zuvor. Bei Mandanten von Spezialisten konnte aber ein geringerer Anstieg verzeichnet werden. Dies spricht dafür, dass Spezialisten die Entwicklung zwar nicht vollständig aufhalten, aber zumindest vermindern können.	

Autoren	Lowensohn et al.	
Titel der Studie	Auditor specialization, perceived audit quality, and audit fees in the local government audit market	
Erscheinungsjahr	2007	
Datenmaterial	Zeitraum	1998
	Land	Australien
	Stichprobe	241 Datensätze
Untersuchungsgegenstand	Die Autoren wollten herausfinden, ob die Größe und die Spezialisierung Einfluss auf die wahrgenommene Prüfungsqualität hat. Hierzu haben sie Fragebögen an Finanzdirektoren von Kommunalverwaltungen versandt und die Prüfungshonorare erhoben.	
Unterscheidung der Prüfungsgesellschaften	Big 5 vs. Nicht-Big 5 Marktanteilsmethode: Metrischer Maßstab	
Methode zur Qualitätsmessung	Höhe der Prüfungshonorare Befragung	
Statistisches Verfahren	Multivariate Regression	
Ergebnis der Untersuchung	Die Autoren ermittelten, dass die Prüfungsqualität von den Finanzdirektoren bei spezialisierten Prüfungsgesellschaften höher eingeschätzt wurde. Auf die Höhe der Prüfungshonorare hat die Spezialisierung dagegen keinen Einfluss. Bei der Größe der Prüfungsgesellschaften ist der Zusammenhang genau andersherum. Deren Qualität wurde nicht höher eingeschätzt, sie bekamen aber signifikant höhere Honorare.	

Autoren	Green, W.	
Titel der Studie	Are Industry Specialists More Efficient and Effective in Performing Analytical Procedures? A Multi-stage Analysis	
Erscheinungsjahr	2008	
Datenmaterial	Zeitraum	Nicht angegeben
	Land	USA
	Stichprobe	58 Probanden

Untersuchungsgegenstand	Green untersuchte, ob ein spezialisierter Prüfer nicht nur die Urteilskraft während einer Prüfung erhöht, also mit höherer Wahrscheinlichkeit den Sachverhalt richtig einschätzt,, sondern der gesamte Prüfungsprozess positiv beeinflusst und somit auch die Effizienz erhöht wird. Um dies zu ermitteln, führte sie ein Experiment durch und analysierte die Hypothesenbildung, die gewählten Prüfmethoden und die Schlussfolgerungen der Teilnehmer.
Unterscheidung der Prüfungsgesellschaften	Selbsteinschätzung der Prüfer
Methode zur Qualitätsmessung	Experiment
Statistisches Verfahren	T-Test
Ergebnis der Untersuchung	Die Ergebnisse zeigen, dass der Anteil der Spezialisten mit dem richtigen Endergebnis (neun) signifikant höher ist als der der Nichtspezialisten (zwei). Die Anzahl der Prüfer mit dem korrekten Endergebnis ist angesichts der Grundgesamtheit von 58 Teilnehmern aber sehr niedrig. Bei den Ursachenhypothesen ergaben sich keine Unterschiede zwischen den Gruppen. Spezialisten benötigten jedoch weniger Tests, um die gewünschten Informationen zu erhalten. Insgesamt bestätigt sich die Annahme, dass Spezialisten eine höhere Prüfungsqualität liefern als Nichtspezialisten.

Autoren	Lim, C.-Y. und Tan, H.-T.	
Titel der Studie	Non-audit Service Fees and Audit Quality: The Impact of Auditor Specialization	
Erscheinungsjahr	2008	
Datenmaterial	Zeitraum	2000-2001
	Land	USA
	Stichprobe	9.501 Datensätze
Untersuchungsgegenstand	Ziel der Studie war es zu ermitteln, ob die Spezialisierung einer Prüfungsgesellschaft einen Einfluss auf die Prüfungsqualität hat, wenn der Mandant gleichzeitig vom Prüfer beraten wird. Hierzu maßen sie zum einen die tatsächliche Prüfungsqualität anhand von Going-Concern Optionen und zum anderen anhand des Ausmaßes der Bilanzpolitik. Außerdem maßen sie die wahrgenommene Prüfungsqualität anhand von Kapitalmarktreaktionen.	

Unterscheidung der Prüfungsgesellschaften	Marktanteilsmethode: Top 1 Top 1 und mindestens 10 % mehr Marktanteil als die Prüfungsgesellschaft mit dem zweithöchsten Marktanteil Mindestens 24 % Marktanteil Metrischer Maßstab
Methode zur Qualitätsmessung	Kapitalmarktreaktionen Bestätigungsvermerke (Going-Concern-Opinions) Bilanzpolitik: Modifiziertes Jones-Modell (Branchenspezifisch)[590] Earnings Forecasts
Statistisches Verfahren	Logit Regression Multivariate Regression
Ergebnis der Untersuchung	Die Ergebnisse der Untersuchung sind uneinheitlich. Während die Beratung von einem Spezialisten einen positiven Effekt auf die Going-Concern-Opinions und die Kapitalmarktreaktionen hatte, konnte dieser Effekt bei der Bilanzpolitik nicht nachgewiesen werden. Insgesamt scheint die Spezialisierung einer Prüfungsgesellschaft die Prüfungsqualität bei gleichzeitiger Beratung aber positiv zu beeinflussen.

Autor	Payne, J. L.	
Titel der Studie	The Influence of Audit Firm Specialization on Analysts' Forecasts Errors	
Erscheinungsjahr	2008	
Datenmaterial	Zeitraum	1989-2005
	Land	USA
	Stichprobe	28.136 Datensätze
Untersuchungsgegenstand	Payne analysierte in seiner Studie, ob der Einsatz spezialisierter Prüfungsgesellschaften dazu führt, dass Unternehmen ihre Prognosen schlechter einhalten können (indem sie das Jahresergebnis mit Hilfe von Bilanzpolitik beeinflussen).	

[590] Anstatt des Anlagevermögens nahmen Lim/Tan allerdings das Jahresergebnis des Vorjahres in die Regression zur Schätzung der diskretionären Periodenabgrenzungen auf.

Unterscheidung der Prüfungsgesellschaften	Marktanteilsmethode: Mindestens 20, 25 bzw. 30 % Marktanteil[591] Portfoliomethode: Mindestens 5,1, 5,3 bzw. 5,9 % Portfolioanteil[592]
Methode zur Qualitätsmessung	Bilanzpolitik: Earnings Forecasts
Statistisches Verfahren	Multivariate Regression Logit Regression
Ergebnis der Untersuchung	Die Ergebnisse der Untersuchung zeigen, dass Mandanten von spezialisierten Prüfungsgesellschaften zum einen höhere gesamte Prognosefehler und zum anderen eine geringere Wahrscheinlichkeit aufweisen, eine Prognose gerade noch so zu erreichen. Dies deutet auf eine höhere Prüfungsqualität von spezialisierten Prüfungsgesellschaften hin.

Autor	Chin, C.-L. und Chi, H.-Y.	
Titel der Studie	Reducing Restatements with Increased Industry Expertise	
Erscheinungsjahr	2009	
Datenmaterial	Zeitraum	1990-2004
	Land	Taiwan
	Stichprobe	35.008 Datensätze[593]
Untersuchungsgegenstand	Chin/Chi untersuchten in ihrer Studie, ob es ausreicht, wenn eine Prüfungsgesellschaft als Spezialist angesehen wird, oder ob es notwendig ist, dass ein Partner Spezialist in einer Branche ist. Hierzu ermittelten die Autoren eine Spezialisierung sowohl auf Prüfungsgesellschaftsebene als auch auf Partnerebene.	
Unterscheidung der Prüfungsgesellschaften	Marktanteilsmethode: Top 1 (basierend auf der Anzahl der Mandanten) Marktanteilsmethode auf Partnerebene: Top 1	

591 Der Prozentsatz wurde in Abhängigkeit von der Anzahl der Big N Prüfungsgesellschaften gewählt. Von 1989-1997 wurden 20 % Marktanteil vorausgesetzt, von 1998-2001 25 % und von 2002-2005 30 %.

592 Der Prozentsatz wurde in Abhängigkeit von der Anzahl der Big N Prüfungsgesellschaften gewählt. Von 1989-1997 wurden 5,1 % Marktanteil vorausgesetzt, von 1998-2001 5,4 % und von 2002-2005 5,9 %.

593 Von den 35.008 Datensätzen beinhalteten 326 Jahresabschlusskorrekturen.

Methode zur Qualitätsmessung	Jahresabschlusskorrekturen
Statistisches Verfahren	Logit Regression
Ergebnis der Untersuchung	Die Vermutungen der Autoren, dass nicht die Spezialisierung einer Prüfungsgesellschaft, sondern die des einzelnen Partners für die Prüfungsqualität entscheidend ist, wurden durch die empirischen Ergebnisse bestätigt. Während es bei spezialisierten Prüfungsgesellschaften nicht seltener zu nachträglichen Jahresabschlusskorrekturen kam, war dies bei spezialisierten Partnern anders. Bei ihnen wurden testierte Jahresabschlüsse signifikant seltener korrigiert.

Autoren	Gul, F. A., Fung, S. Y. K. und Jaggi, B.	
Titel der Studie	Earnings quality: Some evidence on the role of auditor tenure and auditors' industry expertise	
Erscheinungsjahr	2009	
Datenmaterial	Zeitraum	1993-2004
	Land	USA
	Stichprobe	32.777 Datensätze
Untersuchungsgegenstand	Verschiedene Studien haben herausgefunden, dass die Prüfungsqualität niedriger ist, wenn die Mandatsdauer kurz ist.[594] Die Autoren wollten untersuchen, ob dieser Zusammenhang durch den Einsatz einer spezialisierten Prüfungsgesellschaft verringert wird.	
Unterscheidung der Prüfungsgesellschaften	Marktanteilsmethode: Top 1	
Methode zur Qualitätsmessung	Bilanzpolitik: Modifiziertes DD-Modell	
Statistisches Verfahren	Multivariate Regression	
Ergebnis der Untersuchung	Die Ergebnisse bestätigen die Hypothese, dass Mandanten von Spezialisten auch bei kurzer Mandatsdauer eine geringere Bilanzpolitik aufweisen. Demnach ist auch schon bei einer kurzen Mandatsdauer die Prüfungsqualität von Spezialisten höher als die von nichtspezialisierten Prüfungsgesellschaften.	

[594] Die Autoren führten als Beispiele die Studien von Ghosh/Moon (2005), Myers/Myers/Omer (2003) und Johnson/Khurana/Reynolds (2002) an.

Autoren	Reichelt, K. J. und Wang, D.	
Titel der Studie	National and Office-Specific Measures of Auditor Industry Expertise and Effects on Audit Quality	
Erscheinungsjahr	2010	
Datenmaterial	Zeitraum	2003-2007
	Land	USA
	Stichprobe	4.969 bis 13.771 Datensätze[595]
Untersuchungsgegenstand	Reichelt/Wang untersuchten, ob eine Spezialisierung auf nationaler bzw. auf Städte-Ebene sowie kombiniert einen Einfluss auf die Prüfungsqualität hat. Hierzu maßen sie die Prüfungsqualität anhand der Bilanzpolitik und der Going-Concern-Opinions.	
Unterscheidung der Prüfungsgesellschaften	Marktanteilsmethode: Top 1 und mindestens 10 % mehr Marktanteil als die Prüfungsgesellschaft mit dem zweithöchsten Marktanteil Mindestens 30 bzw. 50 % Marktanteil[596]	
Methode zur Qualitätsmessung	Bilanzpolitik: Jones-Modell[597] Earnings Forecasts Bestätigungsvermerke (Going-Concern-Opinions)	
Statistisches Verfahren	Multivariate Regression Logit Regression	
Ergebnis der Untersuchung	Die Prüfungsqualität war, gemessen an allen drei Alternativen, dann bei Prüfungsgesellschaften am höchsten, wenn diese sowohl Spezialisten auf nationaler als auch auf Städte-Ebene waren.	

595 Bei der Berechnung der diskretionären Periodenabgrenzungen wurden 13.771, bei den Earnings Forecasts 5.865 und bei den Going-Concern Opinions 4.969 Datensätze untersucht.

596 Auf nationaler Ebene verlangten die Autoren einen Marktanteil von mindestens 30 % und auf Städte Ebene von mindestens 50 %.

597 Die Autoren erweiterten das Jones-Modell zusätzlich um den Return on Assets des Vorjahres.

Anhang D: Empirische Studien zum wahrgenommenen Qualitätsunterschied zwischen spezialisierten und nichtspezialisierten Prüfungsgesellschaften

Autor	Carcello, J. V., Hermanson, R. H. und McGrath, N. T.	
Titel der Studie	Audit Quality Attributes: The Perceptions of Audit Partners, Preparers, and Financial Statement Users	
Erscheinungsjahr	1992	
Datenmaterial	Zeitraum	Nicht angegeben
	Land	USA
	Stichprobe	653 Fragebögen[598]
Untersuchungsgegenstand	Die Autoren wollten mit ihrer Befragung feststellen, welche Eigenschaften der Prüfungsgesellschaft und des Prüfungsteams als besonders wichtig wahrgenommen werden. Sie befragten hierzu Partner von Prüfungsgesellschaften, Controller großer Unternehmen und Adressaten der Jahresabschlüsse wie z.B. Finanzanalysten und Kreditsachbearbeiter.	
Unterscheidung der Prüfungsgesellschaften	Keine Unterscheidung vorgenommen	
Methode zur Qualitätsmessung	Befragung	
Statistisches Verfahren	Faktoranalyse	
Ergebnis der Untersuchung	Die Befragung ergab, dass nach der Erfahrung des Prüfungsteams bzw. der Prüfungsgesellschaft mit dem Mandanten die Branchenkenntnisse als zweitwichtigste Eigenschaft angesehen werden.	

Autoren	Knechel, W. R., Naiker, V. und Pacheco, G.	
Titel der Studie	Does Auditor Industry Specialization Matter? Evidence from Market Reaction to Auditor Switches	
Erscheinungsjahr	2007	
Datenmaterial	Zeitraum	2000-2003
	Land	USA
	Stichprobe	318 Datensätze

[598] Die Rücklaufquote der Fragebögen betrug zwischen 23,3 und 40,4 %.

Untersuchungsgegenstand	Um zu ermitteln, ob die Spezialisierung Einfluss auf die wahrgenommene Prüfungsqualität hat, analysierten die Autoren die Kapitalmarktreaktionen auf Prüferwechsel. Sie nahmen an, dass es zu einer positiven (bzw. negativen) Kapitalmarktreaktion kommen sollte, wenn von einer nichtspezialisierten zu einer spezialisierten Prüfungsgesellschaft (et vice versa) gewechselt wird.
Unterscheidung der Prüfungsgesellschaften	Marktanteilsmethode: Mindestens 30 % Marktanteil (gemessen an der Anzahl der Mandanten oder den Umsatzerlösen der Mandanten)
Methode zur Qualitätsmessung	Kapitalmarktreaktionen
Statistisches Verfahren	Multivariate Regression
Ergebnis der Untersuchung	Die Kapitalmarktreaktionen waren, wie erwartet, bei einem Wechsel von einer nichtspezialisierten zu einer spezialisierten Prüfungsgesellschaften signifikant positiv und bei einem Wechsel von einer spezialisierten zu einer nichtspezialisierten Prüfungsgesellschaft negativ. Dies lässt darauf schließen, dass die Spezialisierung einer Prüfungsgesellschaft von den Investoren als positives Signal gedeutet wird.

Literaturverzeichnis

Abbott, L. J./Parker, S. (2000): Auditor Selection and Audit Committee Characteristics. In: Auditing: A Journal of Practice & Theory, Vol. 19, Issue 2: 47-66.

Adler, H./Düring, W./Schmaltz, K. (2000): Rechnungslegung und Prüfung der Unternehmen – Kommentar zum HGB, AktG, GmbHG, PublG nach den Vorschriften des Bilanzrichtlinien-Gesetzes, Teilband 7, 6. Aufl., Schäffer-Poeschel, Stuttgart.

Agrawal, A./Chadha, S. (2005): Corporate Governance and Accounting Scandals. In: Journal of Law and Economics, Vol. 48, Issue 2: 371-406.

Ajona, L. A./Dallo, F. L./Alegria, S. S. (2008): Discretionary Accruals and Auditor Behaviour in Code-Law Contexts: An Application to Failing Spanish Firms. In: European Accounting Review, Vol. 17, Issue 4: 641-666.

Albring, S. M./Elder, R. J./Zhou, J. (2007): IPO Underpricing and Audit Quality Differentation within Non-Big 5 Firms. In: International Journal of Auditing, Vol. 11, Issue 2: 115-131.

Allison, P. D. (2005): Fixed Effects Regression Methods for Longitudinal Data Using SAS. SAS Publishing, Cary.

Amernic, J. H./Aranya, N. (1981): Public Accountants' Independence: Some Evidence in a Canadian Context. In: The International Journal of Accounting, Vol. 16, Issue 2: 11-33.

Antle, R./Gordon, E. A./Narayanamoorthy, G./Zhou, L. (2006): The Joint Determination of Audit Fees, Non-Audit-Fees, and Abnormal Accruals. In: Review of Quantitative Finance and Accounting, Vol. 27, Issue 3: 235-266.

Arens, A. A./Elder, R. J./Beasley, M. S. (2008): Auditing and assurance services – An integrated approach, Vol. 12, Pearson Prentice Hall, New Jersey.

Arminger, G./Müller, F. (1990): Lineare Modelle zur Analyse von Paneldaten. Westdeutscher Verlag, Opladen.

Arruñada, B. (1999): The Economics of Audit Quality – Private Incentives and the Regulation of Audit and Nonaudit Services, Kluwer Academic Publishers, Boston.

Ashbaugh, H./LaFond, R./Mayhew, B. W. (2003): Do Nonaudit Services Compromise Auditor Independence? Further Evidence. In: The Accounting Review, Vol. 78, Issue 3: 611-639.

Backhaus, K./Erichson, B./Plinke, W./Weiber, R. (2008): Multivariate Analysemethoden – Eine Anwendungsorientierte Einführung, 12. Aufl., Springer, Berlin.

Baetge, J./Roß, H.-P. (2000): Was bedeutet >>fair presentation<<? In: Ballwieser, W. (Hrsg.): US – amerikanische Rechnungslegung – Grundlagen und Vergleiche mit deutschem Recht, 4. Aufl., Schäffer-Poeschel Verlag, Stuttgart: 29-47.

Bajaj, M./Gunny, K./Sarin, A. (2003): Auditor Compensation and Audit Failure: An Empirical Analysis. Working Paper, Santa Clara University.

Baker, T. A./Collins, D. L./Reitenga, A. L. (2009): Incentives and Opportunities to Manage Earnings around Option Grants. In: Contemporary Accounting Research, Vol. 26, Issue 3: 649-672.

Ball, R./Shivakumar, L. (2006): The Role of Accruals in Asymmetrically Timely Gain and Loss Recognition. In: Journal of Accounting Research, Vol. 44, Issue 2: 207-242.

Ballwieser, W. (2001): Die Unabhängigkeit des Wirtschaftsprüfers – Eine Analyse von Beratungsverbot und externer Rotation. In: Lutter, M. (Hrsg.): Der Wirtschaftsprüfer als Element der Corporate Governance, IDW Verlag, Düsseldorf: 99-115.

Balsam, S./Krishnan, J./Yang, J. S. (2003): Auditor Industry Specialization and Earnings Quality. In: Auditing: A Journal of Practice & Theory, Vol. 22, Issue 2: 71-97.

Barkess, L./Simnett, R. (1994): The Provision of other Services by Auditors: Independence and Pricing Issues. In: Accounting and Business Research, Vol. 24, Issue 94: 99-108.

Barth, M. E./Elliott, J. A./Finn, M. W. (1999). Market rewards associated with patterns of increasing earnings. In: Journal of Accounting Research, Vol. 37, Issue 2: 387-413.

Barth, M. E./Landsman, W. R./Lang, M. H./Williams, C. D. (2010): Are International Accounting Standards-Based and US GAAP-Based Accounting Amounts Comparable? Working Paper Series – No. 78, Rock Center for Corporate Governance at Stanford University.

Bartov, E./Gul, F. A./Tsui, S. L. (2001): Discretionary-accruals models and audit qualifications. In: Journal of Accounting and Economics, Vol. 30, Issue 3: 421-452.

Basu, S. (1997): The conservatism principle and the asymmetric timeliness of earnings. In: Journal of Accounting and Economics, Vol. 24, Issue 1: 3-37.

Bauer, M. (2005): Die Unabhängigkeit des Abschlussprüfers im Zusammenhang mit dem gleichzeitigen Angebot von Beratungsleistungen beim Prüfungsmandanten – Eine empirische Analyse. URL: http://opus.bibliothek.uni-wuerzburg.de/volltexte/2005/1491/pdf/Dissertation_Bauer_UB.pdf, Abruf: 10.06.2010.

Baums, T./Fischer, C. (2003): Haftung des Prospekt- und des Abschlussprüfers gegenüber den Anlegern. Working Paper, Goethe-Universität Frankfurt am Main.

Baur, J. F./Hopt, K. J./Mailänder, K. P. (1990): Festschrift für Ernst Steindorff zum 70. Geburtstag. De Gruyter, Berlin.

Bauwhede, H. V./Willekens, M. (2004): Evidence on (the Lack of) Audit-quality Differentiation in the Private Client Segment of the Belgian Audit Market. In: European Accounting Review, Vol. 13, Issue 3: 501-522.

Bauwhede, H. V./Willekens, M./Gaeremynck, A. (2003): Audit firm size, public ownership, and firms' discretionary accruals management. In: The International Journal of Accounting, Vol. 38, Issue 1: 1-22.

Baxter, P./Cotter, J. (2009): Audit committees and earnings quality. In: Accounting and Finance, Vol. 49, Issue 2: 267-290.

Beasley, M. S./Petroni, K. R. (2001): Board Independence and Audit-Firm Type. In: Auditing: A Journal of Practice & Theory, Vol. 20, Issue 1: 97-114.

Beatty, R. P. (1989): Auditor Reputation and the Pricing of Initial Public Offerings. In: The Accounting Review, Vol. 64, Issue 4: 693-709.

Beaver, W. H./McNichols, M. F. (1998): The Characteristics and Valuation of Loss Reserves of Property Casualty Insurers. In: Review of Accounting Studies, Vol. 3, Issue 1-2: 73-95.

Beaver, W. H./McNichols, M. F./Nelson, K. K. (2003): Management of ths Loss Reserve Accrual and the Distribution of Earnings in the Property-casualty Insurance Industry. In: Journal of Accounting & Economics, Vol. 35, Issue 3: 347-376.

Becker, C. L./DeFond, J./Jiambalco, J./Subramanyam, K. R. (1998): The Effect of Audit Quality on Earnings Management. In: Contemporary Accounting Research, Vol. 15, Issue 1: 4-24.

Behn, B. K/Choi, J.-H./Kang, T. (2008): Audit Quality and Properties of Analyst Earnings Forecasts. In: The Accounting Review, Vol. 83, Issue 2: 327-349.

Bell, T. B./Landsman, W. R./Shackelford, D. A. (2001): Auditors' Perceived Business Risk and Audit Fees: Analysis and Evidence. In: Journal of Accounting Research, Vol. 39, Issue 1: 35-43.

Benkenstein, M. (1993): Dienstleistungsqualität. In: Zeitschrift für Betriebswirtschaft, 63. Jg., Heft 11: 1095-1116.

Bernadi, R. A./Vassill, K. M. (2004): The association among bribery and unethical corporate actions: an international comparison. In: Business Ethics: A European Review, Vol. 13, Issue 4: 342-353.

Berninghaus, S. K./Ehrhart, K.-M./Güth, W. (2010): Eine Einführung in die Spieltheorie, 7. Aufl., Springer, Berlin und Heidelberg.

Bieg, H./Bofinger, P./Küting, K./Kußmaul, H./Waschbusch, G./Weber, C.-P. (2008): Die Saarbrücker Initiative gegen den Fair Value. In: Die Betriebswirtschaft, 61. Jg., Heft 47: 2549-2552.

Bigus, J. (2006): Reputation und Wirtschaftsprüferhaftung. In: Betriebswirtschaftliche Forschung und Praxis, 58. Jg., Heft 1: 22-41.

Bigus, J./Zimmermann, R.-C. (2009): Quasirentenmodell und Honorare für Abschlussprüfungen in Deutschland – eine empirische Analyse. In: Zeitschrift für Betriebswirtschaft, 79. Jg., Heft 11: 1283-1308.

Bissessur, S. (2008): Earnings Quality and Earnings Management – The Role of Accounting Accruals. VDM Verlag Dr. Müller, Saarbrücken.

Bleymüller, J./Gehlert, G. (1989): Konzentrationsmessung. In: Wirtschaftswissenschaftliches Studium, 18. Jg. Heft 9: 378-384.

Boecker, C. (2010): Accounting Fraud aufdecken und vorbeugen – Formen der Kooperation von Unternehmensführung und -überwachung. Erich Schmidt Verlag, Berlin.

Bormann, M. (2002): Unabhängigkeit des Abschlussprüfers: Aufgabe und Chance für den Berufsstand. In: Betriebs-Berater, 18. Jg., Heft 4: 190-197.

Boulton, T. J./Smart, S. B./Zutter, C. J. (2010): IPO underpricing and international corporate governance. In: Journal of International Business Studies. Vol. 41, Issue 2: 206-222.

Brewer, M. B. (2000): Research Design and Issues of Validity. In: Reis, H. T./Judd, C. M. (Hrsg.): Handbook of Research Methods in Social and Personality Psychology. Cambridge University Press, Cambridge: 3-16.

Briloff, A. J. (1966): Old Mythos and New Realities in Accountancy. In: Accountancy Research, Vol. 41, Issue 3: 484-495.

Brosius, F. (2008): SPSS16 – Das mitp-Standardwerk. Redline, Heidelberg.

Brox, H./Walker, W.-D. (2007): Besonderes Schuldrecht, 32. Aufl., C. H. Beck, München.

Bruckmann, G. (2008): Konzentrationsmessung. In: Bleymüller, J./Gehler, G./Gülicher, H. (Hrsg.): Statistik für Wirtschaftswissenschaftler, 15. Aufl., Vahlen, München: 191-196.

Bruhn, M. (2000): Qualitätssicherung im Dienstleistungsmarketing – eine Einführung in die theoretischen und praktischen Probleme. In: Bruhn, M./Strauss, B. (Hrsg.): Dienstleistungsqualität – Konzepte – Methoden – Erfahrungen, 3. Aufl., Gabler, Wiesbaden.

Bruhn, M. (2008): Qualitätsmanagement für Dienstleistungen, Grundlagen – Konzepte – Methoden, 7. Aufl., Springer, Berlin.

Bühl, A. (2008): SPSS 16 – Einführung in die modern Datenanalyse, 11. Aufl., Pearson Studium, München et al.

Burgstahler, D. C./Dichev, I. D. (1997): Earnings Management to Avoid Earnings Decreases and Losses. In: Journal of Accounting and Economics, Vol. 24, Issue 1: 99-126.

Burgstahler, D. C./Hail, L./Leuz, C. (2006). The Importance of Reporting Incentives: Earnings Management in European Private and Public Firms. In: The Accounting Review, Vol. 81, Issue 5: 983-1016.

Butler, M./Leone, A. J./Willenborg, M. (2004): An empirical analysis of auditor reporting and its association with abnormal accruals. In: Journal of Accounting and Economics, Vol. 37, Issue 2: 139-165.

Cahan, S. F./Emanuel, D./Sun, J. (2009): Are the Reputations of the Large Accounting Firms Really International? Evidence from the Andersen-Enron Affair. In: Auditing: A Journal of Practice & Theory, Vol. 28, Issue 2: 199-226.

Calegari, M. J./Schatzberg, J. W./Sevcik, G. R. (1998): Experimental Evidence of Differential Audit Pricing and Reporting Strategies. In: The Accounting Review, Vol. 73, Issue 2: 255-275.

Callaway Dee, C./Lulseged, A./Nowlin, T. S. (2002): Earnings Quality and Auditor Independence: An Examination Using Non-audit Fee Data. Working Paper, Florida State University.

Cameran, M./Prencipe, A./Trombetta, M. (2010): Auditor Tenure and Auditor Change: Does Mandatory Auditor Rotation Really Improve Audit Quality? Working Paper, Instituto de Empresa Business School, Madrid.

Carcello, J. V./Hermanson, R. H./McGrath, N. T. (1992): Audit Quality Attributes: The Perceptions of Audit Partners, Preparers, and Financial Statement Users. In: Auditing: A Journal of Practice & Theory, Vol. 11, Issue 1: 1-15.

Carcello, J. V./Nagy, A. L. (2004): Client size, auditor specialization and fraudulent financial reporting. In: Managerial Auditing Journal, Vol. 19, Issue 5: 651-668.

Central Bank of the Republic of China (Taiwan) (2010): Statistics. URL: http://www.cbc.gov.tw/np.asp?ctNode=507&mp=2, Abruf: 10.03.2010.

Chambers, D. J. (1999): Earnings Management and Capital Market Misallocation. Working Paper. University of Illinois at Urbana-Champaign.

Chan, K. C./Farrell, B./Lee, P. (2008): Earnings Management of Firms Reporting Material Internal Control Weaknesses under Section 404 of the Sarbanes-Oxley Act. In: Auditing: A Journal of Practice & Theorey, Vol. 27, Issue 2: 161-179.

Chen, C.-L./Yen, G./Fu, C.-J./Chang, F.-H. (2007): Family Control, Auditor Independence, And Audit Quality: Empirical Evidence From The TSE-Listed Firms (1999-2002). In: Corporate Ownership & Control, Vol. 4, Issue 3: 96-110.

Chen, C.-Y./Lin, C.-J./Lin, Y.-C. (2008): Audit Partner Tenure, Audit Firm Tenure, and Discretionary Accruals: Does Long Auditor Tenure Impair Earnings Quality? In: Contemporary Accounting Research, Vol. 25, Issue 2: 415-445.

Chen, C.-Y./Chin, C.-L./Chi, H.-Y. (2010): Audit Firm Legal Form and Client Fraudulent Financial Reporting. Working Paper, Singapore Management University, Singapur.

Chi, W./Huang, H./Liao, Y./Xie, H. (2009): Mandatory Audit Partner Rotation, Audit Quality, and Market Perception: Evidence from Taiwan. In: Contemporary Accounting Research, Vol. 26, Issue 2: 359-391.

Chin, C.-L./Chi, H.-Y. (2009): Reducing Restatements with Increased Industry Expertise. In: Contemporary Accounting Research, Vol. 26, Issue 3: 729-765.

Choi, J.-H./Kim, C. F./Kim, J.-B./Zang, Y. (2010): Audit Office Size, Audit Quality, and Audit Pricing. In: Auditing: A Journal of Practice & Theory, Vol. 29, Issue 1: 73-97.

Choi, J.-H./Kim, J.-B./Liu, X./Simunic, D. A. (2008): Audit Pricing, Legal Liability Regimes, and Big 4 Premiums: Theory and Cross-country Evidence. In: Contemporary Accounting Research, Vol. 25, Issue 1: 55-99.

Choi, J.-H./Kim, J. B./Zang, Y. (2005): The Association between Audit Quality and Abnormal Audit Fees. Working paper, The Hong Kong University of Science and Technology.

Choi, J. H./Wong, T. J. (2007): Auditors' governance functions and legal environments: An international investigation. In: Contemporary Accounting Research, Vol. 24, Issue 1: 13-46.

Chow, C. W./Rice, S. J. (1982: Qualifies Audit Opinions and Auditor Switching. In: The Accounting Review, Vol. 57, Issue 2: 326-335.

Chung, H./Kallapur, S. (2003): Client Importance, Nonaudit Services, and Abnormal Accruals. In: The Accounting Review, Vol. 78, Issue 4: 931-955.

Chuntao, L./Song, F. M./Wong, S. M. L. (2008): A Continuous Relation between Audit Firm Size and Audit Opinions: Evidence from China. In: International Journal of Auditing, Vol. 12, Issue 2: 111-127.

Citron, D. B./Taffler, R. J. (1992): The Audit Report under Going Concern Uncertainties: An Empirical Analysis. In: Accounting and Business Research, Vol. 22, Issue 88: 337-345.

Clarkson, P. M./Simunic, D. (1994): The association between audit quality, retains ownership, and firm-specific risk in U.S. vs. Canadian IPO markets. In: Journal of Accounting and Economics, Vol. 17, Issue 1-2: 207-228.

Clemm, H. (1989): Bilanzpolitik und Ehrlichkeits- ("true and fair view"-) Gebot. In: Die Wirtschaftsprüfung, 42. Jg., Heft 12: 357-366.

Coenenberg, A. G./Haller, A./Schultze, W. (2009): Jahresabschluss und Jahresabschlussanalyse – Betriebswirtschaftliche, handelsrechtliche, steuerrechtliche und internationale Grundsätze – HGB, IFRS, US-GAAP, 21. Aufl., Schäffer-Poeschel Verlag, Stuttgart.

Copeland, R. M. (1968). Income Smoothing. In: Journal of Accounting Research, Vol. 6, Supplement: 101-116.

Copley, D./Doucet, M. (1993): The impact of competition on the quality of govermental audits. In: Auditing: A Journal of Practice & Theory, Vol. 12, Issue 1: 88-98.

Coppens, L./Peek, E. (2005): An analysis of earnings management by European private firms. In: Journal of International Accounting, Auditing and Taxation, Vol. 14, Issue 1: 1-17.

Corless, J./Parker, L. (1987): The impact of MAS on auditor independence. In: Accounting Horizons, Vol. 1, Issue 3: 25-29.

Cosserat, G. W./Rodda, N. (2009): Modern Auditing, Vol. 3, Wiley, West Sussex.

Craswell, A. T. (1988): The Association Between Qualified Opinions and Auditor Switches. In: Accounting Business Research, Vol. 19, Issue 73: 23-31.

Craswell, A. T. (1999): Does the Provision of Non-Audit Services Impair Auditor Independence? In: International Journal of Auditing, Vol. 3, Issue 1: 29-40.

Craswell, A. T./Francis, J. R. (1999): The Effects of Auditor Change on Audit Fees: Tests of Price Cutting and Price Recovery. In: The Accounting Review, Vol. 74, Issue 2: 201-216.

Craswell, A. T./Francis, J. R./Taylor, S. L. (1995): Auditor brand name reputations and industry specializations. In: Journal of Accounting and Economics, Vol. 20, Issue 3: 297-322.

Craswell, A. T./Stokes, D. J./Laughton, J. (2002): Auditor independence and fee dependence. In: Journal of Accounting and Economics, Vol. 33, Issue 2: 253-275.

Craswell, A. T./Taylor, S. L. (1991): The Market Structure of Auditing in Australia: The Role of Industry Specialization. In: Research in Accounting Regulation, Vol. 5, Issue 1: 55-77.

Daske, H./Gebhardt, G./McLeay, S. (2006): The distribution of earnings relative to targets in the European Union. In: Accounting and Business Research, Vol. 36, Issue 3: 137-167.

Datar, S. M./Feltham, G. A./Hughes, J. S. (1991): The role of audits and audit quality in valuing new issues. In: Journal of Accounting and Economics, Vol. 14, Issue 1: 3-49.

Davidson, R. A./Emby. V. (1996): Should Auditors Provide Nonaudit Services to Their Audit Clients? In: Research in Accounting Ethics, Vol. 29, Issue 2: 1-20.

Davidson, R. A./Neu, D. (1993): A Note on the Association between Audit Firm Size and Audit Quality. In: Contemporary Accounting Research, Vol. 9, Issue 2: 479-488.

Davis, S. M./Hollie, D. (2008): The impact of nonaudit service fee levels on investors' perceptions of auditor independence. In: Behavioral Research In Accounting, Vol. 20, Issue 1: 31-41.

Davis, L. R./Soo, B. S./Trompeter, G. M. (2009): Auditor Tenure and the Ability to Meet or Beat Earnings Forecasts. In: Contemporary Accounting Research, Vol. 26, Issue 2: 517-548.

DeAngelo, H./DeAngelo, L./Skinner, D. J. (1994): Accounting choice in troubled companies. In: Journal of Accounting and Economics, Vol. 17, Issue 1/2: 113-143.

DeAngelo, L. (1981): Auditor Size and Audit Quality. In: Journal of Accounting and Economics, Vol. 21, Issue 3: 183-199.

DeAngelo, L. (1986): Accounting Numbers as Market Valuation Substitutes: A Study of Management Buyouts of Public Stockholders. In: The Accounting Review, Vol. 41, Issue 3: 400-420.

Dechow, P. M. (1994): Accounting earnings and cash flows as measures of firm performance: The role of accounting accruals. In: Journal of Accounting and Economics, Vol. 18, Issue 1: 3-42.

Dechow, P. M./Dichev, I. D. (2002): The Quality of Accruals and Earnings: The Role of Accrual Estimation Errors. In: The Accounting Review (Supplement), Vol. 77, Issue 4: 35-59.

Dechow, P. M./Richardson, S. A./Tuna, I. (2003): Why Are Earnings Kinky? An Examination of the Earnings Management Explanation. In: Review of Accounting Studies, Vol. 8, Issue 2-3: 355-384.

Dechow, P. M./Schrand, C. M. (2004): Earnings Quality. The Research Foundation of CFA Institute, Charlottesville.

Dechow, P. M./Skinner, D. J. (2000): Earnings Management: Reconciling the Views of Accounting Academics, Practitioners, and Regulators. In: Accounting Horizons, Vol. 14, Issue 2: 235-250.

Dechow, P. M./Sloan, R. G. (1991): Executive Incentives and the Horizon Problem. An Empirical Investigation. In: Journal of Accounting & Economics, Vol. 14, Issue 1: 51-89.

Dechow, P. M./Sloan, R./Sweeney, A. (1995): Detecting Earnings Management. In: The Accounting Review, Vol. 70, Issue 2: 193-225.

Dechow, P. M./Sloan, R./Sweeney, A. (1996): Causes and consequences of earnings manipulation: an analysis of firms subject to enforcement actions by the SEC. In: Contemporary Accounting Research, Vol. 13, Issue 1: 1-36.

Dee, C. C./Lulseged, A./Nowlin, T. S. (2002): Earnings Quality and Auditor Independence: An Examination using non-audit fee data. Working Paper, University of Colorado Denver.

DeFond, M. L. (1992): The Association Between Changes in Client Firm Agency Costs and Auditor Switching. In: Auditing: A Journal of Practice & Theory, Vol. 11, Issue 1: 16-31.

DeFond, M. L./Francis, J./Wong, T. J. (2000): Auditor industry specialization and market segmentation: Evidence from Hong Kong. In: Auditing: A Journal of Practice & Theory, Vol. 19, Issue 1: 49-66.

DeFond, M. L./Jiambalvo, J. (1994): Debt covenant violation and manipulation of accruals. In: Journal of Accounting and Economics, Vol. 17, Issue 1/2: 145-176.

DeFond, M. L./Park, C. W. (2001): The Reversal of Abnormal Accruals and the Market Valuation of Earnings Surprises. In: The Accounting Review, Vol. 76, Issue 3: 375-404.

DeFond, M. L./Raghunandan, K./Subramanyam, K. R. (2002): Do Non-audit Service Fees Impair Auditor Independence? Evidence from Going Concern Audit Opinions. In: Journal of Accounting Research, Vol. 40, Issue 4: 1247-1274.

Demme, N. D. (2003): Die Unabhängigkeit des Abschlussprüfers nach deutschem, US-amerikanischem und internationalem Recht. Nomos Verlagsgesellschaft, Baden-Baden.

Doll, R. (2000): Wahrnehmung und Signalisierung von Prüfungsqualität. Peter Lang, Frankfurt am Main et al.

Donabedian, A. (1980): The Definition of Quality and Approaches to Its Assessment, Explorations in Quality, Assessment and Monitoring. Vol. 1. Health Administration Press, Ann Arbor.

Dopuch, N./King, R. R. (1991): The impact of MAS on auditors' independence: An experimental markets study. In: Journal of Accounting Research, Vol. 29, Supplement: 60-98.

Dopuch, N./King, R. R./Schwartz, R. (2003): An Experimental Investigation of Retention and Rotation Requirements. In: Journal of Accounting Research, Vol. 39, Issue 1: 93-117.

Dougherty, C. (2007): Introduction to Economics, Vol. 3, University Press, London.

Doupnik, T. S./Salter, S. B. (1993): An Empirical Test of a Judgmental International Classification of Financial Reporting Practices. In: Journal of International Business Studies, Vol. 24, Issue 1: 41-60.

Drost, F./Köhler, P./Maisch, M. (2010): Ermittlungen gegen Ernst & Young – Und keiner prüft die Prüfer. URL: http://www.handelsblatt.com/unternehmen/handel-dienstleister/ermittlungen-gegen-ernst-young-und-keiner-prueft-die-pruefer;2602413, Abruf: 17.08.2010.

Druey, J. N. (1988): Unabhängigkeit – ein knappes Gut. In: Helbling, C./Boemle, M./Glaus, B. U. (Hrsg.): Revision und Rechnungslegung im Wandel, Festschrift für André Zünd. Schweizerische Treuhand- und Revisionskammer, Zürich: 91-99.

Dyckerhoff, C. (2001): Entwicklungstendenzen bei der Abschlussprüfung. In: Boysen, K./Dyckerhoff, C./Otte, H. (Hrsg.): Der Wirtschaftsprüfer und sein Umfeld zwischen Tradition und Wandel zu Beginn des 21. Jahrhunderts. IDW-Verlag, Düsseldorf: 111-127.

Dye, R. (1991): Informationally motivated auditor replacement. In: Journal of Accounting and Economics, Vol. 14, Issue 4: 347-374.

Ebke, W. F. (1995): Abschlußprüferhaftung im internationalen Vergleich. In: Westphalen von, G./Sandrock, O. (Hrsg.): Lebendiges Recht – Von den Sumerern bis zur Gegenwart – Festschrift für Reinhold Trinkner zum 65. Geburtstag. Recht und Wirtschaft, Heidelberg: 474-485.

Ebke, W. F. (2008): Kommentierung zu § 323 HGB. In: Schmidt, K. (Hrsg.): Münchener Kommentar zum Handelsgesetzbuch, Band 4, 2. Aufl., München, C. H. Beck: 1538-1637.

Eckel, N. (1981). The income smoothing hypothesis revisited. In: Abacus: A Journal of Accounting, Finance and Business Studies, Vol. 17, Issue 1: 28-40.

Eichenseher, J. W./Hagigi, M./Shields, D. (1989): Market Reaction to Auditor Changes by OTC Companies. In: Auditing: A Journal of Practice & Theory, Vol. 9, Issue 1: 29-40.

Eilifsen, A./Messier, W. F./Glover, S. M./Prawitt, D. F. (2006): Auditing & Assurance Services – International Edition. McGraw-Hill, Maidenhead.

Elliot, J. A./Shaw, W. H. (1988): Write-Offs as Accounting Procedure to Manage Perceptions. In: Journal of Accounting Research. Vol. 26, Supplement to Issue 3: 91-119.

Entwistle, G./Lindsay, D. (1994): An Archival Study of the Existence, Cause and Discovery of Income-Affecting Financial Statement Misstatements. In: Contemporary Accounting Research, Vol. 11, Issue 1: 271-296.

Erickson, M./Wang, S. (1999): Earnings management by acquiring firms in stock for stock mergers. In: Journal of Accounting and Economics, Vol. 27, Issue 2: 149-176.

Ettredge, M. L./Sun, L./Lee, P./Anandarajan, A. A. (2008): Is Earnings Fraud Associated with High Deferred Tax and/or Book Minus Tax Levels? In: Auditing: A Journal of Practice & Theory, Vol. 27, Issue 1: 1-33.

Europäische Kommission (Hrsg.) (2008): Commission Recommendation Concerning the Limitation of the Civil Liability of Statutory Auditors and Audit Firms. URL: http://ec.europa.eu/internal_market/auditing/docs/liability/impact_assessment_en.pdf, Abruf: 16.06.2010.

Europäische Kommission (Hrsg.) (2010): Grünbuch – Weiteres Vorgehen im Bereich der Abschlussprüfung: Lehren aus der Krise. URL: http://ec.europa.eu/internal_market/consultations/docs/2010/audit/green_paper_audit_de.pdf, Abruf: 08.11.2010.

Ewert, R. (1993): Rechnungslegung, Wirtschaftsprüfung, rationale Akteure und Märkte – Ein Grundmodell zur Analyse der Qualität von Unternehmenspublikationen. In: Zeitschrift für betriebswirtschaftliche Forschung, 45. Jg., Heft 9: 715-747.

Ewert, R./Stefani, U. (2001): Wirtschaftsprüfung. In: Jost, P.-J. (Hrsg.): Die Spieltheorie in der Betriebswirtschaftslehre. Schäffer-Poeschell Verlag, Stuttgart: 175-217.

Ewert, R./Wagenhofer, A. (2003): Aspekte ökonomischer Forschung in der Rechnungslegung und Anwendung auf Ausschüttungsbemessung und Unabhängigkeit des Prüfers. In: Betriebswirtschaftliche Forschung und Praxis, 55. Jg., Heft 6: 603-622.

Fan, J. P. H./Wong, T. J. (2005): Do External Auditors Perform a Corporate Governance Role in Emerging Markets? Evidence from East Asia. In: Journal of Accounting Research, Vol. 43, Issue 1: 35-72.

Feltham, G. A./Hughes, J. S./Simunic, D. A. (1991): Empirical assessment of the impact of auditor quality on the valuation of new issues. In: Journal of Accounting and Economics, Vol. 14, Issue 4: 375-399.

Ferguson, A./Francis, J. R./Stokes, D. (2003): The Effects of Firm-Wide and Office-Level Industry Expertise on Audit Pricing. In: The Accounting Review, Vol. 78, Issue 2: 429-448.

Ferguson, A./Stokes, D. (2002): Brand Name Audit Pricing, Industry Specialization, and Leadership Premiums post-Big 8 and Big 6 Mergers. In: Contemporary Accounting Research, Vol. 19, Issue 1: 77-110.

Firth, M. (2002): Auditor-provided Consultancy Services and their Associations with Audit Fees and Audit Opinions. In: Journal of Business Finance and Accounting, Vol. 29, Issue 5/6: 661-693.

Firth, M./Mo, P. L. L./Wong, R. M. K. (2005): An Empirical Study on the Legal Form of CPA Firms and Auditors' Reporting Conservatism. Working Paper, Hong Kong Polytechnic University.

Firth, M./Smith, A. (1992): Selection of auditor firms by companies in the new issue market. In: Applied Economics, Vol. 24, Issue 2: 247-255.

Fischer, A./Haller, A. (1993): Bilanzpolitik zum Zwecke der Gewinnglättung – Empirische Erkenntnisse. In: Zeitschrift für Betriebswirtschaft, 63. Jg., Heft 1: 35-59.

Fleischer, H. (1996): Das Doppelmandat des Abschlußprüfers – Grenzen der Vereinbarkeit von Abschlußprüfung und Steuerberatung. In: DStR, Heft 19: 758-764.

Fölsing, P. (2010): Wirtschaftsprüfer-Haftung im BGH-Fokus – Anderer Senat, schärfere Haftung? – Anmerkungen zur BGH-Entscheidung vom 10.12.2009. In: Zeitschrift für Corporate Governance, 5. Jg., Heft 2: 78-82.

Francis, J. R. (1984): The Effect of Audit Firm Size on Audit Prices: A Study of the Australian Market. In: Journal of Accounting and Economics, Vol. 6, Issue 2: 133-151.

Francis, J. R. (2004): What do we know about audit quality? In: The British Accounting Review, Vol. 36, Issue 4: 345-368.

Francis, J. R./Krishnan, J. (1999): Accounting Accruals and Auditor Reporting Conservatism. In: Contemporary Accounting Research, Vol. 16, Issue 1: 135-165.

Francis, J. R./LaFond, R./Olsson, P./Schipper, K. (2005): The Market Pricing of Accruals Quality. In: Journal of Accounting and Economics, Vol. 39, Issue 2: 295-327.

Francis, J. R./Maydew, E. L./Sparks, H. C. (1999): The Role of Big 6 Auditors in the Credible Reporting of Accruals. In: Auditing: A Journal of Practice & Theory, Vol. 18, Issue 2: 17-34.

Francis, J. R./Simon, D. T. (1987): A Test of Audit Pricing in the Small-Client Segment of the U.S. Audit Market. In: The Accounting Review, Vol. 62, Issue 1: 145-157.

Francis, J. R./Stokes, D. J./Anderson, D. (1999): City Markets as a Unit of Analysis in Audit Research and the Re-Examination of Big 6 Market Shares. In: Abacus: A Journal of Accounting, Finance and Business Studies, Vol. 35, Issue 2: 185-206.

Francis, J. R./Wang, D. (2008): The Joint Effect of Investor Protection and Big 4 Audits on Earnings Quality around the World. In: Contemporary Accounting Research, Vol. 25, Issue 1: 157-191.

Francis, J. R./Wilson, E. (1988): Auditor Changes: A Joint Test of Theories Relating to Agency Costs and Auditor Differentiation. In: The Accounting Review, Vol. 63, Issue 4: 663-682.

Frankel, R. M./Johnson, M. F./Nelson, K. K. (2002): The Relation between Auditor's Fees for Nonaudit Services and Earnings Management. In: The Accounting Review, Vol. 77, Issue 4: 71-105.

Franz, D. R./Crawford, D./Johnson, E. N. (1998): The Impact of Litigation Against an Audit Firm on the Market Value of Nonlitigating Clients. In: Journal of Accounting, Auditing & Finance, Vol. 13, Issue 2: 117-134.

Freeman, R. N./Tse, S. Y. (1992): A Nonlinear Model of Security Price Responses to Unexpected Earnings. In: Journal of Accounting Research, Vol. 30, Issue 2: 185-209.

Fried, D./Schiff, A. (1981): CPA Switches and Associated Market Reactions. In: The Accounting Review, Vol. 56, Issue 2: 326-340.

Friedlan, J. M. (1994): Accounting Choices of Issuers of Initial Public Offerings. In: Contemporary Accounting Research, Vol. 11, Issue 1: 1-32.

Fuerman, R. D. (2006): Comparing the Auditor Quality of Arthur Andersen to that of the Big 4. In: Accounting and the Public Interest, Vol. 6, Issue 1: 135-161.

Gaio, C. (2010): The Relative Importance of Firm and Country Characteristics for Earnings Quality around the World. In: European Accounting Review, Vol. 19, Issue 4: 693-738.

Garvin, D. A. (1988): Managing Quality: The Strategic and Competitive Edge. Free Press, New York.

Geiger, M. A./Raghunandan, K. (2002): Going-Concern Opinions in the "New" Legal Environment. In: Accounting Horizons, Vol. 16, Issue 1: 17-26.

Geiger, M. A./Rama, D. V. (2003): Audit Fees, Nonaudit Fees, and Auditor Reporting on Stressed Companies. In: Auditing: A Journal of Practice & Theory, Vol. 22, Issue 2: 53-69.

Gelter, M. (2005): Zur ökonomischen Analyse der begrenzten Haftung des Abschlussprüfers. In: Die Wirtschaftsprüfung, 58. Jg., Heft 9: 486-499.

Geuer, C. (1994): Das Management des Haftungsrisikos der Wirtschaftsprüfer. IDW-Verlag, Düsseldorf.

Ghosh, A./Moon, D. (2005): Auditor tenure and perceptions of audit quality. In: The Accounting Review, Vol. 80, Issue 2: 858-612.

Gierga, R. L. (2008): Freiwillige Publizität und Eigenkapitalkosten – Die Auswirkungen freiwilliger Unternehmenspublizität auf die Eigenkapitalkosten am Beispiel börsennotierter Unternehmen in Deutschland. Tectum Verlag, Marburg.

Glaum, M./Lichtblau, K./Lindemann, J. (2004): The extent of earnings management in the U. S. and Germany. In: Journal of International Accounting Research, Vol. 3, Issue 2: 45-77.

Goncharov, I./Zimmermann, J. (2007): Do Accounting Standards Influence the Level of Earnings Management? Evidence from Germany. In: Die Unternehmung, 61. Jg., Heft 5: 371-388.

Graham, J. R./Harvey, C. R./Rajgopal, S. (2005): The economic implications of corporate financial reporting. In: Journal of Accounting and Economics, Vol. 40, Issue 1-3: 3-73.

Gramling, A. A./Johnson, V. E./Khurana, I. K. (1999): The Association Between Audit Firm Industry Experience and Financial Reporting Quality. Working paper, Georgia State University.

Graumann, M. (2007): Wirtschaftliches Prüfungswesen. Neue Wirtschafts-Briefe, Herne.

Green, W. (2008): Are Industry Specialists More Efficient and Effective in Performing Analytical Procedures? A Multi-stage Analysis. In: International Journal of Auditing, Vol. 12, Issue 3: 243-260.

Grönroos, C. (1984): A Service Quality Model and its Marketing Implications. In: European Journal of Marketing, Vol. 18, Issue 4: 36-44.

Grothe, J. (2005): Branchenspezialisierungen von Wirtschaftsprüfungsgesellschaften im Rahmen der Jahresabschlussprüfung – Ergebnisse einer empirischen Untersuchung des deutschen Prüfungsmarktes. IDW-Verlag, Düsseldorf.

Gul, F. A./Fung, S. Y. K./Jaggi, B. (2009): Earnings quality: Some evidence on the role of auditor tenure and auditors' industry expertise. In: Journal of Accounting and Economics, Vol. 47, Issue 3: 265-287.

Hachmeister, D. (2001): Wirtschaftsprüfungsgesellschaften im Prüfungsmarkt. Schäffer-Poeschel Verlag, Stuttgart.

Hagigi, M./Kluger, B. D./Shields, D. (1993): Auditor Change Announcements and Dispersion of Investor Expectations. In: Journal of Business Finance & Accounting, Vol. 20, Issue 6: 787-802.

Haller, A. (2010): Dienstleistungsmanagement – Grundlagen – Konzepte – Instrumente, 4. Aufl., Gabler, Wiesbaden.

Häni, P. K. (1987): Die Messung von Unternehmenskonzentration: Eine theoretische und empirische Evaluation von Konzentrationsmaßen. Rüegger, Grüsch.

Hartley, R. V./Ross, T. L. (1972): MAS and Audit Independence: An Image Problem. In: Journal of Accountancy, Vol. 134, Issue 5: 42-51.

Hayes, R./Dassen, R./Schilder, A./Wallage, P. (2005): Principles of auditing – An introduction to International Standards on Auditing, Vol. 2, Pearson Education, Harlow et al.

Hayn, C. (1995): The Information Content of Losses. In: Journal of Accounting and Economics, Vol. 20, Issue 2: 125-153.

Healy, P. M. (1985): The Effect of Bonus Schemes on Accounting Decisions. In: Journal of Accounting and Economics, Vol. 7, Issue 1-3: 85-107.

Healy, P. M./Wahlen, J. M. (1999): A Review of the Earnings Management Literature and Its Implications for Standard Setting. In: Accounting Horizons, Vol. 13, Issue 4: 365-383.

Heer, A. (2001): Konzentrationstendenzen in der Wirtschaftsprüfungsbranche – Eine theoretische und empirische Analyse unter besonderer Berücksichtigung des Prüfungsmarktes Schweiz. Shaker, Aachen.

Hein, C. (2009): Gefälschte Bilanzen – PwC-Buchprüfer in Südindien festgenommen. URL: http://www.faz.net/s/RubD16E1F55D21144C4AE3F9DDF52B6E1D9/Doc~E24A40AAB68224F17826F55D6C2E80F3F~ATpl~Ecommon~Scontent.html, Abruf: 15.08.2010.

Heinrichs, H. (2008): Kommentierung zu § 276 BGB – Verantwortlichkeit des Schuldners. In: Palandt, O. (Hrsg.): Bürgerliches Gesetzbuch, 67. Aufl., C. H. Beck, München: 341-348.

Heintges, S. (2005): Bilanzkultur und Bilanzpolitik in den USA und in Deutschland – Einflüsse auf die Bilanzpolitik börsennotierter Unternehmen, 3. Aufl., Verlag Wissenschaft & Praxis, Sternenfels.

Heninger, W. G. (1998): The Effect of Earnings Management on Auditor Litigation. Ann Arbor: UMI Dissertation Services.

Heninger, W. G. (2001): The Association between Auditor Litigation and Abnormal Accruals. In: The Accounting Review, Vol. 76, Issue 1: 111-126.

Hentschel, B. (1992): Dienstleistungsqualität aus Kundensicht – Vom merkmals- zum ereignisorientierten Ansatz. Deutscher Universitäts-Verlag, Wiesbaden.

Henze, J. (2004): Was leisten Finanzanalysten? – Eine empirische Analyse des deutschen Aktienmarktes. EUL Verlag, Münster.

Herbohn, K./Ragunathan, V. (2008): Auditor reporting and earnings management: some additional evidence. In: Accounting and Finance, Vol. 48, Issue 4: 575-601.

Herkendell, A. (2007): Regulierung der Abschlussprüfung – Eine Wirksamkeitsanalyse zur Wiedergewinnung des öffentlichen Vertrauens. DUV, Wiesbaden.

Herrmann, E. (1997): Ökonomische Analyse der Haftung des Wirtschaftsprüfers. Peter Lang, Frankfurt am Main et al.

Heukamp, W. (2000): Abschlußprüfer und Haftung. Carl Heymanns Verlag, Köln et al.

Hill, C./Booker, Q. (2007): State Accountancy Regulators' Perceptions of Independence of External Auditors When Performing Internal Audit Activities for Nonpublic Clients. In: Accounting Horizons, Vol. 21, Issue 1: 43-57.

Hilke, W. (1989): Dienstleistungs-Marketing. Gabler, Wiesbaden.

Hobgood, G./Sciarrino, J. A. (1972): Management Looks at Audit Services. In: Financial Executive, Vol. 40, April: 26-32.

Hofmann, R. (1997): Internationaler Vergleich der materiellen bilanzpolitischen Möglichkeiten großer Kapitalgesellschaften im Einzel- und Konzernabschluss. Linde Verlag, Wien.

Hogan, C. E. (1997): Costs and Benefits of Audit Quality in the IPO Market: A Self-Selection Analysis. In: The Accounting Review, Vol. 72, Issue 1: 67-86.

Hogan, C. E./Jeter, D. C. (1999): Industry Specialization by Auditors. In: Auditing: A Journal of Practice & Theory, Vol. 18, Issue 1: 1-16.

Homburg, C./Krohmer, H. (2009): Marketingmanagement – Strategie – Instrumente – Umsetzung – Unternehmensführung, 3. Aufl., Gabler, Wiesbaden.

Hope, O.-K./Kang, T./Thomas, W. B./Yoo, Y. K. (2009): Impact of Excess Auditor Remuneration on the Cost of Equity Capital around the World. In: Journal of Accounting, Auditing and Finance, Vol. 24, Issue 2: 177-210.

Hope, O.-K./Langli, J. C. (2009): Auditor Independence in a Private Firm and Low Litigation Risk Setting. Accounting Review, Forthcoming.

Hopt, K. J./Merkt, H. (2006): Kommentierung zu § 323 HGB. In: Baumbach, A./Hopt, K. J./Merkt, H. (Hrsg.): Beck'sche Kurzkommentare, Band 9 – Handelsgesetzbuch mit GmbH & Co. Handelsklauseln, Bank- und Börsenrecht, Transportrecht (ohne Seerecht), 32. Aufl., C. H. Beck, München: 1134-1138.

Hottegindre, G./Lesage, C./Baker, C. R. (2008): Does Poor Audit Quality Result From a Lack of Independence or a Lack of Competence?: Evidence From Disciplinary Actions Against Auditors in France. Working Paper, Crefige University of Paris Dauphine.

Hribar, P./Collins, D. W. (2002): Errors in Estimating Accruals: Implications for Empirical Research. In: Journal of Accounting Research, Vol. 40, Issue 1: 105-134.

Institut der Wirtschaftsprüfer (2006): Gemeinsame Stellungnahme der WPK und des IDW: Anforderungen an die Qualitätssicherung in der Wirtschaftsprüferpraxis (VO 1/2006). URL: http://www.wpk.de/pdf/VO_1-2006.pdf, Abruf: 22.06.2010.

International Accounting Bulletin (2011): Top Global Networks / Associations by Income: 2009. URL: http://firm-rankings.vrl-financial-news.com/, Abruf am 14.10.2010.

Ireland, J. C./Lennox, C. S. (2002): The Large Audit Firm Fee Premium: A Case of Selectivity Bias? In: Journal of Accounting, Auditing and Finance, Vol. 17, Issue 1: 73-91.

Jäckel, A./Leker, J. (1995): Abschlussprüfer und Konzernpublizität. In: Die Wirtschaftsprüfung, 47. Jg., Heft 9: 293-305.

Jang, H.-Y. J./Lin, C.-J. (1993): Audit Quality and Trading Volume Reaction: A Study of Initial Public Offerings of Stocks. In: Journal of Accounting and Public Policy, Vol. 12, Issue 3: 263-287.

Jehle, N. (2007): Konflikte innerhalb von Wirtschaftsprüfungsgesellschaften. DUV, Wiesbaden.

Jenkins, D. S./Kane, G. D./Velury, U. (2006): Earnings quality decline and the effect of industry specialist auditors: An analysis of the late 1990s. In: Journal of Accounting and Public Policy, Vol. 25, Issue 1: 71–90.

Jeong, S. W./Rho, J. (2004): Big Six Auditors and Audit Quality: The Korean Evidence. In: The International Journal of Accounting, Vol. 39, Issue 2: 175-196.

Joe, J./Vandervelde, S. D. (2005): Do Auditor Provided Non-Audit Services Improve Audit Effectiveness? Working Paper, www.ssrn.com.

Johnson, V. E./Khurana, I. K./Reynolds, J. J. (2002): Audit-Firm Tenure and the Quality of Financial Reports. In: Contemporary Accounting Research, Vol. 19, Issue 4: 637-660.

Johnstone, K. M./Bedard, J. C. (2003): Risk Management in Client Acceptance Decisions. In: The Accounting Review, Vol. 78, Issue 4: 1003-1025.

Jones, J. J. (1991): Earnings Management During Import Relief Investigations. In: Journal of Accounting Research, Vol. 29, Issue 2: 193-228.

Jones, K. L./Krishnan, G. V./Melendrez, K. D. (2008): Do Models of Discretionary Accruals Detect Actual Cases of Fraudulent and Restated Earning? An Empirical Evaluation. In: Contemporary Accounting Research, Vol. 25, Issue 2: 499-531.

Junc, L. (2010): Corporate-Compliance-Berichterstattung in Deutschland – Eine theoretische und empirische Analyse. Gabler, Wiesbaden.

Kämpfer, G./Kayser, H./Schmidt, S. (2010): Das Grünbuch der EU-Kommission zur Abschlussprüfung. In: Der Betrieb, 63. Jg., Heft 45: 2457-2463.

Kann, A. (1988): Depots. In: Farny, D./Helten, E./Koch, P./Schmidt, R.: Handwörterbuch der Versicherung HdV. Verlag Versicherungswirtschaft, Karlsruhe.

Kawlath, A. (1969): Theoretische Grundlagen der Qualitätspolitik. Gabler, Wiesbaden.

Khurana, I. K./Raman, K. K. (2004): Litigation Risk and the Financial Reporting Credibility of Big 4 versus Non-Big 4 Audits: Evidence from Anglo-American Countries. In: The Accounting Review, Vol. 79, Issue 2: 473-495.

Kim, J. B./Chung, R./Firth, M. (2003): Auditor Conservatism, Asymmetric Monitoring and Earnings Management. In: Contemporary Accounting Research, Vol. 20, Issue 2: 323-359.

Kinney W. R./Palmrose, Z.-V./Scholz, S. (2004): Auditor Independence, Non-Audit Services, and Restatements: Was the U.S. Government Right? In: Journal of Accounting Research, Vol. 42, Issue 3: 561-588.

Kirsch, H. (2006): Beurteilung des bilanzpolitischen Instrumentariums der IFRS-Rechnungslegung. In: Betriebs-Berater, 61. Jg., Heft 23: 1266-1271.

Kitschler, R. (2005): Abschlussprüfung , Interessenkonflikt und Reputation: Eine ökonomische Analyse. Gabler Verlag, Wiesbaden.

Klein, B./Leffler, K. B. (1981): The Role of Market Forces in Assuring Contractual Performance. In: Journal of Political Economy, Vol. 89, Issue 4: 615-641.

Klein, K.-G./Klaas, H. (2006): Die Entwicklung der neuen Abschlussprüferrichtlinie in den Beratungen von Kommission, Ministerrat und Europäischem Parlament. In: Die Wirtschaftsprüfung, 59. Jg., Heft 14: 885-894.

Knapp, M. C. (1991): Factors that Audit Committee Members Use as Surrogates for Audit Quality. In: Auditing: A Journal of Practice & Theory, Vol. 10, Issue 1: 35-52.

Knechel, W. R./Naiker, V./Pacheco, G. (2007): Does Auditor Industry Specialization Matter? Evidence from Market Reaction to Auditor Switches. In: Auditing: A Journal of Practice & Theory, Vol. 26, Issue 1: 19-45.

Knechel, W. R./Vanstraelen, A. (2007): The Relationship between Auditor Tenure and Audit Quality Implied by Going-Concern Opinions. In: Auditing: A Journal of Practice & Theory, Vol. 26, Issue 1: 113-131.

Kohler, U./Kreutzer, F. (2008): Datenanalyse mit Stata – Allgemeine Konzepte der Datenanalyse und ihre praktische Anwendung, 3. Aufl., Oldenbourg Verlag, München/Wien.

Köhler, A. G./Marten, K.-U./Ratzinger, N. V. S./Wagner, M. (2010): Prüfungshonorare in Deutschland – Determinanten und Implikationen. In: Zeitschrift für Betriebswirtschaft, 80. Jg., Heft 1: 5-29.

Kothari, S. P./Leone, A. J./Wasley, C. E. (2005): Performance matched discretionary accrual measures. In: Journal of Accounting and Economics, Vol. 39, Issue 1: 163-197.

Kovács, G./Zeder, M. (2003): Underpricing von Bonds im Emissionszeitpunkt. Working Paper, ISB WP No. 36.

Kremer, R. M. (2007): Die zivilrechtliche Verantwortlichkeit des Wirtschaftsprüfers gegenüber Kapitalanlegern – Eine Untersuchung zur Notwendigkeit und Ausgestaltung einer sekundärmarktbezogenen Dritthaftung wegen unzureichender Prüfungsleistungen. V&R unipress, Göttingen.

Krishnan, G. V. (2003): Does Big 6 Auditor Industry Expertise Constrain Earnings Management? In: Accounting Horizons, Vol. 17, Supplement: 1-16.

Krishnan, J. (2001): A Comparison of Auditors' Self Reported Industry Expertise and Alternative Measures of Industry Specialization. In: Asia-Pacific Journal of Accounting & Economics, Vol. 8, Issue 2: 127-142.

Krishnan, J./Schauer, P. C. (2000): The Differentiation of Quality among Auditors: Evidence from the Not-for-Profit Sector. In: Auditing: A Journal of Practice & Theory, Vol. 19, Issue 2: 9-25.

Küting, K. (1994): Bilanzpolitik in der Unternehmenskrise. In: Betriebs-Berater, 49. Jg., Beilage 2 zu Heft 3: 1-18.

Küting, K./Lam, S./Mojadadr, M. (2010): Entwicklungstendenzen der Bilanzanalyse. In: Der Betrieb, 63. Jg., Heft 42: 2289-2297.

Küting, K./Weber, C.-P. (2009): Die Bilanzanalyse – Beurteilungen von Abschlüssen nach HGB und IFRS, 9. Aufl., Schäffer-Poeschel Verlag, Stuttgart.

Lai, K.-W./Yim, A.T. L. (2003): Non-Audit Services and Big 5 Auditor Independence: Evidence from Audit Pricing and Audit Opinion of Initial Engagement. Working Paper, City University of Hong Kong.

Land, V. (1996): Wirtschaftsprüferhaftung gegenüber Dritten in Deutschland, England und Frankreich. Peter Lang, Frankfurt am Main et al.

Lang, A. (1991): Zur Dritthaftung der Wirtschaftsprüfer. Verlag Versicherungswirtschaft e. V., Karlsruhe.

Langenbucher, G. (1997): Qualität und Umfang der Abschlußprüfung. In: Baetge, J. (Hrsg.): Aktuelle Entwicklungen in Rechnungslegung und Wirtschaftsprüfung. IDW Verlag, Düsseldorf: 63-107.

Langendijk, H. (1997): The market for audit services in the Netherlands. In: The European Accounting Review, Vol. 6, Issue 2: 253-264.

La Porta, R./Lopez-De-Silvanes, F./Shleifer, A. (2006): What Works in Securities Laws? In: The Journal of Finance, Vol. 61, Issue 1: 1-32.

Lara, J. M. G./Osma, B. G./Neophytuo, E. (2009): Earnings quality in ex-post failed firms. In: Accounting and Business Research, Vol. 39, Issue 2: 119-138.

Larcker, D. F./Richardson, S. A. (2004): Fees Paid to Audit Firms, Accrual Choices, and Corporate Governance. In: Journal of Accounting Research, Vol. 42, Issue 3: 625-658.

Lavin, D. (1976): Perceptions of the Independence of the Auditor. In: Accounting Research, Vol. 51, Issue 1: 41-50.

Lavin, D./Libby, R. (1977): The Effect of the Perceived Independence of the Auditor on the Loan Decision. In: Journal of Bank Research, Vol. 8, Summer: 118-121.

Lee, D. S. (1994): Further Evidence on Auditor Concentration: The Case of a Growing Market. In: The International Journal of Accounting, Vol. 29, Issue 2: 234-250.

Lee, H. Y./Mande, V. (2003): The Effect of the Private Securities Litigation Reform Act of 1995 on Accounting Discretion of Client Managers of Big 6 and Non-Big 6 Auditors. In: Auditing: A Journal of Practice & Theory, Vol. 22, Issue 1: 93-108.

Lee, P. J./Stokes, S./Taylor, S. J./Walter, T. (2003): The association between audit quality, accounting disclosures and firm-specific risk: Evidence from initial public offerings. In: Journal of Accounting and Public Policy, Vol. 22, Issue 5: 377-400.

Lee, P. J./Taylor, S. J./Taylor, S. L. (2006): Auditor Conservatism and Audit Quality: Evidence from IPO Earnings Forecasts. In: International Journal of Auditing, Vol. 10, Issue 3: 183-199.

Leffson, U. (1988): Wirtschaftsprüfung, 4. Aufl., Gabler, Wiesbaden.

Leicht, S. (2002): Die Qualifikation der Haftung von Angehörigen rechts- und wirtschaftsberatener Berufe im grenzüberschreitenden Dienstleistungsverkehr. Mohr Siebeck, Tübingen.

Lennox, C. (1999): Are large Auditors more accurate than small auditors? In: Accounting and Business Research, Vol. 29, Issue 3: 217-227.

Lennox, C./Pittman, J. A. (2010): Big Five Audits and Accounting Fraud. In: Contemporary Accounting Research, Vol. 27, Issue 2: 209-247.

Lenz, H. (1993): Die Wahl des handelsrechtlichen Abschlussprüfers – Eine theoretische und empirische Analyse. Unveröffentlichte Habilitationsschrift, Freie Universität Berlin.

Lenz, H./Ostrowski, M. (1999): Der Markt für Abschlussprüfungen bei börsennotierten Aktiengesellschaften. In: Die Betriebswirtschaft, 59. Jg., Heft 3: 397-411.

Leuz, C./Nanda, D./Wysocki, P. D. (2003): Earnings Management and Investor Protection: An International Comparison. In: Journal of Financial Economics, Vol. 69, Issue 3: 505-527.

Li, C. (2009): Does Client Importance Affect Auditor Independence at the Office Level? Empirical Evidence from Going-Concern Opinions. In: Contemporary Accounting Research, Vol. 26, Issue 1: 201-230.

Lim, C.-Y./Tan, H.-T. (2008): Non-audit Service Fees and Audit Quality: The Impact of Auditor Specialization. In: Journal of Accounting Research, Vol. 46, Issue 1: 199-246.

Lindemann, J. (2006): Kapitalmarktrelevanz der Rechnungslegung – Konzepte, Methodik und Ergebnisse empirischer Forschung. In: Zeitschrift für Betriebswirtschaft, 76. Jg., Heft 10: 967-1003.

Lindgens-Strache, U. (1997): Peer Review – Ein probates Mittel zur Sicherung und Verbesserung der Prüfungsqualität in Deutschland? – Anmerkungen aus Sicht der Praxis. In: Betriebswirtschaftliche Forschung und Praxis, 48. Jg., Heft 3: 266-291.

Lindsay, D. S. (1989): Financial Statements Users' Perceptions of Factors Affecting the Ability of Auditors to Resist Client Pressure in a Conflict Situation. In: Accounting and Finance, Vol. 29, Issue 2: 1-18.

Link, R. (2006): Abschlussprüfung und Geschäftsrisiko. Deutscher Universitäts-Verlag, Wiesbaden.

Loebbecke, J. K./Eining, M. M./Willingham, J. J. (1989): Auditor's Experience with Material Irregulatories: Frequency, Nature, and Detectability. In: Auditing: A Journal of Practice & Theory, Vol. 9, Issue 1: 1-28.

Loewenstein, G. (1999): Experimental Economics from the Vintage Point of Behavioural Economics. In: The Economic Journal, Vol. 109, Issue 453: F25-F34.

London Economics/Ewert, R. (2006): Study on the Economic Impact of Auditors' Liability Regimes.

Lorson, P. (2008): Bedeutungsverschiebung der Bilanzierungszwecke. In: Küting, K./Pfitzer, N./Weber, C.-P. (Hrsg.): Das neue deutsche Bilanzrecht – Handbuch für der den Übergang auf die Rechnungslegung nach dem Bilanzrechtsmodernisierungsgesetz (BilMoG). Schäffer-Poeschel Verlag, Stuttgart: 1-36.

Lowe, D. J./Pany, K. (1995): CPA performance of consulting engagements with audit clients; Effect on financial statement users' perceptions and decisions. In: Auditing: A Journal of Practice & Theory, Vol. 14, Issue 2: 35-53.

Lowensohn, S. et al. (2007): Auditor Specialization, Perceived Audit Quality, and Audit Fees in the Local Government Audit Market. In: Journal of Accounting and Public Policy, Vol. 26, Issue 6: 705-732.

Lück, W. (1999): Prüfung der Rechnungslegung – Jahresabschlussprüfung. Oldenbourg Verlag, München.

Lück, W. (2000): Quality Control – Maßnahmen zur Qualitätssicherung in der Wirtschaftsprüfer-Praxis –. In: Der Betrieb, 53. Jg., Heft 1: 1-6.

Magnan, M. L. (2008): Discussion of „Audit Pricing, Legal Liability Regimes, and Big 4 Premiums: Theory and Cross-country Evidence". In: Contemporary Accounting Research, Vol. 25, Issue 1: 101-108.

Magnus, U. (2004): Abschlussprüferhaftung in Deutschland. In: Koziol, H./Doralt, W. (Hrsg.): Abschlussprüfer – Haftung und Versicherung. Springer, Wien/New York: 19-40.

Maijoor, S. J./Vanstraelen, A. (2006): Earnings management within Europe: the effects of member state audit environment, audit firm quality and international capital markets. In: Accounting and Business Research, Vol. 36, Issue 1: 33-52.

Markus, H. B. (1996): Der Wirtschaftsprüfer – Entstehung und Entwicklung des Berufes im nationalen und internationalem Bereich. Beck, München.

Marten, K.-U. (1994a): Der Wechsel des Abschlussprüfers. IDW-Verlag, Düsseldorf.

Marten, K.-U. (1994b): Dies Haftung des Abschlussprüfers in Deutschland und in den USA – unter Berücksichtigung des europäischen Harmonisierungsprozesses –. In: Internationales Steuerrecht, 3. Jg., Heft 12: 619-624.

Marten, K.-U. (1996): Entwicklungen und Herausforderungen für den Berufsstand der Wirtschaftsprüfer – Ergebnisse einer empirischen Prognosestudie. In: Wirtschaftsprüferkammer-Mitteilungen, 35. Jg., Heft 1: 9-25.

Marten K.-U. (1999): Qualität von Wirtschaftsprüferleistungen. IDW-Verlag, Düsseldorf.

Marten, K.-U./Quick, R./Ruhnke, K. (2007): Wirtschaftsprüfung – Grundlagen des betriebswirtschaftlichen Prüfungswesens nach nationalen und internationalen Normen, 3. Aufl., Schäffer-Poeschel Verlag, Stuttgart.

Marti, S./Eberle, R. (2004): Qualität in der Wirtschaftsprüfung. In: Der Schweizer Treuhänder, 77. Jg., Heft 5: 415-420.

Matsumoto, D. A. (2002): Management's Incentives to Avoid Negative Earnings Surprises. In: The Accounting Review, Vol. 77, Issue 3: 483-514.

Mauelshagen, J. (2007): Vertrauen in den Abschlussprüfer – Entstehung, Nutzen und Grenzen der Beeinflussbarkeit. Grin-Verlag, München.

Mayhew, B. W./Wilkins, M. (2003): Audit firm industry specialization as a differentiation strategy: evidence from fees charged to firms going public. In: Auditing: A Journal of Practice & Theory, Vol. 22, Issue 2: 33-52.

McKinley, S./Pany, K./Reckers, P. M. J. (1985): An Examination of the Influence of CPA Firm Type, Size, and MAS Provision on Loan Officer Decisions and Perceptions. In: Journal of Accounting Research, Vol. 23, Issue 2: 887-896.

McNichols, M. F. (2000): Research design issues in earnings management studies. In: Journal of Accounting and Public Policy, Vol. 19, Issues 4-5: 313-345.

McNichols, M. F. (2002): Discussion of The Quality of Accruals and Earnings: The Role of Accrual Estimation Errors. In: The Accounting Review, Vol. 77, Supplement: 61-69.

McNichols, M. F./Wilson, P. G. (1988): Evidence of Earnings Management from the Provision for Bad Debts. In: Journal of Accounting Research, Vol. 26, Supplement: 1-31.

Meffert, H./Bruhn, M. (2009): Dienstleistungsmarketing – Grundlagen – Konzepte – Methoden, 6. Aufl., Gabler, Wiesbaden.

Menon, K./Williams, D. D. (2001): Long-Term Trends in Audit Fees. In: Auditing: A Journal of Practice & Theory, Vol. 20, Issue 1: 115-136.

Menon, K./Williams, D. D. (2004): Former Audit Partners and Abnormal Accruals. In: The Accounting Review, Vol. 79, Issue 4: 1095-1118.

Menzies, C. (2004): Sarbanes-Oxley Act – Leitfaden für die Praxis: Grundlagen, Methoden, Leitfaden für die Praxis. Schäffer-Poeschel Verlag, Stuttgart.

Messier, W. F. (2003): Auditing & Assurance Services – A Systematic Approach, Vol. 3, McGraw-Hill, Irwin.

Meyer, A. (1991): Dienstleistungs-Marketing. In: Die Betriebswirtschaft, 51. Jg., Heft 2: 195-209.

Mirtschink, D. J. (2006): Die Haftung des Wirtschaftsprüfers gegenüber Dritten. De Gruyter, Berlin.

Moizer, P./Turley, S. (1989): Changes in the UK Market for Audit Services: 1972-1982. In: Journal of Business Finance & Accounting, Vol. 16, Issue 1: 41-53.

Morais, A. I./Curto, J. D. (2009): Mandatory Adoption of IASB Standards: Value Relevance and Country-Specific Factors. In: Australien Accounting Review, Vol. 19, Issue 2: 128-143.

Moyer, S. E. (1990): Capital Adequacy Ratio Regulations and Accounting Choices in Commercial Banks. In: Journal of Accounting and Economics, Vol. 13, Issue 2: 123-154.

MSCI (2010): Global Industry Classification Standard (GICS). URL: http://www.mscibarra.com/products/indices/gics/, Abruf: 18.11.2010.

Müller, K. (2006): Die Unabhängigkeit des Abschlussprüfers – Eine kritische Analyse der Vorschriften in Deutschland im Vergleich zu den Vorschriften der Europäischen Union, der IFAC und in den USA. Deutscher Universitäts-Verlag, Wiesbaden.

Müller, W. (2008): Pflichtverletzung und Haftung des Wirtschaftsprüfer. In: Wellhöfer, W./Peltzer, M./Müller, W. (Hrsg.): Die Haftung von Vorstand Aufsichtsrat Wirtschaftsprüfer – mit GmbH-Geschäftsführer. C. H. Beck, München: 787-894.

Muzatko, S. R./Johnstone, K. M./Mayhem, B. W./Rittenberg, L. E. (2004): An Empirical Investigation of IPO Underpricing and the Change to the LLP Organization of Audit Firms. In: Auditing: A Journal of Practice & Theory, Vol. 23, Issue 1: 53-67.

Myers, J. N./Myers, L. A./Omer, T. C. (2003): Exploring the Term of the Auditor-Client Relationship and the Quality of Earnings: A Case for Mandatory Auditor Rotation? In: The Accounting Review, Vol. 78, Issue 3: 779-799.

Myers, J. N./Myers, L. A./Skinner, D. J. (2007): Earnings Momentum and Earnings Management. In: Journal of Accounting, Auditing and Finance, Vol. 22, Issue 2: 249-284.

Naumann, K.-P. (2006): Der Beruf des Wirtschaftsprüfers. In: IDW (Hrsg.): WP Handbuch Band I, 13. Aufl., IDW Verlag, Düsseldorf: 1-197.

Neal, T. L./Riley, R. R. (2001): Audit Specialist Designations: Measurement Considerations. Working paper, University of Kentucky.

Neal, T. L./Riley, R. R. (2004): Auditor Industry Specialist Research Design. In: Auditing: A Journal of Practice & Theory, Vol. 23, Issue 2: 169-177.

Nelissen, H. (1995): Beteiligungspraxis und Beteiligungsstrategie von Wirtschaftsprüfungsgesellschaften. In: Lanfermann, J. (Hrsg.): Internationale Wirtschaftsprüfung, IDW-Verlag, Düsseldorf: 503-536.

Nelson, K. (2000): Rate Regulation, Competition and Loss Reserve Discounting by Property-casualty Insurers. In: The Accounting Review, Vol. 75, Issue 1: 115-138.

Newey, W. K./West, K. D. (1987): A Simple, Positive Semi-Definite, Heteroskedasticity and Autocorrelation Consistent Covariance Matrix. In: Econometrica, Vol. 55, Issue 3: 703-708.

Nichols, D. R./Smith, D. B. (1983): Auditor Credibility and Auditor Changes. In: Journal of Accounting Research. Vol. 21, Issue 2: 534-544.

Niehus, R. J. (1993): Die Qualitätskontrolle der Abschlußprüfung. IDW-Verlag, Düsseldorf.

Niehus, R. J. (2000): Peer Review in der deutschen Abschlussprüfung – Ein Berufsstand kontrolliert sich –. In: Der Betrieb, 53. Jg., Heft 23: 1133-1142.

O'Keefe, T. B./King, R. D./Gaver, K. M. (1994): Audit Fees, Industry Specialization, and Compliance with GAAS Reporting Standards. In: Auditing: A Journal of Practice & Theory, Vol. 13, Issue 2: 41-55.

Orth, C. (2000): Abschlussprüfung und Corporate Governance – Vom Financial Audit zum Business Audit vor dem Hintergrund der Erwartungslücke. Deutscher Universitäts-Verlag, Wiesbaden.

Palmrose, Z.-V. (1986): Audit Fees and Auditor Size: Further Evidence. In: Journal of Accounting Research, Vol. 24, Issue 1: 97-110.

Palmrose, Z.-V. (1988): An Analysis of Auditor Litigation and Audit Service Quality. In: The Accounting Review, Vol. 63, Issue 1: 55-73.

Palmrose, Z.-V. (2000): Empirical research in auditor litigation: considerations and data. American Accounting Association, Sarasota.

Patel, C./Psaros, J. (2000): Perceptions of external auditors' independence. In: The British Accounting Review, Vol. 32, Issue 3: 311-338.

Paulitschek, P. (2009): Aufsicht über den Berufsstand der Wirtschaftsprüfer in Deutschland – Eine agencytheoretische Analyse. Gabler, Wiesbaden.

Payne, J. L. (2008): The Influence of Audit Firm Specialization on Analysts' Forecasts Errors. In: Auditing: A Journal of Practice & Theory, Vol. 27, Issue 2: 109-136.

Pearson, K. (1905): The problem of the Random Walk. In: Nature, Vol. 72, No. 1865-1867: 294, 318 und 324.

Penalva, F. (1998): Loss Reserves and Accounting Discretion in the Property-casualty Insurance Industry. Working paper, University of California at Berkeley.

Pendley, J. A. (1998): Industry Specialization in the Auditors' Going Concern Opinion Decision. In: Accounting Enquiries, Vol. 7, Issue 2: 155-200.

Pendley, J. A./Legoria, J. (1999): Assessing auditor independence: Audit fees and enforcement patterns. In: Research in Accounting Regulation, Vol. 13: 151-167.

Petersen, K./Zwirner, C./Künkele, K. P. (2009): Bilanzanalyse und Bilanzpolitik nach BilMoG. Neue Wirtschafts-Briefe, Herne.

Petroni, K. T. (1992): Optimistic Reporting in the Property-casualty Insurance Industry. In: Journal of Accounting and Economics, Vol. 15, Issue 4: 485-508.

Petroni, K. T./Ryan, S. G./Wahlen, J. M. (2000): Discretionary and Non-Discretionary Revisions of Loss Reserves by Property-Casualty Insurers: Differential Implications for Future Profitability, Risk and Market Value. In: Review of Accounting Studies, Vol. 5, Issue 2: 95-125.

Pfitzer, N./Oser, P./Orth, C. (2006): Reform des Aktien-, Bilanz- und Aufsichtsrechts, 2. Aufl., Schäffer-Poeschel Verlag, Stuttgart.

Porter, M. E. (2000): Wettbewerbsvorteile – Spitzenleistungen erreichen und behaupten, 6. Aufl., Campus, Frankfurt und New York.

Porter, M. E. (2008): Wettbewerbsstrategie – Methoden zur Analyse von Branchen und Konkurrenten, 11. Aufl., Campus, Frankfurt und New York.

Pourciau, S. (1993): Earnings Management and Nonroutine Executive Changes. In: Journal of Accounting and Economics, Vol. 16, Issue 1-3: 317-336.

Prawitt, D. F./Smith, J. L./Wood, D. A. (2009): Internal Audit Quality and Earnings Management. In: The Accounting Review, Vol. 84, Issue 4: 1255-1280.

Principe, A./Markarian, G./Pozza, L. (2008): Earnings Management in Famaly Firms: Evidence From R&D Cost Capitalization in Italy. In: Family Business Review, Vol. 21, Issue 1: 71-88.

Quick, R. (1992): Die Haftung des handelsrechtlichen Abschlußprüfers. In: Betriebs-Berater, 37. Jg., Heft 24: 1675-1685.

Quick, R. (1996): Die Risiken der Jahresabschlussprüfung. IDW-Verlag, Düsseldorf.

Quick, R. (2000a): Nationale und internationale Haftungsrisiken deutscher Abschlussprüfer. In: Die Betriebswirtschaft, 60. Jg., Heft 1: 60-77.

Quick, R. (2000b): Zivilrechtliche Verantwortlichkeit europäischer und amerikanischer Abschlussprüfer. In: Betriebswirtschaftliche Forschung und Praxis, 52. Jg., Heft 6: 525-548.

Quick, R. (2006): Prüfung, Beratung und Unabhängigkeit des Abschlußprüfers – Eine Analyse der neuen Unabhängigkeitsnormen des HGB im Lichte empirischer Forschungsergebnisse. In: Betriebswirtschaftliche Praxis und Forschung, 58. Jg., Heft 1: 42-61.

Quick, R./Solmecke, H. (2007): Gestaltung der Abschlussprüferhaftung – Implikationen theoretischer Modelle. In: Journal für Betriebswirtschaft, 57. Jg., Heft 3-4: 137-182.

Quick, R./Wolz, M./Seelbach, M. (1998): Die Struktur des Prüfungsmarktes für deutsche Aktiengesellschaften – Eine empirische Untersuchung der Konzentration auf dem deutschen Wirtschaftsprüfungsmarkt für Aktiengesellschaften. In: Zeitschrift für Betriebswirtschaft, 68. Jg., Heft 8: 779-802.

Raghunandan, N./Read, W. J./Whisenants, J. S. (2003): Are Non-Audit Fees Associated with Restated Financial Statements? Initial Empirical Evidence. Working Paper, Florida International University.

Ramsey, J. B. (1969): Tests for Specification Errors in Classical Least-Squares Regression Analysis. In: Journal of the Royal Statistical Society, Vol. 31, Issue 2: 350-371.

Rangan, S. (1998): Earnings management and the performance of seasoned equity offerings. In: Journal of Financial Economics, Vol. 50, Issue 1: 101-122.

Reckers, P. M. J./Stagliano, A. J. (1981): Non-audit Services and Perceived Independence: Some New Evidence. In: Auditing: A Journal of Practice & Theory, Vol. 1, Issue 1: 23-37.

Reichelt, K. J./Wang, D. (2010): National and Office-Specific Measures of Auditor Industry Expertise and Effects on Audit Quality. In: Journal of Accounting Research, Vol. 48, Issue 3: 647-686.

Reinholdt, A./Schmidt, J. (2010): Die Kapitalflussrechnung. In: Zeitschrift für Internationale Rechnungslegung, 5. Jg., Heft 3: 97-99.

Reynolds, J. K./Deis, D. R./Francis, J. R. (2004): Professional Service Fees and Auditor Objectivity. In: Auditing: A Journal of Practice & Theory, Vol. 23, Issue 1: 29-52.

Reynolds, J. K./Francis, J. R. (2001): Does size matter? The influence of large clients on office-level auditor reporting decisions. In: Journal of Accounting and Economics, Vol. 30, Issue 3: 375-400.

Richter, M. (1975): Die Sicherung der aktienrechtlichen Publizität durch ein Aktienamt. Heymann, Köln u.a.

Richter, M. (1977): Die Inkompatibilität von Jahresabschlussprüfung und Unternehmensberatungen durch Wirtschaftsprüfer. In: Journal für Betriebswirtschaft, 27. Jg., Heft 1: 21-42.

Ridyard, D./de Bolle, J. (1992): Competition in European Accounting. Lafferty Publications, Dublin.

Ronen, J./Sadan, S. (1975): Classificatory Smoothing: Alternative Income Models. In: Journal of Accounting Research, Vol. 13, Issue 1: 133-149.

Roth, A. E. (1988): Laboratory Experimentation in Economics: A Methodological Overview. In: The Economic Journal, Vol. 98, Issue 393: 974-1031.

Rüchardt, F. A. (1995): Qualitätsmanagement in der Wirtschaftsprüfung. VVF, München.

Ruhnke, K. (2000): Normierung der Abschlussprüfung. Schäffer-Poeschel Verlag, Stuttgart.

Ruhnke, K. (2008): Rechnungslegung nach IFRS und HGB – Lehrbuch zur Theorie und Praxis der Unternehmenspublizität mit Beispielen und Übungen, 2. Aufl., Schäffer-Poeschel Verlag, Stuttgart.

Schade, C./Schott, E. (1993): Kontraktgüter im Marketing. In: Marketing – Zeitschrift für Forschung und Praxis, 15. Jg., Heft 1: 15-25.

Schaen, M./Maijoor, S. (1997): The Structure of the Belgian Audit Market: The Effects of Clients' Concentration and Capital Marcet Activity. In: International Journal of Auditing, Vol. 1, Issue 2: 151-162.

Schatzberg, J. W. (1994): A New Examination of Auditor „Low Bair" Pricing: Theoretical Model and Experimental Evidence. In: Auditing: A Journal of Practice & Theory, Vol. 13, Supplement: 33-55.

Schatzberg, J. W./Sevcik, G. R. (1994): A Multiperiod Model and Experimental Evidence of Independence and „Lowballing". In: Contemporary Accounting Research, Vol. 11, Issue 1 (Part 1) : 137-174.

Schierenbeck, H./Wöhle, C. B. (2008): Grundzüge der Betriebswirtschaftslehre, 17. Aufl., Oldenbourg, München.

Schmidt, S. (2006): Risikomanagement und Qualitätssicherung in der Wirtschaftsprüferpraxis. In: Die Wirtschaftsprüfung, 59. Jg., Heft 5: 265-274.

Schmidt, S. (2008): Qualitätssicherung in der Wirtschaftsprüferpraxis. In: IDW (Hrsg.): WP Handbuch Band II, 13. Aufl., IDW-Verlag, Düsseldorf: 1219-1396.

Schulte, A. A. (1965): Compatibility of Management Consulting and Auditing, In: The Accounting Review, Vol. 40, Issue 3: 587-593.

Schüppen, M. (2008): Prospektrecht. In: IDW (Hrsg.): WP-Handbuch Band II, 13. Aufl., IDW-Verlag, Düsseldorf: 1471-1495.

Sercu, P./Vander Bauwhede, H./Willekens, M. (2002): Earnings management in privatelyheld firms: the roles of external audits, stakeholders and governance mechanisms. Research report 0235, KU Leuven.

Sharma, D. S./Sidhu, J. (2001): Professionalism vs. Commercialism: The Association Between Non-Audit Services (NAS) and Audit Independence. In: Journal of Business Finance and Accounting, Vol. 6, Issue 5/6: 595-629.

Shivakumar, L. (2000): Do firms mislead investors by overstating earnings before seasoned equity offerings? In: Journal of Accounting and Economics, Vol. 29, Issue 3: 339-371.

Shockley, R. A. (1981): Perceptions of Auditors' Independence: An Empirical Analysis. In: The Accounting Review, Issue 4, Vol. 56: 785-800.

Shrieves, R. E./Dahl, D./Spivey, M. F. (2010): Capital Market Regimes and Bank Structure in Europe. In: Journal of Money, Credit and Banking, Vol. 42, Issue 6: 1073-1092.

Sieben, G. (1998): Rechnungslegungspolitik als Instrument der Unternehmensführung. Ein Überblick über die Grundlagen, Ziele und Instrumente handelsrechtlicher Rechnungslegungspolitik. In: Freidank, C.-C. (Hrsg.): Rechnungslegungspolitik. Eine Bestandsaufnahme aus handels- und steuerrechtlicher Sicht. Springer, Berlin et al.: 3-35.

Siebertz, K./van Bebber, D./Hochkirchen, T. (2010): Statistische Versuchsplanung – Design of Experiments (DoE). Springer, Heidelberg et al.

Simnett, R./Vanstraelen, A./Chua, W. F. (2006): Assurance on General Purpose Non-Financial Reports: An International Comparison. Working Paper, University of New South Wales and University of Antwerp.

Simon, D. T./Francis, J. R. (1988): The Effects of Auditor Change on Audit Fees: Tests of Price Cutting and Price Recovery. In: The Accounting Review, Vol. 63, Issue 2: 255-269.

Simunic, D. A. (1980): The Pricing of Audit Services: Theory and Evidence. In: Journal of Accounting Research, Vol. 18, Issue 1: 161-190.

Simunic, D. A./Stein, M. T. (1987): Product Differentiation in Auditing: Auditor Choice in the Market for Unseasoned New Issues. Canadian Certified General Accountants' Research Foundation, Vancouver, B.C.

Skinner, D. J./Sloan, R. G. (2002): Earnings Surprises, Growth Expectations, and Stock Returns or Don't Let an Earnings Torpedo Sink Your Portfolio. In: Review of Accounting Studies, Vol. 7, Issues 2-3: 289-312.

Solomon, I./Shields, M. D./Whittington, O. R. (1999): What Do Industry-Specialist Auditors Know? In: Journal of Accounting Research, Vol. 37, Issue 1: 191-208.

Srinidhi, B. N./Gul, F. A. (2007): The Differential Effects of Auditors' Nonaudit and Audit Fees on Accrual Quality. In: Contemporary Accounting Research, Vol. 24, Issue 2: 595-629.

Stefani, U. (2002): Abschlussprüfung, Unabhängigkeit und strategische Interdependenzen. Schäffer-Poeschel Verlag, Stuttgart.

Stefani, U. (2003): Experimente als Forschungsmethode im Prüfungswesen. In: Entwicklungen der Wirtschaftsprüfung. Prüfungsmethoden – Risiko – Vertrauen. In: Richter, M. (Hrsg.): 4. Symposium der KPMG/Universität Potsdam zur Theorie und Praxis der Wirtschaftsprüfung am 11. und 12. Oktober 2002 in Potsdam. Erich Schmidt Verlag, Berlin: 243-275.

Stice, J. D. (1991): Using Financial and Market Information to Identify Pre-Engagement Factors Associated with Lawsuits Against Auditors. In: The Accounting Review, Vol. 66, Issue 3: 516-533.

Stock, J. H./Watson, M. W. (2007): Introduction to Economics. Vol. 2, Pearson, Boston et al.

Strickmann, M. (2000): Wirtschaftsprüfung im Umbruch: Eine empirische Untersuchung zur Konzentration und Honorargestaltung im deutschen Prüfungswesen. Neue Wirtschafts-Briefe, Herne und Berlin.

Strohm, C. (2006): United States and European Union Auditor Independence Regulation – Implications for Regulators and Auditing Practice. Gabler, Wiesbaden.

Stubben, S. (2010): Discretionary Revenues as a Measure of Earnings Management. In: The Accounting Review, Forthcoming.

Sunderdiek, B. (2006): Effiziente Regulierung der Wirtschaftsprüfung – Eine rechtsökonomische Analyse unter der besonderen Berücksichtigung der zivilrechtlichen Haftung des Wirtschaftsprüfers und des Peer Review. Dr. Kovač, Hamburg.

Swanger, S. L./Chewning, Jr. E. G. (2001): The effect of internal audit outsourcing on financial analysts' perceptions of external auditor independence. In: Auditing: A Journal of Practice & Theory. Vol. 20, Issue 2: 115-129.

Szczesny, A. (2007): Der Zusammenhang zwischen Bilanzpolitik und Rechnungslegungsstandards – Meßmethoden und empirische Evidenz. In: Betriebswirtschaftliche Forschung und Praxis, 59. Jg., Heft 2: 101-122.

Tendeloo, B. van/Vanstraelen, A. (2005): Earnings Management under German GAAP versus IFRS. IN: European Accounting Review, Vol. 14, Issue 1: 155-180.

Tendeloo, B. van/Vanstraelen, A. (2008): Earnings Management and Audit Quality in Europe: Evidence from the Private Client Segment Market. In: European Accounting Review, Vol. 17, Issue 3: 447-469.

Teoh, S. H./Wong, T. J. (1993): Perceived Auditor Quality and the Earnings Response Coefficient. In: The Accounting Review, Vol. 68, Issue 2: 346-366.

Thomas, J./Zhang, X. (2000): Identifying Unexpected Accruals: A Comparison of Current Approaches. In: Journal of Accounting and Public Policy, Vol. 19, Issues 4-5: 347-376.

Thümmel, M. (1985): Haftung des externen Prüfers. In: Coenenberg, A. G./Wysocki, K. von (Hrsg.): Handbuch der Abschlussprüfung – Ein systematischer Leitfaden aus dem Handwörterbuch der Revision. C. E. Poeschel Verlag, Stuttgart: 75-85.

Titman, S./Trueman, B. (1986): Information Quality and the Valuation of New Issues. In: Journal of Accounting and Economics, Vol. 8, Issue 2: 159-172.

Treviño, L. K./Weaver., G. R. (2003): Managing Ethics in Business Organizations: Social Scientific Perspectives. Stanford University Press, Stanford.

Turner, L./Dietrich, J. R./Anderson, K./Bailey, A. (2001): Accounting Restatements. Working Paper, United States Securities and Exchange Commission, Washington, DC.

Villeval, M.-C. (2007): Experimental Economics: Contributions, Recent Developments, and New Changes. Working Paper, Documents De Travail No. 07-06.

Wagenhofer, A. (2009): Internationale Rechnungslegungsstandards – IAS/IFRS, 6. Aufl., FinanzBuch Verlag, München.

Wagenhofer, A./Ewert, R. (2007): Externe Unternehmensrechnung. 2. Aufl., Springer-Verlag, Berlin.

Ward, D. D./Elder, R. J./Kattelus, S. C. (1994): Further Evidence on the Determinants of Municipal Audit Fees. In: The Accounting Review, Vol. 69, Issue 2: 399-411.

Weber, J./Schäffer, U. (2008): Einführung in das Controlling, 12. Aufl., Schäffer-Poeschel Verlag, Stuttgart.

Whittington, O. R./Pany, K. (2006): Principles of Auditing and Other Assurance Service. Vol. 15, McGraw-Hill, Irwin.

Wiedmann, H. (1999): Neuere Prüfungsansätze vor dem Hintergrund des KonTraG. In: Baetge, J. (Hrsg.): Auswirkungen des KonTraG auf Rechnungslegung und Prüfung: Vorträge und Diskussionen zum 14. Münsterischen Tagesgespräch des Münsteraner Gesprächskreises Rechnungslegung und Prüfung e. V. am 8. Mai 1998. IDW-Verlag, Düsseldorf: 73-113.

Wines, G. (1994): Auditor Independence, Audit Qualifications and the Provision of Non-Audit Cervices: A Note. In: Accounting & Finance, Vol. 34, Issue 1: 75-86.

Wingate, M. L. (1997): An Examination of Cultural Influence on Audit Environments. In: Research in Accounting Regulation, Vol. 9, Supplement: 129-148.

Winkeljohann, N. (2010): EU-Grünbuch: Reform der Wirtschaftsprüfung nach deutschem Vorbild? In: Der Betrieb, 63. Jg., Heft 45: 1.

Winkeljohann, N./Hellwege, H. (2006): Kommentierung zu § 323 HGB – Verantwortlichkeit des Abschlussprüfers. In: Ellrott, H. et al. (Hrsg.): Beck'scher Bilanz-Kommentar – Handels- und Steuerbilanz - §§ 238 bis 339, 342 bis 342e HGB mit EGHGB und IAS/IFRS-Abweichungen, 6. Aufl., C. H. Beck, München: 2037-2080.

Wöhe, G./ Döring, U. (2008): Einführung in die Allgemeine Betriebswirtschaftslehre, 23. Aufl., Vahlen, München.

Wooldridge, J. M. (2002): Economic Analysis of Cross Section and Panel Data. MIT Press, Cambridge und London.

Wright, S./Wright, A. M. (1997): The Effect of Industry Experience on Hypothesis Generation and Audit Planning Decisions. In: Behavioral Research in Accounting, Vol. 9: 273-294.

Wüstemann, J. (2005): Wirtschaftsprüfung case by case – Lösungen nach HGB mit Hinweisen auf ISA und US-GAAS. Verlag Recht und Wirtschaft, Frankfurt am Main.

Xie, L. (2007): Universal Banking, Conflicts of Interest and Firm Growth. In: Journal of Financial Services Research, Vol. 32, Issue 3: 177-202.

Young, S. (1999): Systematic Measurement Error in the Estimation of Discretionary Accruals: An Evaluation of Alternative Modelling Procedures. In: Journal of Business Finance & Accounting, Vol. 26, Issue 7/8: 833-862.

Zhou, J./Elder, R. J. (2001): Audit Firm Size, Industry Specialization and Earnings Management by Initial Public Offering Firms. Working Paper. State University of New York at Binghamton.

Ziegler, F. (1994): Internationale Wettbewerbsfähigkeit in der Wirtschaftsprüferbranche: eine weltweite empirische Analyse. WWZ-Forschungsberichte, Basel.

Zimmer, D. (2002): Kommentierung zu § 323 HGB. In: Canaris, C.-W./Schilling, W./Ulmer, P. (Hrsg.): Handelsgesetzbuch – Großkommentar, Band 3, 2. Teilband, 4. Aufl., De Gruyter, Berlin: 1719-1741.

Zimmermann, R.-C. (2008): Abschlussprüfer und Bilanzpolitik der Mandanten – Eine empirische Analyse des deutschen Prüfungsmarktes. Gabler, Wiesbaden.

Zucca, L. J./Campbell, D. R. (1992): A Closer Look at Discretionary Writedowns of Impaired Assets. In: Accounting Horizons, Vol. 6, Issue 3: 30-41.

Zülch, H./Detzen, D. (2010): Das Grünbuch zur Abschlussprüfung – Schreckgespenst oder ernste Gefahr? In: Der Betrieb, 63. Jg., Heft 44: M1.

Verzeichnis der Gesetze, Urteile und Normen

BGB (2010): Bürgerliches Gesetzbuch, vom 18. August 1896 (RGBl. 1: 195), zuletzt geändert im Jahr 2010.

BGH (1998): Urteil vom 2. April 1998. In: Wirtschaftsprüferkammer-Mitteilungen, 1998: 256-258.

BilMoG (2009): Gesetz zur Modernisierung des Bilanzrechts (Bilanzrechtsmodernisierungsgesetz – BilMog) vom 25. Mai 2009. In: BGBl. 1: 1102-1137.

DIN EN ISO 9000:2005: Qualitätsmanagementsysteme – Grundlagen und Begriffe (ISO 9000:2005). Dreisprachige Fassung EN ISO 9000:2005. Beuth Verlag, Berlin.

DIN EN ISO 9001:2008: Qualitätsmanagementsysteme – Anforderungen (ISO 9001:2008). Dreisprachige Fassung EN ISO 9001:2008. Beuth Verlag, Berlin.

DIN EN ISO 9004:2009: Leiten und Lenken für den nachhaltigen Erfolg einer Organisation – Ein Qualitätsmanagementansatz (ISO 9004:2009). Dreisprachige Fassung EN ISO 9004:2009. Beuth Verlag, Berlin.

DIN EN ISO 19011:2002: Leitfaden für Audits von Qualitätsmanagement- und/oder Umweltmanagementsystemen (ISO 19011:2002). Dreisprachige Fassung EN ISO 19011:2002. Beuth Verlag, Berlin.

DRS 2 (2005): Deutscher Rechnungslegungs Standard Nr. 2 (DRS 2) – Kapitalflussrechnung. In: Deutsches Rechnungslegungsstandard Committee (Hrsg.): Deutsche Rechnungslegungsstandards, Loseblattsammlung, 8. Ergänzungslieferung 10/2005. Schäffer-Poeschel Verlag, Stuttgart: 10189-10196.

EGHGB (2000): Einführungsgesetz zum Handelsgesetzbuch (RGBl. 1: 437), zuletzt geändert im Jahr 2000.

Framework (2009): Framework for the Preparation and Presentation of Financial Statements. In: International Accounting Standards Board (Hrsg.): IFRS – Official pronouncements as issued at 1 January 2009, IASC Foundation Publications Department, London.

HGB (2010): Handelsgesetzbuch, vom 10. Mai 1897 (RGBl. 1: 219), zuletzt geändert im Jahr 2010.

IDW PS 261 (2006): IDW Prüfungsstandard: Feststellung und Beurteilung von Fehlerrisiken und Reaktionen des Abschlussprüfers auf die beurteilten Fehlerrisiken. In: IDW Fachnachrichten, Heft 7: 710-726.

ISA 200 (2010): Overall Objectives of the Independent Auditor and the Conduct of an Audit in Accordance with International Standards on Auditing. In: IFAC (Hrsg.): Handbook of International Quality Control, Auditing, Review, Other Assurance, and Related Services Pronouncements – 2010 Edition. International Federation of Accounts, New York: 71-79.

ISA 220 (2010): Quality Control for an Audit of Financial Statements. In: IFAC (Hrsg.): Handbook of International Quality Control, Auditing, Review, Other Assurance, and Related Services Pronouncements – 2010 Edition. International Federation of Accounts, New York: 123-141.

ISA 240 (2010): The Auditor's Responsibilities Relating to Fraud in an Audit of Financial Statements. In: IFAC (Hrsg.): Handbook of International Quality Control, Auditing, Review, Other Assurance, and Related Services Pronouncements – 2010 Edition. International Federation of Accounts, New York: 155-197.

ISA 600 (2010): Special Considerations – Audits of Group Financial Statements (Including the Work of Component Auditors). In: IFAC (Hrsg.): Handbook of International Quality Control, Auditing, Review, Other Assurance, and Related Services Pronouncements – 2010 Edition. International Federation of Accounts, New York: 577-624.

KonTraG (1998): Gesetz zur Kontrolle und Transparenz im Unternehmensbereich (KonTraG), vom 27. April 1998. In: BGBl. 1: 786-794.

SA (2010): Securities Act of 1933, vom 27. Mai 1933, zuletzt geändert im Jahr 2010. URL: http://www.sec.gov/about/laws/sa33.pdf, Abruf: 16.10.2010.

SEA (2010) Securities Exchange Act of 1934, vom 6. Juni 1934, zuletzt geändert im Jahr 2010. URL: http://www.sec.gov/about/laws/sea34.pdf, Abruf: 16.10.2010.

SFAC 2 (1980): Qualitative Characteristics of Accounting Information. Financial Accounting Standards Board, Stanford.

SOX (2002): Sarbanes-Oxlex Act of 2002 – An act to protect investors by improving the accuracy and reliability of corporate disclosures made pursuant to the securities laws, and for other purposes, vom 30. Juli 2002. In: Public Law, 107/204: 745-810.

WPO (2010): Gesetz über eine Berufsordnung der Wirtschaftsprüfer, vom 24. Juli 1961 (BGBl. 1: 1049), zuletzt geändert im Jahr 2010.

EINZELSCHRIFTEN

Jan Breitweg
Planung, Finanzierung und Management von Kunstfonds – Eine empirische Analyse
Lohmar – Köln 2011 • 252 S. • € 57,- (D) • ISBN 978-3-8441-0027-3

Patrick Kraus
Die Auswirkung von Corporate Governance und Nachhaltigkeit auf den Unternehmenserfolg – Eine Betrachtung im Kontext der wertorientierten Unternehmensführung
Lohmar – Köln 2011 • 176 S. • € 48,- (D) • ISBN 978-3-8441-0028-0

Dennis Schlegel
Subsidiary Controlling with Strategically Aligned Performance Measurement Systems
Lohmar – Köln 2011 • 140 S. • € 43,- (D) • ISBN 978-3-8441-0030-3

Stefan Karenfort
Synergy in Mergers & Acquisitions – The Role of Business Relatedness
Lohmar – Köln 2011 • 148 S. • € 43,- (D) • ISBN 978-3-8441-0035-8

Max Monauni
Fixkostenmanagement – Strategischer Ansatz zur Flexibilisierung von Produktionskapazitäten
Lohmar – Köln 2011 • 112 S. • € 38,- (D) • ISBN 978-3-8441-0038-9

Jörn-Axel Meyer (Hrsg.)
Nachhaltigkeit in kleinen und mittleren Unternehmen – Jahrbuch der KMU-Forschung und -Praxis 2011
Lohmar – Köln 2011 • 464 S. • € 72,- (D) • ISBN 978-3-8441-0042-6

Marius I. Dethleffsen
Bewertung von Exchange Traded Funds – Eine Analyse von Performance und Marktunvollkommenheiten in Europa
Lohmar – Köln 2011 • 176 S. • € 48,- (D) • ISBN 978-3-8441-0044-0

Jens Jany
Die Qualität von Abschlussprüfungen im Kontext der Haftung, Größe und Spezialisierung von Prüfungsgesellschaften
Lohmar – Köln 2011 • 348 S. • € 63,- (D) • ISBN 978-3-8441-0047-1

JOSEF EUL VERLAG